U0261140

EPC工程总承包
全过程管理

李永福 等 编著

中国电力出版社

CHINA ELECTRIC POWER PRESS

内 容 简 介

本书共包含六章，第一章是从总体上介绍 EPC 工程总承包的相关概念、主要优势、当前国际环境，以及主要的承包模式等；第二章介绍 EPC 工程总承包前期策划；第三章介绍 EPC 工程总承包设计管理；第四章介绍 EPC 工程总承包采购管理；第五章是 EPC 工程总承包施工管理；第六章主要介绍试运行及竣工阶段对 EPC 总承包项目的管理。

本书适合工程管理相关专业人员使用，也适合作为高等院校工程管理专业师生的参考书。

微信扫码
获取资源

图书在版编目（CIP）数据

EPC 工程总承包全过程管理/李永福等编著 .—北京：中国电力出版社，2019.7（2024.11 重印）
ISBN 978 - 7 - 5198 - 3411 - 1

Ⅰ.①E… Ⅱ.①李… Ⅲ.①建筑工程－承包工程－工程管理－研究 Ⅳ.①TU71

中国版本图书馆 CIP 数据核字（2019）第 142150 号

出版发行：中国电力出版社
地　　址：北京市东城区北京站西街 19 号（邮政编码 100005）
网　　址：http://www.cepp.sgcc.com.cn
责任编辑：孙　静（010 - 63412542）
责任校对：黄　蓓　马　宁
装帧设计：郝晓燕
责任印制：吴　迪

印　　刷：三河市航远印刷有限公司
版　　次：2019 年 9 月第一版
印　　次：2024 年 11 月北京第八次印刷
开　　本：787 毫米×1092 毫米　16 开本
印　　张：16
字　　数：390 千字
定　　价：50.00 元

序　言

　　近年来，国家从促进建筑业持续健康发展的角度，明确提出要完善工程建设组织方式，加快推行工程总承包管理模式，这是新时代对建筑业发展的新要求。推行并完善科学合理的工程建设组织方式，是保证工程项目质量、效率、效益的关键所在，是建筑业实现高质量发展的必然选择。进入新时代，随着经济社会的发展和科技水平的进步，工程建设组织方式逐步发挥着不可忽视的重要价值，在建筑业转型升级、创新发展中具有十分重要的作用。

　　一直以来，工程总承包管理模式以其独特的管理优势，在国际工程总承包市场被广泛采用，但是，在建筑业的房屋建筑领域中却发展十分缓慢。究其原因，主要是我国建筑业以施工总承包为主，长期延续着计划经济体制下形成的管理机制，虽然在某些方面进行了改革，但是从企业经营活动中看，建筑企业的经营管理理念、组织管理内涵和核心能力建设方面没有发生根本性改变，尤其是在工程建设的组织方式上。工程建设在设计、生产、施工环节相互脱节，房屋建造的过程不连续；工程项目管理呈"碎片化"，不是高度组织化；经营目标切块分割，不是整体效益最大化。这些问题已经直接影响了建筑工程的安全、质量、效率和效益。当前，建筑业正处在转型升级的关键时期，面临的最大挑战是如何破解"系统性"与"碎片化"的矛盾，有效实施新旧产业的新变革，如何从高速增长阶段向高质量发展阶段转变。为此，尽快改变传统落后的生产经营组织方式，打造新时代经济社会发展的新引擎，实现技术与管理创新发展，其意义十分重大而深远。

　　工程建设组织方式是企业技术创新发展的环境、动力和源泉，是保证工程项目的质量、效率和效益的重要基础和条件。大量工程实践表明，推行工程总承包管理模式，可以使企业实现规模化发展，有效地建立先进的技术体系和高效的管理体系；可以进一步激发企业创新能力，促进研发并拥有核心技术和产品，由此提升企业的核心能力；可以整合优化整个产业链上的资源，打通产业链的壁垒，解决设计、制作、施工一体化问题；可以在工程项目建设方面实现节约工期、控制成本、明确责任、简化管理、降低风险；可以保证工程建设高度组织化，实现项目整体效益最大化。

　　本书把握新时代发展脉搏讲述工程总承包管理模式，结构完整，内容全面，细节丰富，是一本极具指导意义的书。相信本书的出版发行，一定会为我国建筑业推行工程总承包管理起到积极的引导和促进作用，为工程总承包业务相关知识的学习提供指导和参考。

住房和城乡建设部科技与产业化发展中心原副总工

中建科技集团股份有限公司顾问总工

叶明

二〇一九年四月

前　言

EPC 模式在国内外工程项目中的应用已经十分广泛，涉及的行业领域也不断扩大，包括建筑、电力、水利、石油石化等行业。所谓 EPC（Engineering Procurement Construction）模式，是指公司受业主委托，按照合同约定对工程建设项目的设计、采购、施工、试运行等实行全过程或若干阶段的承包。

EPC 模式起源于 20 世纪 60 年代的美国。随着大型工程项目的增多，工程技术复杂程度和实施难度日渐增加，传统的设计—招标—施工的管理模式已不能满足业主的要求，为减少工程项目成本，缩短建设工期，EPC 这种新的工程项目模式应运而生。EPC 总承包模式在 20 世纪 70 年代得到快速发展，20 世纪 80 年代逐步成型，并得到广泛采用。到 20 世纪 90 年代，EPC 总承包模式已经成为国际工程承包的主流模式。1999 年 FIDIC（国际咨询工程师联合会）发布了专门用于该模式的合同范本。据有关资料统计，EPC 总承包模式在国际大型工程项目中的比例超过 80%。近年来，我国公司承建的国际大型工程项目基本上都是采用 EPC 模式。

本书共包含六章内容，第一章总体上介绍 EPC 工程总承包的相关概念、主要优势、当前国际环境以及主要的承包模式等，通过这章内容，能够使读者对 EPC 工程总承包有个系统的了解；第二章介绍 EPC 总承包项目的前期策划，主要包括项目的投标策划、组织机构设置策划、项目管理策划、绿色建筑申报策划等；第三章介绍 EPC 总承包项目的设计管理，主要包括项目的设计比选、流程管理、组织管理、方案实施管理、设计变更及风险管理；第四章介绍 EPC 总承包项目的采购管理，这章内容主要通过采购体系精细化管理、供应商管理、成本控制管理、风险管理四部分内容来详细介绍；第五章内容是 EPC 总承包项目施工管理，其内容主要包括总承包管理职责、施工管理内容、施工管理要点以及对分包商的管理；第六章主要介绍试运行以及竣工阶段对 EPC 总承包项目的管理。

本书的编著单位有山东建筑大学、山东鑫泰建设集团、山东恒诺信工程咨询有限公司、山东省建设建工（集团）有限公司、德州市建发工程监理有限公司、山东大卫国际建筑设计有限公司。

本书由李永福、纪凡荣统稿，李永福、纪凡荣、任善义共同编写第一章；郑志勇、韩玉凤、李明轩共同编著第二章；申作伟、许孝蒙、朱宁宁、李成伟、宋钰、宋乾、赵乐、崔明民、黄猛共同编写第三章；马蕴晶、李文龙、杨卫、汤亚、高成、刘琦、赵晨曦、张艳菊共同编写第四章；陈绪功、马光明、李荣国、曹鹏、李永法、黄彬、于天奇、李敏、盛国飞、于洪文共同编写第五章；李莎、韩耀华、赵静博、刘晓伟共同编写第六章。

　　由于作者理论水平有限，书中存在疏漏和谬误之处在所难免，敬请同行和读者不吝斧正。本书在编写与修订过程中，参考了大量的有关文献资料，除了在书后所附参考文献外，还借鉴了其他一些专家学者的研究成果，在此不一一列出，谨在此一并致谢！

编者

二〇一九年六月

目　录

第一章
EPC 工程总承包模式概述

第一节　EPC 工程总承包概念及主要特征

一、EPC 工程总承包概念

近年来，国家发展进入"新常态"。建筑业作为国民支柱产业，在寻求改革突破的关键时期，国家进一步推进工程总承包模式。

2017 年 2 月 24 日，国务院办公厅印发国办发〔2017〕19 号文《关于促进建筑业持续健康发展的意见》（简称《意见》），《意见》规定，要求加快推行工程总承包，按照总承包负总责的原则，落实工程总承包单位在工程质量安全、进度控制、成本管理等方面的责任。

2017 年 3 月 29 日住房和城乡建设部印发《"十三五"装配式建筑行动方案》。确定的工作目标有：到 2020 年，全国装配式建筑占新建建筑的比例达到 15％以上，其中重点推进地区达到 20％以上，积极推进地区达到 15％以上，鼓励推进地区达到 10％以上。鼓励各地制定更高的发展目标。建立健全装配式建筑政策体系、规划体系、标准体系、技术体系、产品体系和监管体系，形成一批装配式建筑设计、施工、部品部件规模化生产企业和工程总承包企业。

2017 年 5 月 4 日住房和城乡建设部印发《建筑业发展"十三五"规划》。"十三五"时期主要任务明确提出调整优化产业结构。以工程项目为核心，以先进技术应用为手段，以专业分工为纽带，构建合理工程总分包关系，建立总包管理有力，专业分包发达，组织形式扁平的项目组织实施方式，形成专业齐全、分工合理、成龙配套的新型建筑行业组织结构。发展行业的融资建设、工程总承包、施工总承包管理能力，培育一批具有先进管理技术和国际竞争力的总承包企业。

工程总承包无论在中国，还是在国际上，都没有统一的定义。中国政府 2003 年对工程总承包的概念进行了规范。根据文件精神，工程总承包指的是从事工程总承包的企业受业主委托，按照合同约定对工程项目的勘察、设计、采购、施工和试运行等实施全过程或若干阶段的承包工程总承包的模式，业主将整个工程项目分解，得到各阶段或各专业的设计（如规划设计、施工详图设计），各专业工程施工，各种供应，项目管理（咨询、监理）等工作。

工程总承包并不是固定的一种唯一的模式，而是根据工程的特殊性、业主状况和要求、市场条件、承包商的资信和能力等可以有很多种模式进行项目实施。

EPC（Engineering Procurement Construction）工程总承包模式是指建设单位作为业主将建设工程发包给总承包单位，由总承包单位承揽整个建设工程的设计、采购、施工，并对所承包的建设工程的质量、安全、工期、造价等全面负责，最终向建设单位提交一个符合合同约定、满足使用功能、具备使用条件并经竣工验收合格的建设工程承包模式。其合同结构如图 1-1 所示。

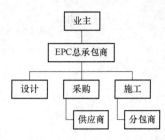

图 1-1　EPC 合同结构

EPC 工程总承包模式是当前国际工程承包中一种被普遍采用的承包模式，也是在当前国内建筑市场中被我国政府和我国现行《建筑法》积极倡导、推广的一种承包模式。这种承包模式已经开始在包括房地产开发、大型市政基础设施建设等在内的国内建筑市场中被采用。

二、EPC 工程总承包项目管理的特征

（1）虽然业主的招标是在项目的立项后，但承包商通常都在项目的立项之前就介入，为业主做目标设计、可行性研究等。

它的优点在于：尽早与业主建立良好的关系；前期介入可以更好地理解业主的目标和意图，使工程的投标和报价更为科学和符合业主的要求，更容易中标；熟悉工程环境、项目的立项过程和依据，减少风险。

（2）承包商应关注业主对整个项目的需求和项目的根本目的，项目的经营（项目产品的市场），项目的运营、项目融资、工艺方案的设计和优化。业主对施工方法和施工阶段的管理的关注在减低。

（3）总承包项目常常都是大型或特大型的，不是一个企业能够完成的，即使能完成也是不经济和没有竞争力的，所以必须考虑在世界范围内进行资源的优化组合，综合许多相关企业的核心能力，形成横向和纵向的供应链，这样才能有竞争力地投标和报价，才能取得高效益的工程项目。

（4）总承包项目中，业主仅提出业主要求，主要针对工程要达到的目标，如实现的功能、技术标准、总工期等。对工程项目的实施过程，业主仅做总体的、宏观的、有限度的控制，给承包商以充分的自由完成项目。同时承包商承担更大的风险，可以最大限度地发挥自己在设计、采购、施工、项目管理方面的创造性和创新精神。

（5）承包商代业主进行项目管理与传统的专业施工承包相比，总承包商的项目管理是针对项目从立项到运营全生命期的。

（6）承包商的责任体系是完备的。设计、施工、供应之间和各专业工程之间的责任盲区不再存在。承包商对设计、施工、供应和运营的协调责任是一体化的。所以总承包项目管理是集成化的。

（7）总承包商对项目的全生命期负责，要协调各个专业工程的设计、施工和供应，必须站在比各个专业更高、更系统的角度分析、研究和处理项目问题。

三、EPC 工程总承包项目管理应有的目标体系

总承包项目管理与专业工程承包的项目管理有不同的项目目标。它的目标体系体现了工程项目全生命期的、集成化的、符合环境和可持续发展的要求。目标体系详细内容如下。

1. 质量目标

总承包项目的质量目标不仅仅是追求材料、设备、各分部工程质量，而且更加追求工作质量、工程质量、最终整体功能、产品或服务质量的统一性。应体现可建造性、运行的安全性、运行和服务的可靠性、可维修性和方便拆除、注重开发—实施—运行的一体化。

2. 费用目标

总承包项目的费用目标不仅是降低建造费用（或建设总投资），而且追求运行（服务）

和维护成本低，进行全生命期费用的优化，还要考虑降低由于工程引起的社会成本和环境成本。

3. 时间目标

总承包项目的时间目标不仅包括建设期、投资回收期、维修或更新改造的周期等，还要为业主考虑工程的设计寿命、经济服务寿命以及项目产品的市场周期，还应考虑业主的工程项目的最终产品有更大的市场价值。

4. 各方面满意

总承包商为业主做项目的规划、设计、施工和供应，协调各方面的关系。项目的成功必须体现在项目相关者各方面满意。工程项目是许多企业的"合作项目"，项目的成功必须经过项目参加者和项目相关者各方面的协调一致和努力。

5. 工程项目与环境相协调

建设工程项目作为一个人造的社会技术系统，在它的形成过程中必须处理和解决好人与自然的关系，以及人与人的关系。

四、EPC工程总承包模式的项目管理要点

伴随着改革开放的发展，EPC工程总承包企业日渐增长，在市场竞争日趋激烈的环境下，EPC工程总承包模式的项目管理在为参建方提高利润的同时，也暴露出了一些风险和不足。

根据EPC工程总承包模式的项目管理特点和优势以及面临的复杂环境，提高项目管理能力和风险控制水平，是每一个EPC工程总承包企业应该关注的课题，应着重抓好以下几个管理要点。

1. 设计管理

EPC工程总承包模式的项目管理主要优势之一就是将设计、采购、施工相融合。大型复杂项目的设计、采购、施工三者有着密切关系，存在相互制约的逻辑关系，每一个沟通环节对项目的进展都具有重要意义，对下一步工作的开展都有一定的影响，因此应采取设计先行的指导措施。

（1）发挥设计的龙头和引导作用。

在工程项目开展初期进行方案设计的征集时，往往中标方案并非是最优方案，甚至存在一定的弊端，因此应组织相关专家对方案设计的先进性、科学合理性和项目的总投资、总工期、工艺流程等进行严格的审核和充分论证，该阶段的工作将会对项目的质量、成本、工期等控制和后期运营乃至整个项目的成败起到至关重要的作用。

俗话说：理论是实践的向导，在总承包项目管理中更是如此。设计文件不仅是采购文件编制、设备订货和安装的依据，也是施工方案编制、指导现场施工、工程验收和成本控制的重要文件。因此EPC工程总承包企业应充分利用自身资源，尽早地开展设计工作为后续采购和施工提供有利条件。

（2）整合资源实现设计、采购、施工深度交叉。

EPC工程总承包模式的核心管理理念就是充分利用总承包企业的资源，变外部被动控制为内部自主沟通，协同作战，实现设计、采购、施工深度交叉，高效发挥三者优势，并形成互补功能，消灭、减少工作中的盲区和模糊不清的界面，简化管理层次，提高工作效率。

实践表明提前让施工分包单位介入，施工图设计时有效吸纳施工人员的意见，积极采用新技术、新工艺、新材料，考虑后期施工便于操作等；有利于节约工期，减少变更和索赔，提高效率，增加效益。

（3）加强设计优化。

项目管理实践表明，设计费在 EPC 工程总承包项目中所占比例通常在 5%以内，而其中 60%～70%的工程费是由设计所确定的工程量消耗的，可见优化设计对整个项目成本控制的重要性。为了维护双方的利益，对业主而言，这里强调的是总承包企业为了获取更高的利润，往往会选择在施工阶段进行大量的优化设计，使其作为降本增效、提高利润的有效措施，因此，业主应在发包文件和合同相应条款中注明，对优化设计工程量做出限制，譬如 15%以内给予考虑，若超过 15%则不予认可。

（4）关注现场设计。

我国企业走出国门承包工程项目，经常会遇到由于语言、文化和行为习惯的差异给双方带来的沟通及信息传递障碍。在沟通过程中，通常是翻译人员和少数的设计人员作为信息传递的中介，这种沟通方式和不同国家的语言差异经常造成信息传递缺失和理解分歧。同时，一些设备工艺和装修设计仅靠施工大样图很难满足现场作业。从整个项目全局控制和专业设计集成管理考虑，现场设计不可或缺。

2. 加强采购管理，提高采购效率

在总承包工程项目建设中，项目采购主要由咨询服务和承包企业及设备主材等组成，占整个项目成本最高的采购往往是设备（约 60%），提高采购效率、优化采购方案是成本控制的有效途径之一。

由于国内一些 EPC 工程总承包企业采购体系不够健全，制度不够完善。采购工作涉及较多部门，采购部门需要跨部门协调。公开采购的项目则要提前与当地交易平台做好沟通，做好时间安排，力争与交易平台签署框架协议，争取时间上的优先，费用上的优惠。不断完善企业采购程序和相关制度，建立完善合格的供应商数据库，建立长期的合作伙伴关系。

实践表明：在 EPC 工程总承包模式的背景下，项目管理要想提高效率、压缩采购时间、避免推诿扯皮、降低成本，应从设计（技术）、施工、商务、造价、财务等抽取人员组建采购小组，并做好分工和规定其职责和权限的工作。同时，企业高层领导的支持也至关重要。

3. 强化风险管理

EPC 工程总承包模式之所以受欢迎的原因之一是业主没有足够的技术能力、项目管理能力、项目风险管理能力，而采取这种模式，业主可实现以最少的投入获取最大的产出，尽可能地将所有风险转嫁给 EPC 工程总承包企业，从而利用总承包企业的能力和经验预防、减少、消灭项目建设过程中存在的各种风险。

项目风险大致可分为外部风险和内部风险。在研究了国际工程总承包市场投标决策时需要考虑的风险，借鉴前人研究的基础之上，认为 EPC 工程总承包项目模式面临的主要风险由宏观经济风险、政治风险、法律风险和工程建设的其他风险构成。

EPC 工程总承包企业从投标估算开始到项目竣工移交业主全过程均面临各种风险。项目管理过程中，在项目每一个阶段都需要对风险进行识别、分析、应对和监控。既要识别和应对随着项目进展和环境变化出现的新风险，也要关注风险条件变化及时剔除过去的风险。

据研究在项目管理中提出习惯做法可以看作风险管理。譬如在项目管理计划编制、协调和里程碑的确定过程中，以及变更控制中存在的风险源（人为误差、遗漏和沟通失败等）采取一般性应对措施。

合同管理是风险管理的重要手段。合同管理的主要工作除了常规措施之外还应重视以下几点：

（1）科学地划分分包标段，合同范围和责任划分应尽量详细，合同签署后召集相关单位和人员进行合同交底。对遗漏和分歧导致的界面模糊等应进一步明确，做好约谈记录，作为该合同的补充协议。

（2）在合同签订时切忌为了中标承建项目，而忽视实际情况和价格风险，在合同中须明确约定材料、人工价格的调整条件和方法。包括变更计价方式和优先顺序及确认时间。

（3）合同中应将该项目的设备、材料框架协议及名单品牌价格进行限制，不能任由业主要求最高价商品，使总承包方蒙受较大风险。

（4）总承包企业在投标报价前要做好市场调研，包括自然条件、经济状况、供求情况、价格数据、税收法律法规等，正确地评估风险。

（5）在合同谈判时，尽量与业主合理地分担风险，在招标采购阶段和施工阶段可将风险，如：建筑安装工程一切险、不可预见的风险等，转嫁给分包单位、供货单位和保险公司。

（6）索赔管理是项目管理风险控制的重要举措之一。总承包企业应正确地认识工程项目索赔，它不是利润增加点，而是利润的保证点。在项目准备阶段，项目部应成立索赔小组，负责组织、策划，制定索赔策略，编写索赔报告，跟踪索赔进展情况。索赔涉及的事项较多，需要相关部门共同参与，并进行培训和交流。

在合同中应明确五个原则：必要原则；赔偿原则；最小原则；引证原则；时限原则。

4. 建设高效的项目团队

工程项目管理涉及技术、经济、法律、管理等多个领域，因此运用国际 EPC 工程总承包模式的项目管理，需要具有良好的专业技术背景、丰富的从业经验以及经济、法律、管理方面的知识，一专多能、一能多职的复合型管理人才。

项目经理是项目管理团队的灵魂，是项目管理的关键人物。他的综合素质对项目成败起着至关重要的作用，因此现代项目管理对项目经理的要求是仅有技术能力是不够的，他要懂技术、善管理、会经营，具备 PMI《项目知识管理知识体系指南》规定的九个方面基本能力。

在进行项目管理策划时，项目经理应按照项目管理总目标，合理地划分 WBS，根据每个成员的特点合理分工，确定工作程序和考核机制。在建立制度的同时，还要做好情绪管理，领导和激励整个项目管理团队及重要利益相关者，朝着实现项目总目标不断努力，同时创造良好的工作环境和愉快的工作氛围，提高工作绩效。

5. 建立良好的合作伙伴关系，化解主要利益相关者矛盾

EPC 工程总承包模式的主要利益相关者为业主、政府建设主管部门、监理（咨询）公司、设计分包单位、施工分包单位、设备货物的供应单位和清关代理服务单位等。总承包企业要与各个利益相关者建立良好的合作关系，有效地集成设计、采购及施工各环节资源，加强 EPC 风险管理的能力，提高项目绩效。

根据对伙伴关系应用工程项目管理实践结果调查，其统计结果显示：与传统承包项目管理模式相比，伙伴关系管理方式下的工程项目平均实际工期比计划提前 4.7%；变更、争议、索赔等现象仅是传统承包模式的 20%～54%；客户的满意度提高 26%；团队成员关系得到显著改善（业主和承包商认为的明显改善分别为 61%、71%）。

调查表明 EPC 工程总承包企业在项目管理过程中引入伙伴关系方式能够提高效益。EPC 工程总承包企业应对不同的利益相关者采取不同的方式。其伙伴关系方式下的关系基础是：承诺、平等、信任、持续，并建立问题及时反馈和解决系统。

在项目准备阶段，EPC 工程总承包企业应编制有效可行的"利益相关者管理规划"。开展工作要本着双赢的合作理念。当矛盾和冲突产生时，应有切实有效的预控和解决方案，清晰地界定项目管理愿景和目标。通过策划和举办有益的活动加强情感沟通这一点尤为重要。

五、EPC 工程总承包项目的运作程序

EPC 工程总承包项目的运作程序如图 1-2 所示。EPC 工程总承包项目的详细运作阶段介绍如下。

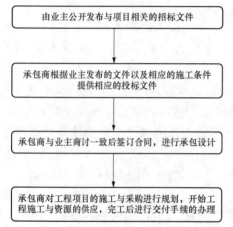

图 1-2 EPC 工程总承包项目的运作程序

1. 招标

在项目被立项确定后，业主便可以委托咨询公司根据工程项目的施工目的来起草招标文件。招标文件应至少包含投标资格、合同条款、评标方式、业主的要求以及投标书格式等内容。其中业主的要求属于招标文件中的重点内容，是承包商报价以及工程施工的重点参考依据。

2. 投标与报价

承包商在确定业主的招标要求后，制定相应的投标文件进行投标，投标文件中需要至少包括商务投标书与技术投标书两部分。投标文件与报价是体现承包商对业主要求、招标文件与其他与项目相关的文件的分析与理解，并且要对项目的各个方面进行调查，需要向分包商、材料与设备的供应商进行相应的询价，再结合自己的施工经验来做的投标文件。

3. 设计与计划

承包商投标与报价完成后，业主根据承包商提供的报价资料进行分析，选择其中符合标准的承包商，并将中标的通知以文件的形式告知承包商。承包商在接到中标通知后，与业主签订合同，并对其详细的施工方案、资源与设备的供应方案进行设计，且其每一步的施工计划与设计结果均需要得到审查和批准后才能执行。

4. 履行合同

承包商应根据施工合同的要求与业主批准的设计来完成工程的资源供应与施工，保证承包商的合同责任得到完全完成。在具体施工中的每一个环节，都应该严格按照合同的约定来进行，确保工程质量。

5. 工程接收和保修

在工程施工完成之后，需要经过业主的验收，待业主验收完成接收之后才算正式结束，但承包商应继续承担工程保修期内的工程缺陷的维修责任。工程竣工验收流程见图1-3。

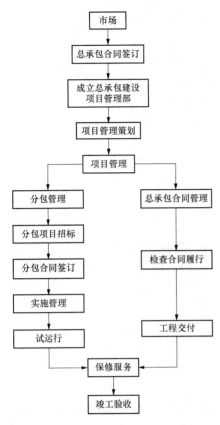

图1-3　工程竣工验收流程

六、EPC工程总承包的造价管理

EPC模式下一般为固定总价合同（Fixed-price contract），承包商获得业主变更并获得追加费用的可能性很小，且大部分风险由承包商承担，传统施工总承包模式下一般由业主承担的诸如设计风险、经济风险和外界风险等都均由承包商承担，发生此类风险承包商不再享有索赔权。

因此，上述EPC工程总承包模式的特殊性，决定了EPC工程总承包模式与传统施工总承包模式在项目的造价管理方面必然有所不同。为做好EPC工程总承包项目的造价管理，可以从以下几个方面入手。

1. 开展工程总费用的测算和策划

工程总费用的测算工作，是确保工程项目能否达到盈利期望值的一个重要手段，也是在项目承揽期间就应该重点进行的工作。工程总费用的测算一般采用市场价格、经验积累、统计分析等方法对工程费用进行推测和估算。

EPC工程总承包项目部在项目实施初期的首要任务就是组织有关部门和专业人员对工程总费用进行测算和策划，制定项目的费用控制基准。费用控制基准要结合公司战略目标、报价情况、总承包合同、采购分包市场价格等因素综合制定。费用控制基准要分解到设计、采购、施工、试运行等全过程，以及建筑、安装等每个专业的每个子项。

费用控制基准应进行分解，分解后的费用控制基准值作为编制项目部费用控制计划的基础，并依据项目部各部门分工情况，将项目总体费用控制目标分解到部门，并进一步分解落实到人。项目部应定期对费用控制基准进行测量，即对实际消耗的费用与控制基准进行对比，并计算出偏差。对于偏离控制基准较大的超支现象，应及时分析原因，并区分情况采取纠偏措施。

费用控制流程如图1-4所示。

2. 重点做好设计管理工作

设计是EPC模式的灵魂，是一切工作的基础。控制工程造价的关键就在于设计。据西方一些国家分析，设计费一般只相当于建设工程全寿命费用的1%以下，但正是这少于1%的费用对工程造价的影响度在75%以上。因此，设计质量对整个工程建设的效益是至关重要的。

一个项目的质量高低取决于设计工作的质量和深度。设计出现任何问题都会直接或间接地影响到采购和施工工作的进度、质量和费用。EPC工程总承包模式下，设计质量问题造成的损失一般由总承包商自行承担，因此，EPC工程总承包模式比传统的施工总承包模式对于设计质量有着更高的标准和要求。

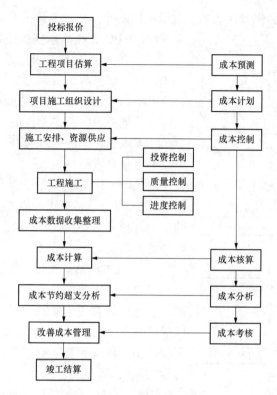

图 1-4   费用控制流程图

为此，应鼓励设计人员进行设计方案优化，使得设计方案不但能满足功能和质量的要求，而且应在合理范围内尽量降低费用，提高现场施工组织的可行性和便利性。对于较为成熟、通用、有可参照的实际费用案例的设计对象，可推行限额设计，并鼓励进一步降低费用。应严格控制设计变更，充分了解业主需求、工程所在地条件和习惯做法，提高设计质量和深度，尽量减少设计变更。此外，还应该让设计人员摒弃过分完美或过分保守的思维方式，在设计过程中注意技术和经济的统一，注意各专业之间设计标准的匹配。

3. 抓好设备、材料的采购管理

EPC 模式的核心问题是设计和施工的整合，这种模式有效性的关键取决于项目实施过程中每个环节的协调效率，尤其是采购在设计和施工的衔接中起着非常重要的作用。大型设备和大宗材料或特殊材料的供货质量和工作效率直接影响到项目的目标控制，包括成本控制、进度控制和质量控制等。

EPC 采购管理流程图如图 1-5 所示，可以从以下方面抓好设备、材料的采购管理工作：

（1）实行集中采购。

集中采购就是集中各种采购需求，通过统一的采购、库存和结算控制，降低采购成本。集中采购通过权力的集中监控、资源的集中配置和信息的集中共享，提高采购效率、降低采购成本、增强赢利能力和竞争力，是国际上大型企业普遍采用的重要管理措施。相对于分散模式的项目部采购，集中采购可以发挥规模效益、精简机构和人员，并有利于廉政建设。

（2）做好招标和合同管理。

设备材料采购招标和签订合同是采购工作中的重要环节。由于采购人员对各专业的技术细节了解不够，或者部门之间沟通不到位，往往容易造成在编制招标文件和签订合同时出现纰漏，被有的供应商钻空子，或者出现问题时索赔困难。因此要充分重视招标和合同的细节问题，对相关合同之间的界区及费用划分各部门之间要充分沟通。

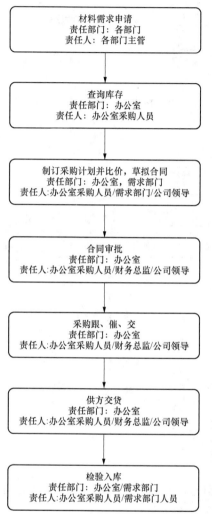

图 1-5 采购管理流程图

（3）重视库房管理。

仓库管理看似简单，但需要管理人员极强的责任心和过硬的专业能力。要选用有责任心、有经验、稳定可靠的人员进行库房管理，并要避免库房管理人员频繁更换。要建立严格的库房管理制度，并应严格落实到位。

4. 做好分包商的管理

EPC工程总承包模式比传统施工总承包模式对分包商的实力和专业能力有了更高的要求，对分包商的施工队伍、装备水平、技术力量、管理能力、类似业绩、企业运营情况、信誉和声望等都要认真分析，分包商的选择错误对总承包商将是致命的。与分包商的合作必须坚持利益共享和风险共担的原则，兼顾平衡好总承包商与分包商之间的利益关系，充分调动分包商参与项目的积极性，这样才能充分发挥出EPC工程总承包的优势。

由于EPC模式下最终向业主负责的是总承包商，尽管在理论上进度、质量、费用等所有问题都是分包商的责任，但实际上仅仅靠分包商的自觉性还远远不够，仍需要总承包商对分包商加强监管，例如，尽管有的总承包商已将所需设备和材料分包给分包商负责，但实际上项目部的采购工作量并没有减轻，必须加强人力资源，重点监控分包商的设备和材料的采购质量和进度，以确保满足工程的质量和进度要求。

5. 做好风险控制工作

EPC工程总承包项目在实施过程中利益相关者多、社会关系错综复杂，且工期较长、合同金额高，因而是风险发生频率较高的领域，且一旦风险发生可能带来巨大的损失，有时甚至影响到企业的经营。只有成功地预防和控制了风险，才能为企业赚取较大的利润，提高企业的工程总承包能力。

EPC工程总承包项目的风险管理应贯穿于每个项目执行的全过程。风险管理的程序一般分为风险识别、风险分析和评价、风险控制和处理三个阶段。具体风险管理流程如图 1-6 所示。风险管理中最重要的是防范和规避风险的发生。风险的防范手段多种多样，但归纳起来不外乎两种最基本的手段，即风险控制措施和财务措施。风险控制措施包括风险回避、损失控制、风险分离、风险分散及风险转移等。财务措施包括风险的财务转移、风险自留、风险准备金和自我保险等手段。

需重点指出的是，有效利用索赔手段也是避免和弥补承包商风险造成的损失和减轻风险危害的重要策略，这就需要合同管理人员有较强的索赔意识，善于研究合同文件和实际工程

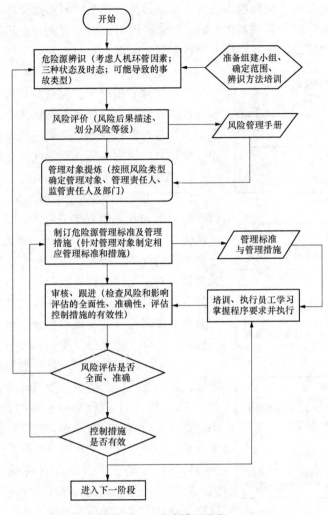

图 1-6　风险管理流程

事件，能够及时、全面地发现索赔机会，找到最有利于自己的证据，并能抓住适当的时机提出索赔。

第二节　EPC 工程总承包的优势及问题

一、EPC 工程总承包的优势

1. 工程管理与项目建设

EPC 工程总承包模式的实施减轻了业主管理工程的难度。因为设计纳入总承包，业主只与一个单位即总承包商打交道，只需要进行一次招标，选择一个 EPC 工程总承包商，不需要对设计和施工分别招标。这样不仅是减少了招标的费用，还可以使业主方管理和协调的工作大大减少，便于合同的管理及管理机构的精简。业主方既不用夹在设计与总承包商之间为处理并不熟悉的专业技术问题而无所适从，工程风险也因此转由 EPC 承包商来承担，特别是对于业主不熟悉的新技术领域，这一点显得尤为突出。

　　EPC工程总承包模式虽然将一些风险和部分原属于业主的工作转嫁接到了总承包商身上，但也同时增强了总承包商对工程的掌控。总承包商能充分发挥自身的专业管理优势，展现其管理能力和智慧，在项目建设管理中，有效地进行内部协调和优化组合，并从外部积极为业主解忧排难。在EPC工程总承包管理模式下，由于设计和采购、施工是一家，总承包商就可以利用自身的专业优势，有机结合这三方力量，尤其是发挥设计的龙头作用，通过内部协调和优化组合，更好地进行项目建设。如进行有条件的边设计边施工，工程变更会相应减少，工期也会缩短，有利于实现项目投资、工期和质量的最优组合效果。

　　2. 工程项目设计与施工

　　EPC工程总承包模式可以根据工程实际各个环节阶段的具体情况，有意识地主动使设计与施工、采购环节交错，如采用边设计边施工（即班次设计）等方式，减少建设周期或加快建设进度。这要求总承包商要有强大的设计力量，才能达到优化设计、缩短工期的目的。各个环节合理交错可以是边设计边施工，也可以是先施工后设计，还可以是设计与采购交错。

　　（1）边设计边施工。

　　如某一工程项目中，由于脱硫系统与制酸系统不在同一地点，分布在项目的两端，相距约2km，给设计和施工均带来了相当大的难度。由于脱硫至制酸系统的工艺管线均沿项目边缘布置，需穿过项目现有的厂房、铁路、公路、输电线路及工艺管架，而业主又不能提供详细的设计基础资料，如定位坐标点、建筑物的布置及高度、原有工艺管线的布置等数据，使设计无从着手。总承包商采取了现场实测实量，设计现场认可，并进行技术交底，边施工边返资边设计，达到了施工设计两不误的完美结合。这个子项原计划的蓝图出图时间为2018年2月底，但实际直到2018年7月仍没办法出图，采取了边施工边设计的方法后，施工在2018年8月一个月即完成。

　　（2）先施工后设计。

　　如在某一工程项目现场施工中，各类操作平台达80余个，由于各类平台的制作安装均须与现场的实际情况相结合，传统的先行设计后施工的模式给设计带来相当大的困难。总承包商采取了先施工，然后再返资给设计出变更的形式进行处理。这样做既不耽误工程的实体进度，又减轻了业主施加给设计的工作压力，取得了良好的效果。

　　（3）设计与采购交错。

　　如在某一工程项目非标设备的制作安装中，非标设备的图纸由于各种原因一直不能出正式蓝图。设计的白图早在2017年9月即已出图，而蓝图直到2018年3月中旬才正式发放。在这半年间，总承包商进行了充分的技术培训和资源的准备工作。在材料的准备方面，特别是复合钢板的采购上提前做了准备。

　　由于复合钢板采购周期达3个月之久，总承包商要求设计与施工采购方进行了充分的技术交流后，及时进行了复合钢板的采购工作。当蓝图正式发出后，马上转入了现场施工工作，大大缩短了整个工程的施工周期，而由业主另行发包的非标设备制作安装由于没有施工蓝图，施工方拒绝先采购材料，对工期产生不利的影响。

　　（4）突出设计的龙头作用。

　　设计工作对整个建设项目的运行和管理起着决定性的作用。在EPC工程总承包模式总承包中，由于设计也纳入了总承包范畴，因此总承包商很容易要求设计方积极全面地参与到工程承包工作中，包括对采购、施工方面的指导与协调。这使得设计在工程各阶段延伸服务起到的作用越来越大，甚至可以左右工程总承包的费用、进度与质量，由此设计的龙头地位是毋庸置疑的。

3. EPC 工程总承包模式采购施工的能动性

由于在 EPC 工程总承包模式总承包中，设计和采购、施工一起纳入了总承包范畴，因而采购、施工可以发挥主观能动性，更好地与设计互动。在技术协调方面，设计人员有丰富的理论知识和设计经验，而施工方有丰富的实践经验，将两者结合起来为工程服务是 EPC 工程总承包模式的优势所在。

由于科学技术的快速发展，施工技术日新月异，同样的工程实体，实施的方法可以多种多样，在实际操作过程中，需要双方相互佐证，开诚布公地进行探讨，形成统一的意见。在管理机制方面，EPC 工程总承包模式下，总包方在工程管理上可以适当借助施工方的力量对实体工程进行管理，这可以避免总包方陷入烦琐的管理细节中，减少总包方的投入。这也要求施工方要有足够的管理资源与总包方进行配合，能跟上总包方的管理要求。

在设计介入方面，采购、施工方对设计阶段工作的介入可以更深入一些，将自己的一些经验和优势在早期融入到设计中去，这样能收到的效果是：最大限度地使设计经济合理；施工方的提前介入能使其有针对性地进行一些施工前的准备工作，以保证工程的顺利实施；施工人员与设计人员进行充分的沟通，能充分了解设计意图，从而保证工程的施工质量。

二、EPC 工程总承包所面临的问题

我国从 20 世纪 80 年代在化工和石化等行业开始试点工程项目总承包后，逐步在其他行业进行推广，工程总承包虽然在我国已经 20 余年，但却因为体制缺陷、缺乏规范、素质不高、能力不强、经验不足等方面的原因，近年来的发展仍显缓慢。归纳起来，我国工程项目总承包所面临的问题主要表现在以下四个方面：

（1）法律法规上的缺项或弱项。

在 EPC 项目管理模式中，业主跟承包商之间的界面非常简单，只有一份合同。这种承包模式，弱化了业主方的管理，因为缺少外部监督，更多依赖的就是政策法规，但在我国，关于工程总承包的法律方面却存在着三个具体问题：

1）工程总承包在我国法律中的地位不明确。

近年来，我国陆续颁布了《建筑法》《招标投标法》《建设工程质量管理条例》等法律法规，对勘察、设计、施工、监理、招标代理等都进行了具体规定，但对国际通行的工程建设项目组织实施形式——工程总承包却没有相应的规定。

《中华人民共和国建筑法》虽然提倡对建筑工程进行总承包，但也未明确总承包的法律地位，难以解决 EPC 在运行中的纠纷。

2）工程总承包的市场准入及市场行为规范不健全。

一方面，因缺乏具体的法律指导，企业在开展工程总承包活动时束手束脚。另一方面，我国没有专门的工程总承包招投标管理办法和具体的规定，政府部门缺乏管理的政策指导，承包商在编制文件、工程造价、计费等方面缺少政策依据。

3）缺乏 EPC 发展的金融保障机制。

由于开展 EPC 工程总承包需要大量资金，而我国银行在企业信贷方面的额度向来不高，又没有 EPC 工程总承包融资方面的优惠政策，这也在很大程度上制约了 EPC 工程总承包的发展。

（2）业主自身条件及其运行与规范的EPC工程总承包要求之间存在很大差距。

EPC工程总承包在国外是一种得到广泛使用、很成熟的工程承包形式。它将一个项目的设计、采购、施工等全部工作交由一个承包商来承担，大量项目协调与管理工作都交由总承包商统一负责，业主只管对相关的设计和施工方案进行审核，并根据承包合同聘请监理实施监督和支付工程费用等配合性工作。在我国，业主自身条件及其运行水准与规范的EPC工程总承包的要求之间存在很大的差距，主要表现为：

1）市场机制不完善。

我国过去基本实行的是"工程指挥部"管理模式，设计与施工、设备制造与采购、调试分工负责的协调量大，易出现相互脱节、责任主体不明、推诿扯皮等问题。工程总承包推行以来，大多数外资项目业主均表示认同，一些民营企业项目也能接受，但大多数以政府或国有投资为主的业主由于认为实施工程总承包后，其权力受到了削弱，仍习惯将勘察、设计、采购、施工、监理等分别发包，这对工程总承包的推广形成了障碍。

2）业主操作不规范。

一些业主虽采用了EPC工程总承包管理模式，但具体实施和操作时却不规范，有的忽视项目前期运作，设计方案不规范或不到位，给施工图设计带来许多问题；有的催促工期，不但增加了承包商成本，也使工程质量得不到保障；有的喜欢干预设备采购，导致设备质量、供货期与施工脱节，影响工程进展；还有的因强调总价合同固定性的方面，而不愿为工程变更对费用进行调整，等等。

3）业主方缺乏项目管理人才。

EPC工程总承包合同通常是总价合同，总承包商承担工作量和报价风险，业主要求主要是面对功能的。总承包合同规定，工程的范围应包括为满足业主要求或合同隐含要求的任何工作，以及合同中虽未提及但是为了工程的安全和稳定、工程的顺利完成和有效运行所需要的所有工作。总承包合同除非业主要求和工程有重大变更，一般不允许调整合同价格。因此，业主的意见会对工程产生重要及关键的影响，尤其是在前期和总承包合同谈判阶段。但由于业主缺少真正精通项目管理的人才，不了解和掌握EPC工程总承包模式工程的运行规律和规则，与总承包商在EPC合同谈判阶段往往难以沟通，这常会影响谈判效果和合同的履行。

（3）承包商的先天不足使其与推行EPC工程总承包的要求之间存在诸多不适应。

在我国，设计方直接对业主负责，工程设计方与施工方无直接的合同和经济关系。这种模式浪费了大量社会资源、降低了工作效率。采用工程总承包模式，总承包商与业主签订一揽子总合同，负责整个工程从勘察设计、采购到施工的全过程。设计方要与总承包商签订设计分包合同，对总承包商负责。但因国内公司综合素质、信誉、合同的执行能力等与西方大公司相比仍有很大差距，故使承包商与推行EPC工程总承包的要求间存在诸多不适应。

1）设计质量无保证。

由于我国长期以来设计与施工分离的制度，目前能够取得EPC合同的单位基本上都是些不具备设计资质的专业公司，这些公司中标后，为节省设计费用，有的聘请专业设计人员设计，有的先自行设计再花钱盖章，有的甚至边设计边施工边修改，设计质量无从保证。

2）多层转包隐藏较大的风险。

有的中标公司往往缺少设计资质或施工资质，或者没有相关施工资质。拿到工程以后会将相当一部分工程量分包给具备资质的单位，甚至出现多层转包，这样往往存在以下风险：

①在 EPC 承包商提取一定的管理费和利润的基础上，分包商会通过降低产品的质量保证自己的利润空间不受到压缩，最终业主的利益必定受到损害。

②有的承包商以各种理由截留或挪用分包商的工程款，影响工程进度，造成工期损失。

③出于利润考虑，承包商在选择分包商时往往着重考虑价格因素。分包商以低价竞争获胜后，为了赢得利润，便只有偷工减料。

3）承包商的局限性使业主无法放心。

业主选择 EPC 方式发包，本意是想减少中间环节，降低管理成本，提高建设项目的效率和效益。但因承包商的局限性，往往无法使业主放心，业主是花了钱却没能享受到委托 EPC 工程总承包的省心。

4）合同价格易引发合同纠纷。

由于缺乏统一权威的官方指导，再加上 EPC 工程总承包模式的招标发包工作难度大，合同条款和合同价格难以准确确定，在工程实际中往往只能参照类似已完工程估算包干，或采用实际成本加比率酬金的方式，容易造成较多的合同纠纷。

（4）工程监理仍然达不到 EPC 工程总承包的要求。

监理工作主要依据法律法规、技术标准、设计文件和工程承包合同，在 EPC 工程总承包模式中，总承包商可能会权衡技术的可行性和经济成本，导致技术的变更比较随意，但是工程监理工作一个重要的依据是工程图纸，受传统模式影响，监理工程师面对技术上的变更往往表现得无所适从，无法履职到位。

三、应对措施

实践证明，工程总承包有利于解决设计、采购、施工相互制约和脱节的问题，使设计、采购、施工等工作合理交叉，有机地组织在一起，进行整体统筹安排、系统优化设计方案，能有效地对质量、成本、进度进行综合控制，提高工程建设水平，缩短建设总工期，降低工程投资。为此，需进一步大力推进 EPC 工程总承包管理模式在国内的发展。针对目前 EPC 工程总承包管理存在的上述问题，特提出以下几项基本的应对措施：

（1）把功夫下在提高业主方的管理素质上。

加大宣传力度，统一思想，提高认识。争取在政府投资工程项目上积极推行工程总承包或其项目管理的组织实施方式，以起到带头作用。

结合投融资体制改革和政府投资工程建设组织实施方式改革，对业主进行培训，使其深刻认识、了解工程总承包，促其积极支持与配合。加强业主总承包管理知识的培训和项目管理人才的培养。

（2）全面对接 EPC 工程总承包的规则和要求，加快承包队伍的整合。

1）要合法取得设计资质。

根据建设部关于工程总承包资质的要求，我国政府对工程总承包商不仅要求其要有一定的施工资质，还要有设计资质，大大提高了工程总承包的准入门槛。在解决资质问题上，通常可有二法：一种是借鉴全国施工企业 500 强和江苏省建筑业综合实力前 5 强企业南通四建收购设计院的例子，作为快速拥有设计资质的捷径之一；另一种是可根据工程建设的周期性特点，施工企业可在项目招标时与设计单位组成项目联合体进行投标，与收购设计院相比，此法既节省了成本又降低了风险。

2）要培养和留住人才。

依国际工程总承包经验，做好工程总承包最核心的有两个元素，即多元化的管理人才和雄厚的资金保障。20 世纪 60～70 年代，国际工程总承包已在许多发达国家得到普遍推广，良好的市场竞争机制保证了整个行业的丰厚利润，总承包企业有足够的效益来培养和吸收优秀的多元化管理人才。当下我国的承包商要大力培养复合型、能适应国际工程总承包管理的各类项目管理人才，学习国内外先进的管理方法、标准等，提高项目管理人员素质和水平，以适应国内总承包商应对"引进来"和"走出去"挑战的需要，完善协调激励制度，不仅在物质上、更要从精神上激励员工，留住人才。

3）创新企业融资渠道。

增加 EPC 实力。EPC 项目管理需要雄厚的资金实力，对总承包商的融资、筹资能力要求很高，特别是"走出去"的企业。我们要向国外学习，吸取其先进理念和做法，通过强强联合、企业整合、企业兼并等使 EPC 不断发展壮大，逐步增强融资能力，拓宽融资渠道，使企业逐渐步入良性循环。

（3）从推动 EPC 工程总承包的角度强化工程监理。

要推进全过程监理。与工程总承包的设计、采购、施工一体化一致，监理也应做到全过程监理。监理的业务范围应逐步扩展到为业主提供投资规划、投资估算、价值分析，向设计单位和施工单位提供费用控制、项目实施中进行合同、进度和质量管理、成本控制、付款审定、工程索赔、信息管理、组织协调、决算审核等。

要积极推行个人市场准入制度，提高监理工程师素质，培养善经营、精管理、通商务、懂法律、会外语的复合型监理人才。

EPC 工程总承包因由最能控制风险的一方承担风险，通过专业机构和专业人员管理项目，实现了 EPC 的内部协调，使工程建设项目的运行成本大幅降低，效益大幅提高，进而创造了诸多的经济增长点。建筑企业要发展壮大和增强国际竞争力，建筑市场要良性发展和更好地与国际惯例接轨，需要全力推广 EPC 工程总承包。作为一个复杂的系统作业过程，工程项目总承包必须用现代化的项目管理手段和方法在解决不断出现的各种具体问题的过程中积极推广，才能为企业带来实际的利益，体现其管理上的优势。

第三节　EPC 工程总承包当前国际环境

一、EPC 工程总承包在国际工程中的应用

近年来国际建筑业出现了一些变化，包括市场规模扩大，开放程度提高，国际工程承包市场发包大型、超大型项目急剧增加；承包商功能逐渐拓展，除了提供建设承包服务，还提供项目前期（如可研、融资和设计）和后期（如运营和设施管理）服务甚至项目全过程管理或阶段性管理服务；承包和发包方式发生了一系列变革，由原来国际工程分包过渡到总承包交钥匙的方式，而且承包商参与项目的融资和运营作为一种新兴的方式（如 BOT、PFI 或 PPP 等）越来越流行。

仅以美国非住宅设计建造市场为例，传统的设计和建造分离的建设模式在市场上所占比例已由 1985 年的 82% 下降到 2005 年的 50%，而工程总承包模式则由 1985 年的 5% 上升到 2005 年的 40%。这充分说明了建筑业提供形成建筑产品的全过程服务一体化将是未来国际市场上的一个主要发展趋势。

在国家有关部门关于建设管理体制改革政策措施的推进下，我国工程总承包从 20 世纪 80 年代技术性较强、工艺要求较高的化工、石化行业，逐步推广到冶金、纺织、电力、铁道、机械、电子、能源、建材、市政、兵器、轻工、地铁、轻轨等行业和装饰装修、幕墙、消防等专业的工程。

二、我国勘察设计、施工、监理企业与国外工程公司的主要差距

目前我国勘察设计、施工、监理等建设企业与国外工程公司的差距是多方面的，主要有以下几个方面：

（1）多数勘察设计、施工、监理企业没有建立与工程总承包和项目管理相应的组织机构和项目管理体系。除极少数设计单位改造为国际型工程公司外，多数开展工程总承包业务的设计单位没有设立项目控制部、采购部、施工管理部等组织机构，只是设立了一个二级机构工程总承包部，在服务功能、组织体系、技术管理体系、人才结构等方面不能满足工程总承包的要求。监理企业一般把服务领域局限在专业工程的施工阶段监理上，组织结构、技术标准体系和人才结构都不能满足全过程、全方位项目管理服务的功能。

（2）多数设计、施工、监理没有建立系统的项目管理工作手册和工作程序，项目管理方法和手段较落后，缺乏先进的工程项目计算机管理系统。设计体制、程序、方法等也与国际通行模式不接轨。

（3）科技创新机制不健全，不注重技术开发与科研成果的应用。企业普遍缺乏具有国际先进水平的工艺技术和工程技术，没有自己的专利技术和专有技术，独立进行工艺设计和基础设计的能力也有待加强。

（4）企业高素质人才严重不足，专业技术带头人、项目负责人以及有技术、懂法律、会经营、通外语的复合型人才缺乏，尤其是缺少高素质的、能按照国际通行项目管理模式、程序、标准进行项目管理，熟悉项目管理软件，能进行进度、质量、费用、材料、安全五大控制的复合型的高级项目管理人才。

（5）具有国际竞争实力的工程公司数量太少，目前只有化工、石化等行业有少数国际型工程公司，但业务范围较窄，国际承包市场的占有份额较小。如美国的柏克德公司每年总营业额为 130 亿美元，而我国在 2001 年对外工程的总营业额仅为 89 亿美元，还不及美国一个工程公司。

（6）工程总承包和项目管理的市场发育不健全，多数国有投资为主体的项目业主出于自身的利益考虑，不愿采用工程总承包和项目管理方式组织项目建设。

第四节　EPC 工程总承包模式及相关承包模式

一、PMC 模式在国内外的发展现状及分析

1. PMC 模式的概念

PMC 模式即项目承包（Project Management Contractor）模式，就是业主聘请专业的项

目管理公司，代表业主对工程项目的组织实施进行全过程或若干阶段的管理和服务。由于PMC承包商在项目的设计、采购、施工、调试等阶段的参与程度和职责范围不同，因此PMC模式具有较大的灵活性。

总体而言，PMC有三种基本应用模式：

一是业主选择设计单位、施工承包商、供货商，并与之签订设计合同、施工合同和供货合同，委托PMC承包商进行工程项目管理。

二是业主与PMC承包商签订项目管理合同，业主通过指定或招标方式选择设计单位、施工承包商、供货商（或其中的部分），但不签合同，由PMC承包商与之分别签订设计合同、施工合同和供货合同。

三是业主与PMC承包商签订项目管理合同，由PMC承包商自主选择施工承包商和供货商并签订施工合同和供货合同，但不负责设计工作。

PMC优点主要在于：有利于帮助业主节约项目投资；有利于精简业主建设期管理机构；有利于业主取得融资；担任PMC任务的国际工程管理公司一般都拥有十分先进的全球电子数据管理系统，可以做到现场安装物资的最短周期的仓储，以此实现最合理的现金流量。

2. PMC管理模式在国内工程建设项目管理中的运用

从严格意义上说，我国真正采用PMC管理模式的项目为广东中海壳牌南海石化项目，其他的大多是招标PMC承包商来进行一体化管理的项目（即让PMC资质的承包商参与业主的管理）。

PMC项目管理模式对工程建设项目的管理，具体地说，作为管理方的PMC承包商一般负责项目的基础设计、项目的总体优化、项目融资、HSE管理、项目程序等方面工作；在项目实施阶段，工艺设计、基础设计一般由PMC承包商承担，业主承担政府审批等工作。

项目的初步设计、详细设计、国内采购、现场施工管理等项工作，PMC通过招标，由EPC承包商负责，但由PMC承包商协同整合。管理方面，工作界面及工作程序由PMC承包商形成手册共同执行；对于质量、控制、安全等职能部门工作，PMC承包商提供一些国际通行的程序，并根据国内的实际情况加以补充修改后供项目使用。

对于工程建设项目的变更，PMC承包商成立变更控制委员会（或小组）来管理。对于项目实施过程中的变更控制，若为PMC承包商原因或不可预见原因，则PMC承包商安排已成立的变更控制组织（CCO）来应对涉及进度延缓的变更和项目收尾过程中的突发情况进行抢险突击。

PMC承包商的这种抢险突击是免费的（PMC承包商主动承担风险和损失），分承包商可对自己参与的部分继续索赔。这一点与我国国内以业主为主导的项目管理应对变更的情况有本质的不同，国内业主一般牺牲工期、费用，让承包商进行变更的实施并做好现场签证，最后进行在索赔、结算上做文章，把风险不公平地硬转移给承包商。

3. 我国PMC模式存在情况

（1）法规不健全。

从目前的关于PMC模式的法规和资质体系上来看，我国工程项目管理方面的法律法规不健全，有待提高和完善。虽然有些建筑法规方面都有提到PMC项目管理模式，但是对如何开展总承包没有配套法规文件，可实施性不强，很难操作。

我国住建部等部门颁布的法律法规存在法律效力和实际推进不够完善，对 PMC 管理模式影响不大。工程监理、咨询、设计、施工等没有形成完善的体系，存在较严格的政策性问题，承包企业按照工程专业隶属于不同的行政主管部门，PMC 模式还处于初级层面，没有明确资质序列，并未进入公测项目承包市场。在招标投标法和工程招标投标管理办法中，对好多的阶段如设计、施工、监理等做了详细规定，却没有对 PMC 模式招标投标给出明确的规定，此外，没有总承包的招标文件范本和合同范本。

（2）业主不成熟。

目前，我国部分工程建设业主不喜欢总承包，因为国内很少有 PMC 管理模式的例子，很少利用项目管理承包商模式，大多数项目业主仍然习惯于传统的设计、施工分别招标，这为 PMC 模式的开展增设了障碍。

由于传统观念的影响，我国业主在工程项目管理中都希望能掌握较多的权利，希望管得多并且管得具体；由于投资主体和管理体制问题，国内业主基本都不选择 PMC 管理模式；由于我国缺乏 PMC 管理经验，业主不信任 PMC；PMC 模式项目市场相关的标准和手续不完善使 PMC 模式很难发展，并且很难进入 PMC 模式项目市场。

（3）企业实力较弱。

我国工程企业的实力与国外的企业经济体制、项目管理等方面相比，都存在很大的差距，其中，我国工程企业开展 PMC 模式存在很多的障碍如融资能力、经营机制、高端人才等方面。随着国家投资体制改革的深化、建设创新型国家战略提出结束后，我国 PMC 模式出现了新的发展趋势，使得 PMC 模式在我国发展步履维艰。

（4）机遇与挑战并存。

国际领先的企业都凭借自己的管理、技术融资能力很快地进入了我国工程项目的市场，使得中外企业都面临竞争。随着新项目新技术的增多，复杂化程度的增高，我国业主管理的能力很难适应现在项目的需求，对 PMC 模式等项目市场的需求逐步地增大。

为了提高经济效益，加快经济增长，多利用资源，我国开始在工程项目领域推行 PMC 管理模式。我国在加入 WTO 的时候承诺，建筑工程承包领域的过渡期已结束，我国的建筑工程市场将对外开放，我国企业面临与国际跨国公司在国际、国内两个市场上同台竞争的严峻挑战。PMC 模式是建筑工程的高端市场，我国 PMC 管理模式企业将会与国外企业竞争得越来越激烈。

4. PMC 在国内与国外应用存在的差异

PMC 具有其他模式所不具备的一些优点，在国际上也有了一定的经验。但是，过于生搬硬套地引进也会产生一系列问题。从根本上来说，这是由于我国自身的历史文化因素决定的，因为我国与那些实施应用 PMC 模式较好的国家或地区在以下几个方面存在着显著差异：

（1）法律体制上的差异。

现行《建筑法》等都只是一些具体法律规定，我国还没有一个在工程项目管理专业和行业范围的指导性实施准则，法律法规对 PMC 模式引进支持不够。"有法不依，执法不严"的现象随处可见，好多的地方都没能正确地实施。

（2）社会文化上的差异。

PMC 的部分要害在于协调各方之间的关系，关系特征又体现为社会文化差异。国内与美国、英国、澳大利亚等国在地理地域、人种肤色、种族文化等方面具有明显的社会文化差异；与日本、新加坡之间的社会文化差异也不容忽视。社会文化上的差异可以影响项目管理上的差异。

（3）管理理念上的差异。

由于法律法规的滞后性和法治意识薄弱，国内工程建设管理理念侧重于经验管理，对于合同、协议等的管理认识不足，国外工程建设管理理念与我们国家的管理理念存在很大的差异。

（4）行业前期积累上的差异。

我国对项目管理的系统研究和实践起步较晚，而国外在这个领域已经进行了相当长时间的探索，并伴随着理论的更新和实践的应用。比较而言，我国项目管理领域模式比较单一并且落后，项目管理人员素质普遍都比较低，多方面仍不规范，前期实际经验积累严重不足，整个项目的经验也很不足。

（5）承包商结构组成上的差异。

国际上各国通行的承包商结构组成为金字塔状结构。从上到下依次为国际型承包商（总承包商）、管理承包商（包括咨询承包商）和施工承包商、劳务承包商。

国内承包商结构为不完整金字塔形：位于金字塔上端的总承包商没有或极少。位于中间的管理承包商（或咨询承包商）很少（大部分是设计院代替），施工承包商和劳务承包商则较多。要想胜任 PMC 项目的工作，承包商必须具备对工程项目全面管理的能力，但是国内目前很少领域出现了此类承包商。因此目前应该积极培育工程市场以促进相关机构的出现并且培养相关的人才。

二、PM、CM 和 PMC 模式与比较

1. PM 的含义和特征

PM（Project Management），在我国译为项目管理，具有广义和狭义两方面的理解。就广义的 PM 来讲，内涵非常丰富，泛指为实现项目的工期、质量和成本目标，按照工程建设的内在规律和程序对项目建设全过程实施计划、组织、控制和协调，其主要内容包括项目前期的策划与组织，项目实施阶段成本、质量和工期目标的控制及项目建设全过程的协调。因此它是以项目目标为导向，执行管理各项基本职能的综合活动过程。从这个意义上说，CM、PMC 以及其他的各种模式都归属于 PM，是 PM（项目管理）的具体表现形式。另外，由于项目各方都要进行项目管理，因此除业主外，项目的设计方、施工方等也有各自的项目管理，但国外的 PM 通常是指业主方的项目管理。

狭义上理解，PM 通常是指业主委托建筑师/咨询工程师为其提供全过程项目管理服务，即由业主委托建筑师/咨询工程师进行前期的各项有关工作，待项目评估立项后再进行设计，在设计阶段进行施工招标文件准备，随后通过招标选择承包商。项目实施阶段有关管理工作也由业主授权建筑师/咨询工程师进行。建筑师/咨询工程师和承包商没有合同关系，但承担业主委托的管理和协调工作。这种项目管理模式在国际上出现最早，最为通用，也被称为传统模式。

FIDIC 合同条件红皮书就是 PM 模式的典范，它总结了世界各国土木工程建设管理百余年的经验，经过 40 多年来的修改再版，已成为国际土木工程界公认的合同标准格式，得到世界银行及各地区金融机构的推荐。虽然 PM 最早开始于传统模式，但随着其他项目管理模

式的快速发展，PM 的内涵也不断扩大，有时 PM 也泛指为业主提供的项目管理服务或者是 PM 单位，而且 PM 可能与其他项目管理模式共存于一个工程项目之中。我国的工程建设监理实际上也是一种 PM 模式，监理企业接受业主的委托为业主提供项目管理服务，只是同国际通用的传统模式相比，我国的监理不像建筑师/咨询工程师一样承担前期策划和设计工作，而是只提供施工阶段的监理服务。

本书所讨论的 PM 是指狭义上的 PM，其基本特征是业主不再自行管理项目，而是委托 PM（建筑师/咨询工程师/监理工程师）帮助其对项目进行管理，PM 按照委托合同的要求代表业主行使项目管理职能，为业主提供项目管理咨询服务。PM 不承包工程，除自己利益外主要考虑业主的各种利益，在施工中监督承包商对承包合同的履行。

2. CM 的含义和特征

CM（Construction Management）是 20 世纪五六十年代在美国兴起的一种建设模式，随后广泛应用于美国、加拿大、澳大利亚以及欧洲的许多国家。虽然 CM 模式的发展只有 40 多年的历史，但在国际上已经比较成熟。在我国，对 CM 模式的理论研究和实践探索都还比较少，有人将其译为"建筑工程管理模式"，为了避免汉语上的歧义人们通常直接称之为"CM 模式"。

CM 模式采用"Fast-Track"（快速路径法）将项目的建设分阶段进行，即分段设计、分段招标、分段施工，并通过各阶段设计、招标、施工的充分搭接，"边设计，边施工"，使施工可以在尽可能早的时间开始，以加快建设进度。

CM 模式以 CM 单位为主要特征，在初步设计阶段 CM 单位就接受业主的委托介入到工程项目中来，利用自己在施工方面的知识和经验来影响设计，向设计单位提供合理化建议，并负责随后的施工现场管理，协调各承（分）包商之间的关系。CM 服务内容比较广泛，包括各段施工的招标、施工过程中的目标控制、合同管理和组织协调等，而且 CM 模式特别强调设计与施工的协调，要求 CM 单位在一定程度上影响设计。总体上说，CM 承包属于一种管理型承包，而 CM 合同价也通常采用成本加酬金方式。

根据 CM 单位在项目组织中的合同关系的不同，CM 模式又分为 CM/Agency（代理型）和 CM/Non-Agency（非代理型或风险型）两种。代理型 CM 由业主与各承包商签订合同，CM 单位只作为业主的咨询和代理，为业主提供 CM 服务。非代理型 CM 则由 CM 单位直接与各分包商签合同，并向业主承担保证最大工程费用 GMP（Guaranteed Maximum Price），如果实际工程费用超过了 GMP，超过部分将由 CM 单位承担。

3. PMC 的含义和特征

PMC（Project Management Contract/Contractor）译成中文即项目管理承包/承包商，是指具有相应的资质、人才和经验的项目管理承包商，受业主委托，作为业主的代表，帮助业主在项目前期策划、可行性研究、项目定义、计划、融资方案，以及设计、采购、施工、试运行等整个实施过程中控制工程质量、进度和费用，保证项目的成功实施。

PMC 模式在国外的广泛应用开始于 20 世纪 90 年代中期，在我国还处于刚刚起步的探索阶段。PMC 作为一种新的项目建设和管理模式，不同于我国传统模式，由业主组建指挥部或类似机构进行项目管理，而是由工程公司或项目管理公司接受业主委托，代表业主对原有的项目前期工作和项目实施工作进行一种管理、监督、指导，是工程公司或项目管理公司利用其管理经验、人才优势对项目管理领域的拓展。但是，就项目管理承包商使用的管理理念、管理原则、管理程序、管理方法与以往的项目管理相比并没有本质不同。

4. PM、CM 和 PMC 三种模式的比较分析

PM、CM、PMC 三种模式都是侧重于项目的管理，而不是具体的设计、采购或者施工，对于三者来说，都要求其具有很强的组织管理和协调能力，利用自身的资源、技能和经验进行高水平的项目管理。三种模式既有共同点，也存在以下几个方面明显的不同。

（1）项目组织中的性质和地位不同。

PM 不承包工程，代表业主利益，是业主的延伸，行使业主方项目管理的有关职能。因此 PM 在性质上不属于承包商，在项目组织中有较高的地位，可以对设计单位及其他承包商发布有关指令。虽然 PMC 在项目也有较高地位，但与 PM 的根本区别在于 PMC 在性质上属于承包商，即 PMC 是项目管理承包，而 PM 是项目管理服务。在 CM/Non - Agency 模式中，CM 也属于承包商的性质，在 PM 与 CM 共存的项目组织中，管理层次上 PM 高于 CM，可以向 CM 发布指令。而在 CM/Agency 模式中，CM 则与 PM 较为接近。

（2）项目组织中合同关系不同。

PM 与 CM/Agency 只与业主签订合同，与承包商、供应商则没有合同关系，由业主直接与设计方（如果设计不委托给 PM，而是单独发包）、施工方及采购方签订合同；CM/Non - Agency 除与业主签订 CM 合同外，还直接与各施工分包商、供应商签订分包合同，与设计方没有合同关系；在 PMC 模式中，项目管理承包商与业主签订 PMC 合同，然后将全部工程分包给各分包商，并与各分包商签订分包合同。

（3）项目管理工作范围不同。

PM 的工作范围比较灵活，可以是全部项目管理工作的总和，也可以是其中某个专项的咨询服务，如可行性研究、风险管理、造价咨询等；在阶段上可以是包括项目前期策划、可行性研究、设计、招标以及施工等全过程的 PM 服务，也可以是其中的某个阶段。比如我国的监理目前主要就是施工阶段。PMC 的工作范围则比较广泛，通常是全过程的项目管理承包，工作内容也是全方位的，涵盖目标控制、合同管理、信息管理、组织协调等各项管理工作。

（4）介入项目的时间不同。

PM 和 PMC 在全过程的项目管理服务（或承包）时介入项目的时间较早，一般在项目的前期就开始介入项目，完成有关的项目策划和可行性研究等工作。而 CM 一般在初步设计阶段介入项目，时间上滞后于 PM 和 PMC。

（5）对项目的责任和风险分担不同。

一般情况下，PM 作为业主的项目管理咨询顾问，承担的项目责任和风险较少，只承担委托合同范围内的管理责任。而 CM 和 PMC 作为承包商，对项目的责任和风险相对较大，特别是 CM/Non - Agency，一般要承担保证最大工程费用 GMP，项目风险较大。

（6）需业主介入项目管理的程度不同。

在 CM/Non - Agency 模式中，业主需要承担较多的管理和协调工作。特别是在设计阶段，虽然 CM 可以在一定程度上影响设计，提出合理化建议，但由于 CM 与设计单位没有合同和指令关系，很多决策和协调工作需要由业主完成，因此业主介入项目管理的程度较深。

5. PM、CM、PMC 三种模式的主要优势和适用范围

PM、CM、PMC 三种模式的主要优势和适用范围见表 1-1。

表 1-1　　　　　　　　　　PM、CM、PMC 三种模式的主要优势及适用范围

类型	优势	适用范围
PM 模式	减轻了业主方的工作量；提高了项目管理的水平； 委托给 PM 的工作内容和范围比较灵活，可以使业主根据自身情况和项目特点有更多的选择； 有利于业主更好地实现工程项目建设目标，提高投资效益	大型复杂项目或中小型项目； 传统的 D+D+B（设计—招标—建造）模式、D+B 模式和非代理 CM 模式； 项目建设的全过程或其中的某个阶段
CM 模式	实现设计和施工的合理搭接，可以大大缩短工程项目的建设周期； 减少施工过程中的设计变更，从而减少变更费用； 有利于施工质量的控制	建设周期长，工期要求紧，不能等到设计全部完成后再招标施工的项目； 技术复杂，组成和参与单位众多，又缺少以往类似工程经验的项目； 投资和规模很大，但又很难准确定价的项目
PMC 模式	使项目管理更符合系统化、集成化的要求，可以大大提高整个项目的管理水平； 使业主以项目为导向的融资工作更为顺利，从而也可以降低投资风险； 有利于业主精简管理机构和人员，集中精力做好项目的战略管理工作	投资和规模巨大，工艺技术复杂的大型项目； 利用银行和国际金融机构、财团贷款或出口信贷而建设的项目； 业主方由很多公司组成，内部资源短缺，对工程的工艺技术不熟悉的项目

总之，无论采用 PM、CM，还是 PMC，为项目提供管理服务或是进行管理承包，都在项目中引入了专业化、高水平的项目管理，可以在很大程度上提高整个项目的管理水平，体现项目管理的价值，愈是规模大、技术复杂的项目，也就愈能体现项目管理的优势。

三、DB 总承包模式的含义

设计—施工工程总承包模式（以下简称"DB 总承包模式"）是指承包商负责建设工程项目的设计和施工，对工程质量、进度、费用、安全等全面负责，即是建设单位通过招标将工程项目的施工图设计和施工委托给具有相应资质的 DB 工程总承包单位，DB 工程总承包单位按照合同约定，对施工图设计、工程实施实行全过程承包，对工程的质量、安全、工期、投资、环保负责的建设组织模式。

1. DB 总承包模式的类型

作为买方的业主在发展 DB 总承包市场过程中，处于主导和主动地位，因此业主从哪个阶段开始招标，以使业主和承包方双方合理分担风险、发挥该种模式的优势。一般来讲，该模式可按照项目所处的建设阶段划分，DB 模式下的总承包类型可以从可行性研究阶段开始，也可以从初步设计阶段开始，还可以从技术设计及施工图设计开始。但是，当施工图设计完成以后再进行工程总承包，这种模式就变成了施工总承包。这样就可以将 DB 模式总承包划分以下四种类型：

（1）DB总承包模式1。

该种类型是在业主的项目建议书获得批准后，业主进行DB总承包商招标工作。对于大型建设项目而言，采用这种模式对双方的风险都很大。对业主来讲，在这个阶段对投资的项目还不甚明确，也不能确定项目投资额和项目的建设方案；对承包商来讲，每个承包商都要进行地质勘查、方案设计评估、并做进一步的设计方能确定工程造价以进行投标，这样承包商在投标前期需要投入很多精力和资金，也可能投标失败，一旦中标承包商承担的风险也太大，故承包商也就不会有积极性进行投标。所以往往大型的建设项目不鼓励采用这种类型的总承包。

DB总承包模式1对一些简单的、工程造价较低且容易确定出工程的投资、工期短、隐蔽工程很少、地质条件不复杂的项目，还是适用的。

（2）DB总承包模式2。

该种类型是指业主在项目建议书获得批准后，继而业主邀请咨询机构编制可行性研究报告后，业主进行DB总承包商招标工作。科学的建设程序应当坚持"先勘察、后设计、再施工"的原则。通过编制可行性研究报告，业主在一定程度上已经明确了自己项目的市场前景、项目选址环境、投资目标、项目的技术可行性、经济的合理性及相应的投资效益等。对于承包商来讲，业主可以提供可行性研究的资料，针对土建工程来说，承包商不需要再重复性地进行地质勘查，降低了承包商的风险，提高了承包商参与投标的积极性，这也就在一定程度上促进了有效竞争、促进DB总承包模式的发展。

（3）DB总承包模式3。

该种类型是指项目建议书获得批准后，继而业主邀请咨询机构编制可行性研究报告后，经过初步设计阶段以后，业主进行DB总承包商招标工作。初步设计的目的是在指定的时间、空间、资源等限制条件下，在总投资控制的额度内和质量安全的要求下，做出技术可行、经济合理的设计和规定，并编制工程总概算。

（4）DB总承包模式4。

该种类型是在业主完成设计方案、解决了重大技术问题的情况下，承包商只是在此基础上进行施工图设计和施工。这种类型虽然大大减轻了承包商在设计上的技术风险，但也降低了承包商在这方面的收益，限制了承包商的技术发挥，业主要花很长时间准备初步设计和技术设计，进而可能影响了建设总工期。由此可见，该种类型比较适合技术非常复杂的工程项目，对一般的工程项目显然是多余的。

2.DB总承包模式所适用的建设项目

DB总承包模式基本出发点是促进设计与施工的早期结合，以便有可能发挥设计和施工双方的优势，缩短建设周期，提高建设项目的经济效益，因而并不是什么样的建设项目都适用的。

（1）所适用的建设项目。

1）简单、投资少，工期短的项目。该类工程在技术上（不论是设计，还是施工）都已经积累了丰富的经验。当采用固定总价合同时，业主便于投资控制，承包商的费用风险亦较小，承包商可以发挥设计施工互相配合的优势，较早为业主实现项目的经济效益。适用这种类型的例如普通的住宅建筑。

2）大型的建设项目。大型建设项目一般投资大、建设规模大、建设周期长。在美国采用 DB 模式的项目市场份额已达到 45%，其中很大一部分项目是大型建设项目。这就要求承包商重技术、重组织、重管理，进而提高自己的综合实力。适用这种类型的例如大型住宅区、普通公用建筑、市政道路、公路、桥梁等。

（2）不适用的建设项目。

1）纪念性的建筑。这种建设项目主要考虑的是建筑存在的永久性、造型的艺术性以及细部处理等技术，造价和进度往往不是主要的考虑因素。

2）新型建筑。这种项目从一开始的立项开始就有很多的不确定性因素，例如建筑造型，结构类型，建筑材料等因素。作为设计方或者施工方可能都缺乏这方面的类似经验。对业主方和施工方来说风险都很大，不符合该项目建设的初衷。

3）设计工作量较少的项目，比如基础拆除、大型土方工程等。

3. DB 总承包模式发展的障碍与对策分析

我国采用 DB 总承包模式已经取得了一定的成绩，但是，我国当前的理论还不很完善。作为处于主导和主动地位的业主方，在理解和接受该模式的优势的时候，还要充分考虑项目是否适用于该模式；选用哪种 DB 总承包类型，业主的准备工作也不同，因此业主的首要工作是确定 DB 总承包模式的类型，更便于编制相应的业主需求大纲，进行项目的招标程序。

在利益与风险并存、机遇与挑战同在的 DB 工程总承包市场上，我们要用发展的战略眼光看待这个新事物。作为工程建设市场的政府相关主管部门、业主、承包商等参与主体都需要克服发展该模式的障碍和困难，特别针对承包商来言，需要加大开拓新兴市场的力度，建立多种方式的人才培养机制，充分发挥企业组织的作用，联合政府主管部门、业主等建设工程市场主体，使 DB 工程总承包向更深层次、更高水平发展。

（1）业主方。

1）权利思维，"寻租"意识等使业主不愿意采用 DB 等工程总承包模式。长期以来，在我国建设交易市场上，业主一直处于强势地位，而施工方处于弱势地位。作为业主，是建设项目的投资方，有谁愿意减少自己的权利去采用 DB 等工程总承包模式呢！特别是由于业主的"寻租"意识，业主经常想方设法改变发包模式、变相肢解工程、分别招标，来照顾和分配各种利益群体。可以毫不夸张地说，没有业主的支持，DB 等工程总承包模式就无法顺利推广。

2）对工程总承包企业的技术水平、管理能力缺乏信任。根据调研的多家业主，大部分业主知道 DB 模式能够减轻业主投资管理的压力、保证工程质量和投资效益等方面的优势，但现在的总承包企业是否具备了进行 DB 等工程总承包的技术和管理能力以及信誉度。这种担忧不无道理，但担忧解决不了任何问题。现阶段，作为在发展工程总承包市场过程中处于主导和主动地位的业主，有义不容辞的责任去充分信任具有工程总承包能力的建筑企业实施 DB 等工程总承包。

（2）承包商。

广义的建筑企业包括开发、设计、勘察、监测、施工、监理、工程咨询等企业。一个工程项目的主要承担者是设计企业和施工企业，但是对 DB 工程总承包的承担主体还存在很大的争议。

该模式在国际上主要有三种组织形式：以施工企业为主导、以设计企业为主导、设计和施工组成联合体。这三种组织形式在国际上的工程建设都有广泛的应用。大型建设项目采用DB 总承包模式，对于承包商来说费用风险较大，所以资金实力大的施工企业才能有优势承担，而且施工企业有丰富的施工管理经验，相对于设计企业来说工程现场组织管理经验丰富，故在我国采用施工企业为主导的方式在现阶段比较适合我国国情。

增加企业咨询服务业务，加强企业自身组织建设，提升工程总承包管理实力。我国大多数施工企业不具备完善的总承包管理体制和完善的项目管理体制。如前所述，DB 总承包模式有四种类型，特别是项目前期业主需要做大量的投资机会研究工作，为投资决策提供较为扎实的依据。所以作为总承包企业必须增加工程咨询业务。要通过企业自身组织建设，做到企业员工专业结构和能力结构同企业组织相匹配。DB 总承包模式是项目从咨询、设计、施工的全过程管理，最终建设项目的成功需要有先进的总承包管理为支撑。

增强设计与施工技术综合实力，加强设计与施工管理力度、提升设计同施工的协调实力。国内现行的建筑体制是设计与施工相分离，而工程总承包强调的是设计和施工相互配合、合理搭接。如果没有相应的设计能力，要进行真正意义的工程总承包是不可能的，特别是在设计阶段，设计要充分考虑施工的可行性和方便性。在该种总承包模式中，施工与设计经常沟通是一种项目自身内部的沟通，相对于传统模式的沟通更趋于有效性，会使施工中的变更大大减少，缩短整个项目的建设周期。所有的这些优点，都需要设计与管理的相互协作能力为支撑。

增强总承包企业的财务管理，加强企业风险防范机制建设，提升企业财务水平与融资能力。大型项目的工程总承包一般要求必须拥有一定的资金实力和融资能力，因为工程建设过程中要动用大量的流动资金，国外一些工程总承包项目甚至要求总承包商参与项目的融资，也就是"带资承包"。总体来说，大型建设项目投资大，风险大，一个建设项目的成功与否直接关系到自己企业的财务能力，以及企业以后的发展。

四、DB 和 EPC 模式管理体制分析

1. DB 和 EPC 模式管理体制的特点

（1）DB 模式的三元管理体制的特点。

业主采用较为严格的控制机制。业主委托工程师对总承包商进行全过程监督管理，过程控制比较严格，业主对项目有一定的控制权，包括设计、方案、过程等均采用较为严格的控制机制。

DB 模式以施工为主，依据业主确认的施工图进行施工，受工程师的全程监督和管理。

（2）EPC 模式的二元管理体制的特点。

业主采用松散的监督机制，业主没有控制权，尽少干预 EPC 项目的实施。

总承包商具有更大的权利和灵活性，尤其在 EPC 项目的设计优化、组织实施、选择分包商等方面，总承包商具有更大的自主权，从而发挥总承包商的主观能动性和优势；总承包商以设计为主导，统筹安排 EPC 项目的采购、施工、验收等，从而达到质量、安全、工期、造价的最优化。

EPC 合同采用固定总价合同。总价合同的计价方式并不是 EPC 模式独有的，但是与其他模式条件下的总价合同相比，EPC 合同更接近于固定总价合同。EPC 模式所适用的工程一般都比较大，工期比较长，且具有相当的技术复杂性，因此，增加了总承包商的风险。

2. DB 和 EPC 模式管理体制的差异分析

尽管 DB 和 EPC 模式均属于工程总承包范畴，但是二者采用的管理体制不同。主要区别在于是否有工程师这一角色，详见表 1-2。

表 1-2　　　　　　　　　　　DB 和 EPC 模式管理体制差异表

管理体制的相关比较	DB 模式	EPC 模式
控制机制	严格	宽松
体制形式	三元体制	二元体制
总价合同	可调	固定
承包商主动权	较小	较大
违约金	一般有上限	有些情况无上限

五、DB 与 EPC 模式内容的对比分析

1. 承包范围的对比

DB 模式主要包括设计、施工两项工作内容，不包括工艺装置和工程设备的采购工作。可见，DB 模式没有规定采购属于总承包的工作，还是属于业主的工作。在一般情况下，业主负责主要材料和设备的采购，业主可以自行组织或委托给专业的设备材料成套供应商承担采购工作。EPC 模式则明确规定总承包商负责设计、采购、施工等工作。

2. 设计的对比

尽管 DB 模式和 EPC 模式均包括设计工作内容，但是两者的设计内容有很大的不同，存在本质区别。DB 模式中的设计仅包括详细设计，而 EPC 模式中的设计除详细设计外还包括概要设计。

DB 模式中 D（Design）仅仅是指项目的详细设计，不包括概要设计。详细设计内容包含对建筑物或构筑物的空间划分、功能的布置、各单元之间的联系以及外形设计和美术与艺术的处理等。

DB 模式下对承包商资质的要求等因素导致总承包商大都是由设计单位和施工单位组成的联营体。业主一般分两阶段进行招标：第一阶段概要设计招标，在发布招标公告之前，业主先进行设计招标，由设计单位完成概要设计（概要设计工作量一般不会超过工程设计总工作量的 35%），根据业主需求，形成较为明确的设计方向和总体规划；第二阶段是 DB 项目招标，DB 总承包商只负责对上一阶段的方案进行细化和优化，以满足施工要求。

EPC 模式中 E（Engineering）包含概念设计和详细设计。总承包商不仅负责详细设计，还负责概要设计工作，同时还负责对整个工程进行总体策划、工程实施组织管理。有些情况下，如果总承包商设计力量不够，会将设计任务分包给有经验的设计单位。

在 EPC 合同签订前，业主只提出项目概念性和功能性的要求，总承包商根据要求提出最优设计方案。根据项目总进度的计划安排，设计工作按各分部工程先后开工的顺序分批提供设计资料，可以边设计边施工。在项目二级计划的基础上制订详细的设计供图计划。采购所需要的参数需在详细设计完成前加以确定，因此设计人员需要提供采购所需的规格型号和大致数量。

3. 风险分担的对比

相对于施工合同而言，在工程总承包模式下，总承包商需要承担较大的风险，但是在DB和EPC两种不同的模式中，总承包商承担的风险存在较大的差异，EPC模式下总承包商承担的风险要大于DB模式下总承包商承担的风险。

（1）DB模式下，总承包商承担了较大的风险。根据FIDIC标准合同条件，总承包商承担了大部分风险，但是业主仍然承担了一部分风险，在发生变更的情况下，合同价允许调整。

（2）EPC模式下，总承包商几乎承担了项目的所有风险。按照FIDIC标准合同条件，由于EPC合同采用固定总价合同，因此，只有在发生极其特殊风险的情况下，合同价方可调整，即合同价格并不因为不可预见的困难和费用而予以调整。同时，在EPC模式下，业主的过失风险也需要总承包商承担，包括合同文件中存在的错误、遗漏或者不一致的风险，总承包商需要对合同文件的准确性和充分性负责。因此，EPC承包模式加大了承包商的风险，降低了业主的风险。

4. 索赔范围的对比

在DB模式和EPC模式下，总承包商可以提出索赔的情形也存在较大的差异。根据FIDIC合同条件，工程索赔一般涉及工期、费用、利润三个方面。

DB模式下的索赔条款多于EPC模式。对同一索赔条款，DB模式索赔的范围明显放宽，而EPC模式下的索赔明显比较苛刻，如第8.4款，黄皮书中规定的情况有5项，而银皮书中"异常恶劣的气候条件"和"由于流行病或政府当局的原因导致的无法预见的人员或物品的短缺"这两项，不允许承包商在此条件下索赔工期，大大增加了承包商的工期风险。

5. 适用范围的对比

（1）DB模式主要适用系统技术设备相对简单，合同金额可大可小的项目。以土建工程为主的项目，包括公共建筑、高科技建筑、桥梁、机场、公共交通设施和污水处理等。具体适用于住宅等较常见的工程、通用型的工业工程、标准建筑等。目前主要应用于石化、电力等生产运营的工业建筑建设中。

（2）EPC模式主要适用于设备、技术集成度高、系统复杂庞大、合同投资额大的工业项目，如机械、电力、化工等项目。具体适用于规模比较大的工业投资项目、采购工作量大、周期长的项目、专业技术要求高、管理难度大的项目。如果业主希望总承包商承担工程的几乎所有风险，EPC模式也适用于民用建筑工程。

第五节　EPC工程总承包组织结构及模式

工程总承包项目合同签订后将组建项目部，任命项目经理，实行项目经理负责制。项目部在项目经理的领导下开展工程承包建设工作。项目组织机构的形式虽然多样，但基本组成相似，主要由项目经理、现场经理、设计经理、商务经理、施工经理、控制经理、安全经理等职位（部门）构成。

一、EPC典型组织结构形式

（1）组织结构形式见图1-7。

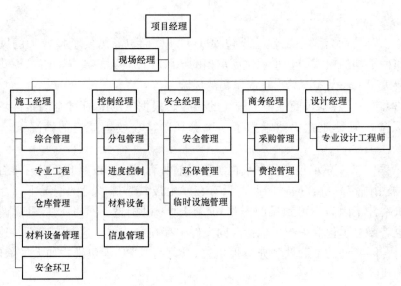

图 1-7　组织结构形式

（2）组织结构形式见表 1-3。

表 1-3　　　　　　　　　　　　组 织 结 构 形 式

合同总额（元）	项目部人数（人）	岗位设置	选配支持人员
1500 万以下	3～4	项目经理（兼现场经理、施工经理、设计经理）； 采购经理； 安全与控制经理	施工经理； 技术工程师（根据复杂程度）
1500 万～5000 万	4～6	项目经理（兼现场经理）； 施工经理； 设计经理； 商务经理； 安全与控制经理	采购经理； 技术工程师（根据复杂程度）
5000 万～1 亿	6～12	项目经理（兼现场经理）； 施工经理； 设计经理； 商务经理； 安全与控制经理	现场经理； 采购经理； 安全工程师； 技术工程师（根据复杂程度）； 信息管理员
1 亿～5 亿	15～30	项目经理； 项目副经理； 现场经理； 施工经理； 设计经理； 商务经理； 采购经理； 试运行经理； 安全经理； 控制经理	安全工程师； 技术工程师； 信息管理员； 现场设计小组； 财务经理； 行政经理等

二、项目关键人员的职责分工

1. 项目经理

（1）项目经理的职责。

项目经理是 EPC 工程项目合同中的授权代表，代表总承包商在项目实施过程中承担合同项目中所规定的总承包商的权利和义务。

项目经理负责按照项目合同所规定的工作范围、工作内容以及约定的项目工作周期、质量标准、投资限额等合同要求全面完成合同项目任务，为顾客提供满意服务。

项目经理按照总包公司的有关规定和授权，全面组织、主持项目组的工作。根据总承包商法定代表人授权的范围、时间和内容，对开工项目自开工准备至竣工验收，实施全过程、全面管理。

（2）项目经理的主要工作任务。

建立质量管理体系和安全管理体系并组织实施；在授权范围内负责与承包商各职能部门、各项目干系单位、雇主和雇主工程师、分包商和供货商等的协调，解决项目中出现的问题；建立项目工作组，并对项目组的管理人员进行考核、评估；负责项目的策划，确定项目实施的基本方法、程序，组织编制项目执行计划，明确项目的总目标和阶段目标，并将目标分解给各分包商和各管理部门，使项目按照总目标的要求协调进行。

负责项目的决策工作，领导制订项目组各部门的工作目标，审批各部分的工作标准和工作程序，指导项目的设计、采购、施工、试车以及项目的质量管理、财务管理、进度管理、投资管理、行政管理等各项工作，对项目合同规定的工作任务和工作质量负责，并及时采取措施处理项目出现的问题；定期向公司的项目上级主管部门报告项目的进展情况及项目实施中的重大问题，并负责请求公司主管和有关部门协调及解决项目实施中的重大问题；负责合同规定的工程交接、试车、竣工验收、工程结算、财务结算，组织编制项目总结、文件资料的整理归档和项目的完工报告。

2. 现场经理

（1）现场经理的职责。

在项目经理不在现场时，全面履行项目经理的职责；负责项目合同的施工、设计修改、工程交接、竣工验收、工程结算、现场财务结算工作。

（2）现场经理的主要工作任务。

对施工现场的项目组内部管理；对施工现场的分包商、供货商的管理和协调工作；代表项目经理对施工现场与雇主代表的协调、沟通工作；授权范围内签订项目现场的小额材料、设备的采购、施工分包、设计变更修改、工程量增减变更等工作。

3. 设计经理

（1）设计经理的职责。

在项目经理的总体领导下，负责项目的设计工作，全面保证项目的设计进度、质量和费用符合项目合同的要求；在设计中贯彻执行公司关于设计工作的质量管理体系。

（2）设计经理的主要工作任务。

根据项目合同，与雇主沟通，编制设计大纲，组织和审查设计输入；在项目经理的领导下，组织设计团队，确定设计标准、规范，制订统一的设计原则并分解设计任务；组织召开设计协调会议，负责与其他设计分包商的管理和协调工作；根据项目经理、现场经理的要求执行和审查设计修改；根据项目实施进度计划向采购部门提交必需的技术文件，并要求采购部门及时返回供货商的先期确认条件作为施工设计的基础文件。

组织技术人员对采购招标的技术标评审；会同商务经理、控制经理就投资费用的控制、进度等召开协调会议，并就在进度、费用控制方面的问题及时报告给项目经理；协同安全经理，对设计文件中涉及安全、环保问题的审查；组织处理项目在采购、施工、开车和竣工保修阶段中出现的设计问题；组织各设计专业编制设计文件，并对设计文件、资料等进行整理、归档，编写设计完工报告、总结报告。

4. 施工经理

（1）施工经理的职责。

负责项目的施工的组织工作，确保项目施工进度、质量和费用指标的完成；负责对分包商的协调、监督和管理工作；未设现场经理时，在项目经理的授权下代行现场经理职责。

（2）施工经理的主要工作任务。

在项目设计阶段，从项目的施工角度对项目工程设计提出意见和要求；按照合同条款，核实并接受业主提供的施工条件及资料，如坐标点、施工用水电的接口点、临时设施用地、运输条件等；根据项目合同，编制施工计划，明确项目的施工工程范围、任务、施工组织方式、施工招标/投标管理、施工准备工作、施工的质量、进度、费用控制的原则和方法；根据总进度计划，编制施工计划、设备进场计划、费用使用计划，经项目经理批准后执行；编制和确定施工组织计划，施工方案、施工安全文明管理等。

制订工作程序和现场各岗位人员的职责，组织施工管理工作团队，报项目经理批准执行；建立材料、设备的检查程序，建立仓库管理；协同安全经理对施工过程中的安全、环卫的管理；会同商务经理和采购经理设备进场、交接工作；会同控制经理，执行费用控制计划，进度控制计划；组织对施工分包投标的技术标评审工作；在项目经理的授权下签订小额分包合同；编制项目施工竣工资料，协助项目经理办理工程交接；编制项目完工报告，施工总结。

5. 商务经理

（1）商务经理的职责。

负责项目的商务工作，主要包括：EPC 合同的商务解释、合同商务条款修改的审核，投标文件的商务条款的编制和审查，分包和采购合同的商务审查；负责项目的分包计划、投资控制，采购的进度、质量和费用指标；负责与供应分承包商的工作联系和协调。

（2）商务经理的主要工作任务。

在项目经理的领导下，编制费用控制大纲和项目资金使用计划书；按项目工作分解结构进行项目费用分解，经项目经理审核、批准后形成分项工程预算，并下达到项目的设计、采购、施工经理，作为项目各阶段费用控制的依据；在项目实施过程中，定期监测和分析费用发展的趋势，并就费用使用状态、费用使用计划、资金风险及时报告项目经理；当项目出现重大变更时，配合进行相应的费用估算和商务谈判。

根据总进度计划，编制采购计划书和详细进度计划，明确项目采购工作的范围、分工、采购原则、程序和方法；选择合格的设备/材料供应商，并报项目经理批准，如合同要求，还需报业主批准；编制和审查投标/招标文件的商务文件；负责采购招标、合同签订；组织设备/材料的催交、检验、监制、运输、验收、交接工作；会同项目控制经理，制订项目总体控制目标，并检查执行；编制采购完工报告。

6. 控制经理

（1）控制经理的职责。

协助项目经理/现场经理做好现场施工分包商的管理和协调工作；协助项目经理负责项目的进度控制和管理；现场项目组与公司其他部门的协调工作，包括人事考核、上级检查、文件审核等工作；负责与商务经理就设备/材料的进场、退场及实施进行协调和管理。

（2）控制经理的主要工作任务。

在项目经理的领导下，汇总编制项目的详细的全面的进度计划，并形成总进度表、月进度计划表、周进度计划表，分发给各相关单位和部门经理；监督上述进度计划的执行情况，并进行进度计划的调整协调；对分包商文件、资料、批文进行管理，对分包商的现场行为、实施状态进行监督，并编制检查报告提交项目经理；对监理方、业主和其他第三方来文件进行管理，并分发和监督回复；确定设备/材料具体的进场时间和顺序，及时与商务经理协调，以配合现场施工进度；负责现场的信息管理，文件资料管理，编制现场管理日志。

7. 安全经理

（1）安全经理的职责。

负责组织合同项目的安全管理工作；负责监督、检查项目设计、采购、施工的安全工作。

（2）安全经理的主要工作任务。

在项目合同中正确贯彻执行国家和地方劳动、安全、卫生、消防、环保等方面的安全方针、安全法规；编制项目的安全、卫生、环保管理计划书，并监督、检查实施情况；监督、检查各分包商专职安全工程师的工作，并编制安全检查日志和安全预警报告；审查设计文件、施工文件内有关安全、卫生、消防、环保等方面的问题。

建立项目现场的安全、卫生、消防、环保管理体系和设施；负责临时设施（临时水、电、道路，临时建筑物）建设和管理，负责门卫人员、环卫清洁人员、安全巡查人员的管理工作；处理安全问题、事故紧急处理；负责与项目所在地的安全、卫生、消防、环保等部门的工作联系；负责编写项目安全报告。

三、EPC 机构运作

目前从事 EPC 服务的公司绝大多采取矩阵式组织结构。矩阵型组织结构的特点是：既有按部门的垂直行政管理体系，也有按照项目合同组建的横向运行管理结构。

其最大的优点就是把公司优秀的人员组织起来，形成一个工作团队，为完成项目而一起工作，工作团队的领导核心是项目经理，项目经理直接向公司高级领导层负责。

EPC 项目管理的内容与程序必须体现承包商企业的决策层、管理层（职能部门）参与的由项目经理部实施的项目管理活动。项目管理的每一过程，都应体现计划、实施、检查、处理（PDCA）的持续改进过程。

EPC 项目部的管理内容应由承包商法定代表人向项目经理下达的"项目管理目标责任书"确定，并应由项目经理负责组织实施。在项目管理期间，由雇主方以变更令形式下达的工程变更指令或承包商管理层按规定程序提出的变更令导致的额外项目任务或工作，均应列入项目管理范围。

项目管理应体现管理的规律，承包商将按照制度保证项目管理按规定程序运行。如果承包商指定工程咨询公司进行项目管理时，工程咨询公司成立的项目经理部应按承包商批准的"咨询工作计划"和咨询公司提供的相关实施细则的要求开展工作，接受并配合承包商代表的检查和监督。

项目管理的内容：编制"项目管理规划大纲"和"项目管理实施计划"；项目进度、质量、成本、安全控制；项目技术、物资、施工现场管理；项目开车、合同、会议及文件管理；项目信息、人力资源、资金管理；项目组织协调、考核评价。

项目管理程序见图 1-8。

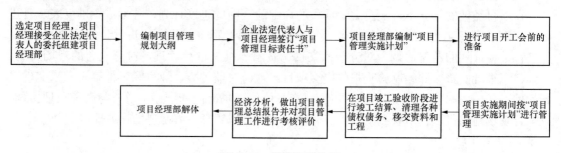

图 1-8　项目管理程序

四、EPC 项目的矩阵式组织管理

矩阵式项目组织结构是当前工程项目公司最为常见的组织管理结构，它与职能式组织结构、项目式组织结构并列为国际通行的三大项目组织结构，矩阵式项目组织结构发挥了后两者的长处，随着工程项目公司规模的扩大和竞争的升级，在全球化趋势和行业降本增效的政策引领下，研究矩阵式管理如何构建以及有效实施显得尤为重要。

矩阵式组织结构介于职能式组织结构和项目式组织结构两者之间，具有团队工作目标与任务明确，各职能部门能灵活调整、资源利用率高，提高工作效率与反应速度，减少工作层次与决策环节，避免资源的囤积与浪费等优点，同时也存在项目管理权力平衡困难，信息回路复杂，项目成员处于多头领导状态等问题。

矩阵式项目组织结构又可以详细分为 3 种：弱矩阵式结构、强矩阵式结构和平衡矩阵式结构。

矩阵式、职能式与项目式三种项目组织结构的比较见表 1-4。

表 1-4　　　　　　　　　矩阵式、职能式与项目式三种项目组织结构比较

项目组织结构类型		项目特点				
		项目经理的权限	全职人员在项目团队中的比例	项目经理的责任	项目负责人实际扮演的角色	项目行政人员
职能式		很少或没有	几乎没有	兼职	项目协调员	兼职
矩阵式	弱矩阵式	有限	0%～25%	兼职	项目协调员	兼职
	平衡矩阵式	小到中等	15%～60%	专职	项目经理	兼职
	强矩阵式	中等到大	50%～95%	专职	项目经理	专职
项目式		达到最大	85%～100%	专职	项目经理	专职

矩阵式组织结构同时具备常设型组织和临时型组织，常设型组织是传统的职能部门及专

业部室，负责日常工作运行和项目的宏观管理与服务，具有相对固定性；临时型组织是为了项目的需要组建的临时项目组，项目组成员可由项目经理从各专业室抽调人员组成，为了完成项目任务而共同努力，直至项目结束，项目组解散并回到原来的专业部门，具有周期性和临时性。

常设型组织与临时型组织相互协调和共同管理，具有很大的灵活性，也能资源共享，降低重复成本，同时也有利于人心安定，目标统一。为了避免矩阵式管理的缺陷，也需要根据实际情况进行资源、权责、信息的平衡分配，根据项目经理的权责从大到小划分为了三种矩阵式结构，对于不同的项目特点和规模适用的矩阵式管理类型也不同。

第二章
EPC 工程总承包前期策划

第一节 项目前期工作概述

一、项目前期工作定义

工程总承包项目前期，指的是从项目信息跟踪开始，参与投标报价（或竞争性谈判），合同谈判直至总承包合同签订一系列工作完成的过程（以下简称项目前期）。

二、前期项目策划的重要性

EPC 总承包模式的实质含义是指对整个工程项目的承包过程的设计、采购以及施工进行全程、全方位的监督和管理。EPC 项目总承包项目的前期阶段的项目策划则是对承包工程的工作内容及工作内容进行策划的过程，EPC 总承包模式的前期阶段项目策划直接影响着整个项目的可行性，直接决定了此工程项目能获得审批，前期阶段的项目策划在整个 EPC 总承包模式的运行过程中发挥着十分重要的作用，是总承包项目运行过程中的关键环节，项目前期阶段的策划的科学性和合理性直接关注着整个项目运行的效果，对项目能够实现高效、有效的运行发挥着十分重要且不可替代的作用。

一般而言，判断一个项目是否具有可行性，首先要看的就是该项目是否符合我国市场的需要，是否能够解决或者是缓解市场经济发展过程中存在的供求矛盾，由此我们不难看出，前期阶段的项目策划直接关系着整个项目的成败，如果前期项目策划做得好，能为企业带来巨大的经济效益和社会效益，促进企业的经济发展，但是，如果前期项目策划做得不够合理，则会直接导致项目的流产，可能还会造成巨大的资金浪费，不利于企业经济的可持续发展。

项目的运行过程中，所有的环节之间都具有十分紧密的联系，项目的管理作为一项科学的、合理的、有效的管理活动，需要在工作过程中通过对专业知识的合理、灵活运用，确保项目施工过程中的科学性和合理性，实现项目的高效运行，为企业获取理想的经济效益和社会效益，在项目管理工作的开展过程中需要对项目进行策划、设计、项目运行的进度、项目运行的质量进行管理和控制，项目的管理工作是贯穿于整个项目全过程当中的，为实现项目运行的最终目标，促进企业的经济发展提供保障。

三、项目前期工作流程

项目前期工作流程主要包括三个阶段：①项目信息搜集、跟踪、分析、评价阶段；②项目投标、报价（或竞争性谈判）阶段；③合同签订阶段。项目前期工作流程见图 2-1。

四、EPC 总承包模式的前期阶段项目策划过程中存在的问题

（1）相关的法律法规存在漏洞。

近些年来，随着我国市场经济体制的不断发展与完善，我国对各个行业发展过程中需要

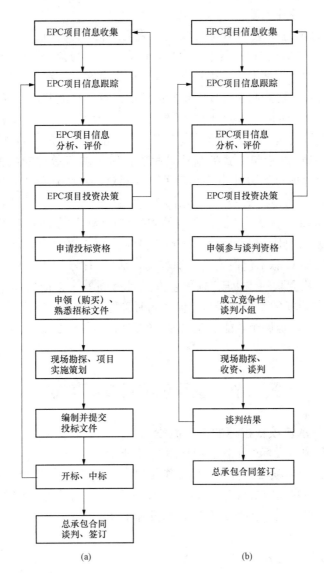

图2-1　项目前期工作流程

(a) 项目前期工作流程（投标）；(b) 项目前期工作流程（竞争性谈判）

遵守的法律法规和行为准则也逐步地建立和完善，但是，根据对我国目前EPC总承包项目的前期阶段项目策划的相关情况的调查分析表明，目前我国对工程项目承包方面的法律法规的制定还是存在一些细微的漏洞和缺陷，对工程项目总承包招标过程中的管理规定还不够健全，导致部分政府和相关的管理部门在对工程项目总承包招标过程中进行监督和管理时缺乏相应的法律依据。同时，我国的工程总承包合同没有进行统一化、规范化的制定，在工程项目的总承包过程中，没有标准的工程总承包合同的示范文本，致使很多的项目工程在施工过程中因为当初签订的EPC总承包合同对权责的划分不明确，内容制定得不够完整、全面，对工程的造价和投资控制无法给予指导性的意见，给EPC总承包项目的前期阶段的项目策划工作的顺利展开增添了不小的阻碍。

（2）缺乏项目管理专业人才。

影响我国 EPC 总承包模式的前期阶段项目策划不能顺利开展的不利因素除了我国对 EPC 总承包模式相关方面的法律法规不健全外，还有一个十分重要的原因就是我国的项目的主办方的缺乏专业的项目管理人才，正是由于我国业主方在工程项目管理过程中专业人才的缺失，导致项目总承包商之间相互扯皮的现象频繁地出现。虽然我国已经对工程项目实行项目管理（Project Management，PM）的管理方式，并加大了政府的对工程项目的监管力度，但是并没有从根本上解决这一问题，给项目工程运行质量埋下了极大的风险隐患。

五、提高我国 EPC 总承包模式的前期阶段项目策划的有效性的措施分析

在我国，工程承包项目的方式主要有四种，分别是设计采购施工（EPC）、设计—施工总承包（D-B）、采购总承包（E-P）以及采购—施工总承包（P-C）四种总承包方式。由于我国很多的业主对 EPC 总承包模式的重要性和优越性认识不到位，导致业主对 EPC 总承包模式的认可性过低，因此，相关的管理部门需要加强对 EPC 总承包模式优越性的宣传力度，提高社会各界对 EPC 总承包模式的认识程度，确保一提到 EPC，大家就都知道是一种项目的总承包方式，就会联想到 EPC 总承包方式具有高效率、低成本、性价比高等优势，促进我国 EPC 总承包模式的不断发展与完善，同时确保了 EPC 总承包项目的前期阶段项目策划的科学性和合理性，确保企业能够获取理性的经济效益和社会效益，促进我国经济的可持续发展。

第二节　总承包项目投标策划

一、EPC 工程总承包项目投标的工作流程

EPC 工程总承包项目投标的工作流程如图 2-2 所示。

对于 EPC 工程总承包项目而言，投标工作流程具有自身的特殊性。在投标的每一阶段，总承包商工作的重点内容和应对技巧都有所不同。下面从前期准备、编写标书和完善与递交标书三个阶段分别说明 EPC 工程总承包项目的投标工作。

1. 前期准备

前期准备的主要工作见表 2-1。

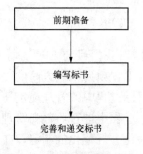

图 2-2　EPC 工程总承包项目
投标工作流程

表 2-1	前期准备工作
序号	工作内容
1	准备资格预审文件
2	研究招标文件
3	决定投标的总体实施方案
4	选定分包商
5	确定主要采购计划
6	参加现场勘察与标前会议

2. 编写标书

编写标书是投标准备最为关键的阶段，投标小组主要完成工作见表 2-2。

表 2-2　　　　　　　　　　　　　　　　　编写标书工作内容

序号	工作内容	序号	工作内容
1	标书总体规划	7	总承包管理计划
2	技术方案准备	8	总承包管理组织和协调
3	设计规划与管理	9	总承包管理控制
4	施工方案制订	10	分包策略
5	采购策略	11	总承包经验策略（若有）
6	管理方案准备	12	商务方案准备

3. 完善与递交标书

完善与递交标书工作内容见表 2-3。

表 2-3　　　　　　　　　　　　　　　　完善与递交标书工作内容

序号	工作内容
1	检查与修改标书
2	办理投标保函/保证金业务
3	呈递标书

二、EPC 工程总承包项目投标的资格预审

能否成功实施总承包项目关系到业主的经济利益和社会影响，因此在选择总承包商时业主都持比较谨慎的态度，他们会在资格预审的准备阶段设置全面考核机制，主要从承包商的能力和资历上判断其是否适合投标。

如果在资格预审之前，总承包公司与业主已有一些非正式的商业接触，并给业主留有良好的企业印象，这将对总承包公司顺利通过资格预审奠定坚实基础。投标小组在准备与业主关键人物或其咨询工程师接触之前，要准备一份专门针对此次总承包项目的营销提纲，包括如何介绍有关公司总承包能力优势、资金优势和资源优势的内容以及如何与业主人员沟通和需要沟通的内容提纲。

准备资格预审文件首先要详细了解业主进行资格预审的初衷和对提交的资格预审文件的要求，然后按照业主的要求准备相关材料，在材料的丰富程度和证明力度上做深入分析。业主在资格预审时一般通过判断"总承包商是否有能力提供服务"这一终极准则进行筛选。在这一准则下，业主要求投标人提供的证明材料有（但不限于）资质、经验、能力、财力、组织、人员、资源、诉讼史（有必要时）等。

准备资格预审文件需要根据投标的总承包项目的特点有所针对地提供证明材料，表 2-4 为投标者准备的常用的具体资料清单。

表 2-4　　　　　　　　　　　　　　　　投标者准备的资料清单

项目		具体资料
资质	资格证书	设计资质，总承包资质
	荣誉证书	过去曾经获得的社会及工程获奖证书

续表

项目		具体资料
经验	信誉水平	已竣工项目业主或合作伙伴的推荐材料
	总承包项目经验	项目专业经验和项目团队机构设置
		主要项目团队成员曾经执行过的类似项目信息
能力	专业特长	设计专长、特殊施工技能、专用工装设备等
	专业技术	指明该技术可用于该工程的哪些项目；预计可降低费用的水平
	项目控制	质量和安全控制、工期控制、费用控制措施
	履约表现	过去类似项目参与方的背景信息
		当前工作负荷；拟建项目团队中每一个成员的当前任务，能够在该工程实施过程中专向提供的服务时间
财力	融资	自有资金数量、已完项目的融资实例
	担保	担保能力及历史，银行给予的授信规模
	财力支持	该工程取得的财力支持
组织	管理层	管理层的组织结构
	项目	拟用项目团队的组织结构
	能力	组织与计划程序
人员	执业资质	各种证书与资质证明
	背景与经验	项目团队每一位成员的背景与经验
	人员安排	项目团队需要定义在该工程各个阶段拟用人员的工作性质和服务功能
资源	设备	现有设备及新增设备承诺
	分包商	拟用分包商名单
	供应商	拟用供应商名单
其他		任何可以证明降低该工程风险、减少费用支出和提高实施效率的清单

三、EPC 工程总承包项目投标的前期准备

前期准备的各项工作是投标工作的基础，通过资格预审后对业主招标文件的深入分析将为接下来的所有投标工作提供实施依据。

1. 投标者须知

对于"投标者须知"，除了常规分析之外，要重点阅读和分析的内容有："总述"部分中有关招标范围、资金来源以及投标者资格的内容，"标书准备"部分中有关投标书的文件组成、投标报价与报价分解、可替代方案的内容，"开标与评标"部分中有关标书初评、标书的比较和评价以及相关优惠政策的内容。上述虽然在传统模式的招标文件中也有所对应，但是在 EPC 总承包模式下这些内容会发生较大的变化，投标小组应予以特别关注。

2. 合同条件

在通读合同通用和专用条件之后，要重点分析有关合同各方责任与义务、设计要求、检查与检验、缺陷责任、变更与索赔、支付以及风险条款的具体规定，归纳出总承包商容易忽略的问题清单。

3. 业主要求

对于"业主要求"，它是总承包投标准备过程中最重要的文件，因此投标者要反复研究，将业主要求系统归类和解释，并制订出相应的解决方案，融汇到下一阶段标书中的各个文件中去。完成招标文件的研读之后，需要制订决定投标的总体实施方案，选定分包商，确定主要采购计划，参加现场勘察与标前会议。

4. 总体实施方案

确定总体实施方案需要大量有经验的项目管理人员投入进来。

对于总承包项目，总体实施方案包括以设计为导向的方案比选，以及相关资源分配和预算估计。按照业主的设计要求和已提供的设计参数，投标小组要尽快决定设计方案，制订指导下一步编写标书技术方案、管理方案和商务方案的总体计划。

5. 选定分包商和制订采购方案

选定分包商和制订采购计划是两项较为费时的工作，需要提早开始。如果总承包项目含有较多的专业技术时，可能需要在早期阶段进行选择分包商和签订分包意向书的工作，这也是为总承包商增强实力、提高中标机会的手段。

制订采购计划同样需要总承包商事先选择合适的供应商作为合作伙伴，由于大型总承包项目一般都含有较多的采购环节，能否做到设计、采购和施工的合理衔接是业主判断总承包商能力的重要因素之一，因此有必要在投标准备阶段就初步制订采购计划，尽早开展与供应商的业务联系，这样也有助于总承包商利用他们的专业经验和信息制定优秀的采购方案。

6. 现场勘察和标前会议

现场勘察和标前会议是总承包商唯一一次在投标之前与业主和竞争对手接触的机会，如果允许，总承包商可以协同部分分包商代表一同参加。

在现场踏勘阶段，进行项目信息的搜集工作，重点配合搜集以下（包括但不限于）信息：

（1）项目现场地形地质、水文、气候，工作范围、内容，材料等。

（2）承包人可能需要的食宿条件。

（3）现场交通道路运输情况，临时水电接入点，通信设施等条件。

搜集完以上信息之后进行整理，作为项目报价、标书编制和项目实施策划的参考和依据。在标前会议上，投标人应注意提问的技巧，不能批评或否定业主在招标文件中的有关规定，提出的问题应是招标文件中比较明显的错误或疏漏，不要将对己方有利的错误或疏漏提出来，也不要将己方机密的设计方案或施工方案透露给竞争对手，同时要仔细倾听业主、工程师和竞争对手的谈话，从中探查他们的态度、经验和管理水平。当然，投标人也可以选择沉默，但是对于有较强竞争实力的总承包商来说，在会上发言无疑是给业主、工程师留下良好印象的绝佳机会。

四、EPC 工程总承包项目投标的关键决策点分析（投标文件的编制）

完成总承包投标前期准备工作后，投标小组应按照既定的投标工作思路和实施计划继续着手完成投标文件的编制工作。这一阶段是总承包投标的关键所在，任何需要考虑的投标策略和方案部署都需要在标书的准备过程中考虑进去。

按照总承包投标内容要求，投标文件一般划分为技术标和商务标两部分：技术标包括设计方案、采购计划、施工方案和管理方案以及其他辅助性文件；商务标包括报价书及其相关价格分解、投标保函、法定代表人的资格证明文件、授权委托书等。

在准备这两部分内容时应当充分考虑影响总承包投标质量和水平的关键因素，设立关键决策点。工程总承包投标文件编制中的关键决策点如表 2-5 所示，其中最为重要的两大问题是：总承包设计管理问题和总承包设计与采购、施工如何合理衔接问题。因为以设计为主导的 EPC 总承包模式与传统模式的最大区别是设计因素，因此在投标中与传统模式具有明显差别的必然是设计引起的管理与协调问题。

表 2-5　　　　　　　　　　工程总承包投标文件编制中的关键决策点

分类		分析内容	关键决策
技术标	技术方案	设计	应投入的设计资源
			业主需求识别
			设计方案的可建造性
		施工	怎样实现业主的要求、如何解决施工中的技术难题
			施工方案是否可行
		采购	采购需求和应对策略
	管理方案	计划	各种计划日程（设计、采购和施工进度）
		组织	项目管理团队的组织结构
		协调与控制	设计阶段的内部协调与控制
			采购阶段的内部协调与控制
			施工阶段的内部协调与控制
			设计、采购与施工的协调与衔接
			进度控制
			质量和安全控制
		分包	分包策略
		经验	经验策略
商务标	商务方案	成本分析	成本组成
			费率确定
			全寿命期成本分析
		标高金的分析	价值增值点判断
			风险识别
			报价模型选择

1. 技术方案分析（技术标）

技术方案分析是总承包项目投标阶段与报价分析同等重要的一项任务，它也是管理方案设计的基础。技术方案主要涵盖对总承包设计方案、施工方案和采购方案的内容。在技术方案的编制过程中需要针对各项内容深入分析其合理性和对业主招标文件的响应程度，研究如何在技术方案上突出公司在总承包实施管理方面的优势。在正式编写技术方案之前须全面了解业主对技术标的各项要求和评标规则。

对不同规模和不同设计难度的总承包项目而言，技术方案在评标中所占的权重是不一样的。对小型规模和技术难度较低的总承包项目，业主在评标之初开始关注投标者提交的技术方案和各项工作的进度计划，然后对其进行权重打分，最后按照商务标的一定百分比计入商务标的评分当中。由于这种规模的总承包项目技术因素所占的比例较小，因此除非投标者的报价非常相近而不得已按照技术高低来选择，否则技术因素的影响不足以完全改变授予最低报价标的一般原则。

对于中等规模和技术难度适中的总承包项目，业主的评标程序与上述小型项目一致，但是因为这种规模的项目，设计与施工技术较为复杂，因此选择哪一家总承包商作为中标方通常基于对报价、承包商经验、技术以及在投标过程中的成本支出数额等因素的综合权重评价，各投标方的报价调整为含有技术因素的综合报价，显然这种情况中标人不一定授予最低报价标。

对于大型规模和超高技术难度的总承包项目，业主非常重视对技术因素的评价，评价结果会在很大程度上影响商务标的选择，同时评标因素的权重要针对特殊的项目重新分配。由于这种规模的项目的标书制作成本相对较高，因此业主对资格预审时"短名单"的选择和必要时的"第二次资格审查"都很慎重，尽力减少各方不必要的资源浪费；对于评标的最终结果业主需要进行多次的讨论，论证该决策的合理性。

（1）设计方案。

设计方案不仅要提供达到业主要求的设计深度的各种设计构想和必要的基础技术资料，还要提供工程量估算清单以在投标报价时使用。设计方案编制开始之前，首先应设立此项工作的资源配置和主要任务。

1）设计资源配置。

设计资源配置就是要在相关设计人员、资料提供和设计期限上做出安排。

设计资源的配置要视总承包项目的设计难度和业主要求的设计深度而定，并且是针对投标阶段而言的，与中标后的设计资源安排有所区别。

投标的总承包公司可能以施工管理为主导，设计工作需要再分包，因此在投标阶段应安排设计分包商的关键设计人员介入投标工作。识别业主的设计要求和设计深度，在有限时间内给出一个或多个最佳设计方案。

我国的总承包项目开始招标时，业主往往已经完成了初步设计，设计图纸和相关技术参数都提供给投标者，因此在投标阶段的方案设计基本是对业主的初步设计的延伸。这一区别可能对投标阶段整体的设计安排产生影响，对设计人员的要求也有所不同。

2）制订设计任务书。

资源配置完成后要制订本阶段的主要任务书：识别业主的要求和对设计方案评价的准则，不同设计方案的优选。

3）识别业主需求设计。

对总承包项目而言，投标阶段的设计要求是投标小组需要认真研究的首要问题。业主的设计要求一般都写在招标文件的"投标者须知""业主要求"和"图纸"信息中。

首先明确业主已经完成的设计深度，招标文件中的图纸与基础数据是否完整；其次明确投标阶段的设计深度和需要提供的文件清单。

考虑到报价的准确性，在资源允许的情况下适当加深设计深度，这样报价所需的工程量和设备询价所需的技术参数就更加准确。

EPC 总承包模式下的设计与施工、采购工作衔接非常紧密，如果方案设计得不切实际，技术实现困难，工期和投资目标不能保证，则这一方案是失败的。因为不同的设计方案所导致的工程未来的运营费是不同的，运营费越高说明该方案越不经济，可能降低业主对投标者的投资满意度。表 2-6 是编制设计投标方案时的关键决策点。

表 2-6　　　　　　　　　　　　　设计投标方案编制的关键决策点

分类	分析内容	关键决策
设计资源配置	人员	根据业主的投标设计要求安排合适的设计人员
	设计资料	收集业主设计资料和公司内部的设计基础数据
	期限	怎样在投标期限内安排设计时限
需求识别	设计深度	业主已完成的设计深度
		投标阶段的设计深度
		是否需要根据竞争环境加深设计
	评价准则	设计方案评价
		对方案设计的其他因素的评价
方案优选	方案的可建造性	设计方案的适用性
		是否需要施工和采购人员介入方案设计
	价值工程	比较不同方案的单位功能成本
	投资影响	比较不同方案的全寿命期成本差异

（2）施工方案。

总承包项目的施工方案内容与传统模式下的技术标书内容很相似，施工方案需要描述施工组织设计，各种资源安排的进度计划和主要采用的施工技术和对应的施工机械、测量仪器等。总承包项目投标阶段编写的施工方案要说明使用何种施工技术手段来实现设计方案中的种种构想。

1）识别业主需求。

如果业主需要投标人在施工方案中采用业主规定的施工技术，一定会在招标文件的"业主要求"中说明，如果该技术难度超过了公司现有的技术水平，公司可以考虑与其他专业技术公司合作来满足业主要求，最好提前与专业技术公司签订分包合作意向书。

2）可行性分析。

完成施工方案的编制后需要进行方案的可行性论证，保证施工方案在技术上可行，在经济上合理。

施工方案是设计方案的延伸，也是投标报价的基础，因此其论证要根据项目特点和施工难度尽量细化。论证的过程中要有各方专家在场，设计师、采购师和估算师都应参与其中。关键施工技术的描述不能过于详细，以免投标失败后该技术成为中标者的"免费果实"；技术描述要紧密结合招标文件，不宜细化和引申，更不应作过多的承诺。

（3）采购方案。

制订采购方案是总承包商投标的一项重要工作，尤其对于工艺设计较多的总承包项目，如大型石化或电力工程，在投标时需要确定材料、设备的采购范围。由于这类项目的报价中材料、设备的报价占到总报价的 50% 以上，因此制订完善的采购方案、提供具有竞争力的价格信息无疑对中标与否非常重要。采购方案则需要说明拟用材料、仪器和设备的用途、采购途径、进场时间和对项目的适应程度等。

对初次参加投标的总承包公司而言，关键设备采购计划能否通过业主的技术评标是不可忽视的重要条件，只要存在任何一个关键设备未通过技术评标，则将视为不合格的投标人。

1）投标小组制订采购方案时最好由拟任的采购经理主持。

对于业主特别要求的特殊材料设备或指定制造厂商，投标小组要在制订采购方案之前就应提早进行相关的市场调查，尤其对采购的价格信息要尽早掌握，同时还要考虑项目建设周期中的价格波动因素，对于先前未采用过的设备和材料或新型材料不能采用经验推论，避免因盲目估价而造成的失误。

2）对于可以由总承包商自由决定的采购范围，应在采购方案中提供以下信息：供货范围、主要设备材料的规格、技术资料、性能保证等。

3）制订采购计划时，不必为业主提供过细的信息，列明重要材料设备的质量要求和拟采用的主要质检措施即可。

2. 管理方案分析（技术标）

从业主评标的角度看，在技术方案可行的条件下，总承包商能否按期、保质、安全并以环保的方式顺利完成整个工程，主要取决于总承包商的管理水平。

管理水平体现在总承包商制定的各种项目管理的计划、组织、协调和控制的程序与方法上，包括选派的项目管理团队组成、整个工程的设计、采购、施工计划的周密性、质量管理体系与 HSE［健康（Health）、安全（Safety）和环境（Environment）］体系的完善性（公司与项目两个级别）、分包计划和对分包的管理经验等。

制订周密的管理方案主要为业主提供各种管理计划和协调方案，尤其对 EPC 总承包模式而言，优秀的设计管理和设计、采购与施工的紧密衔接是获取业主信任的重要砝码。在投标阶段不必在方案的具体措施上过细深入，一是投标期限不允许，二是不应将涉及商业秘密的详细内容呈现给业主，只需点到为止，突出结构化语言。

总承包项目管理方案的解决思路，投标小组在进行内容讨论和问题决策时可以按照以设计、采购、施工为主体进行管理基本要素的分析，也可以按照管理要素分类统一权衡总承包项目的计划、组织、协调和控制来分析，包括：总承包项目管理计划、总承包项目协调与控制、分包策略。本书将采用后者的论述方式。

总承包项目管理方案主要包括内容见图 2-3。

（1）总承包项目管理计划。

在投标阶段，总承包项目管理计划可以从设计计划、采购计划和施工计划来准备，提纲挈领地描述总承包商在项目管理计划上做出的周密安排，争取给业主留下"已经为未来的工程做好充分的准备"的印象。由于各种管理计划是项目实施的基础，好的管理计划可以使项目实施效率事半功倍，因此计划水平的高低在很大程度上可以判断一个总承包商的实力。

投标小组首先应做出一个类似于项目总体计划表的文件，包括进度计划、资源安排和管理程序等内容，

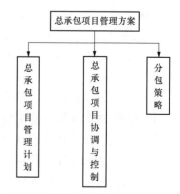

图 2-3　总承包项目管理方案主要内容

然后分述设计、施工和采购计划。

1）设计管理计划。

对于投标小组而言，设计计划的重点是制订设计进度计划和设计与采购、施工的"接口"计划。特别是对设计决定造价的概念要贯穿于整个设计工作过程中。设计进度直接影响总承包项目的采购和施工进度，此计划的合理性关系到业主的投资目标能否如期实现，是业主评标的重要因素之一。

设计进度与设计方案要紧密结合，使用进度计划工具如网络计划等，将工程设计的关键里程碑和下一级子任务的进度安排提供给业主即可。

2）施工管理计划。

施工管理计划最主要的内容是给业主提供施工组织计划、施工进度计划、施工分包计划和各项施工程序文件的概述，施工计划中要含有与采购工作接口的计划内容。施工组织计划中首先要向业主提供拟建的项目施工部组织结构、关键人员（如项目经理、总工程师、生产经理、设计部经理等）的情况、关键技术方案的实施要点、资源部署计划等内容。

施工进度计划是在总承包项目计划中施工计划的细化，同设计进度计划一样，施工进度计划要把关键里程碑和下一级子任务的进度安排提供给业主。

施工分包计划，写明业主指定分包商的分包内容，总承包商主要分包工程计划和拟用分包商名单。

涉及施工管理的各项程序文件的概述是证明总承包商项目管理能力的文件，投标小组可以在该文件中简单罗列以下内容：项目施工的协调机构和程序，分包合同管理办法，施工材料控制程序，质量保证体系、施工安全保证体系和环境保护程序，以及事故处理预案等。

3）采购管理计划。

含有大量采购任务的总承包项目，采购管理的水平直接影响工程的造价和进度，并将决定项目建成后能否连续、稳定和安全地运转。投标小组要将采购管理计划与设计、施工管理计划结合，同步进行。

在投标文件中主要写入的采购管理计划包括：采购管理的组织机构、关键设备和大批量材料的进场计划、设备安装及调试接口计划、管理程序文件等。采购的接口计划是保证总承包项目设计、采购和施工的重要文件。为业主提供采购部门与设计部门、施工部门的协同工作计划，以及专业间的搭接，资源共享与配置计划，是接口计划的重要编制内容。

（2）总承包项目协调与控制。

总承包项目的协调与控制措施力求为业主提供公司对内外部协调、过程控制以及纠偏措施的能力和经验，因此应尽量使用数据、程序或实例说明总承包商在未来项目实施中的协调控制上具有很强的执行力，尤其是总包对多专业分包设计的管理程序、协调反馈程序、专业综合图、施工位置详图等协调流程的表述。

1）设计、采购与施工的内部协调控制。

设计内部的协调与控制措施以设计方案和设计管理计划为基础编制。措施要说明如何使既定设计方案构想在设计管理计划的引导下按时完成，重点放在制订怎样的控制程序保证设计人员的工作质量、设计投资控制和设计进度计划，尤其是设计质量问题，应在投标文件中写明项目采用的质量保证体系以及如何响应业主的质量要求。

采购内部的协调控制措施简要描述在采买、催交、检验和运输过程中对材料、设备质量和供货进度要求的保证措施,出现偏差后的调整方案,同时介绍公司对供应链系统的应用情况,尤其应突出公司在提高采购效率上所作的努力。

施工内部的协调与控制机制和措施对总承包项目实现合同工期最为关键。投标小组在这一部分中可以很大程度上借鉴传统模式下的施工经验,如进度、费用、质量、安全等控制措施,不过应突出 EPC 总承包模式的特征,如出现与设计、采购的协调问题上是否设立了完善的协调机制等。

2)设计、采购与施工的外部协调控制。

对设计、采购与施工的外部协调控制是完成三者接口计划的过程控制措施。投标小组可以为业主呈现设计与采购的协调控制大纲、设计与施工的协调控制大纲以及采购与施工的协调控制大纲文件。

例如,设计与采购的协调控制大纲文件内容见表 2-7。

表 2-7　　　　　　　　　　设计与采购协调控制大纲文件内容

序号	内　　　　容
1	设计人员参与工程设备采购,设计人员应编制设备采购技术文件
2	设计人员参与设备采购的技术商务谈判
3	委托分包商加工的设备由分包商分阶段返回设计文件和有关资料,由专业设计人员审核,并报经业主审批后及时返回给分包商作为正式制造图
4	重大设备、装置或材料性能的出厂试验,总包的设计人员应与业主代表一起参加设备制造过程中的有关目击试验,保证这些设备和材料符合设计要求
5	设计人员及时参与设备到货验收和调试投产等工作

设计与施工的协调控制大纲文件中可涉及的内容见表 2-8。

表 2-8　　　　　　　　　　设计与施工协调控制大纲文件内容

序号	内　　　　容
1	设计交底程序
2	设计人员现场服务内容
3	设计人员参与的施工检查与质量事故处理,施工技术人员应协助的工作范围
4	设计变更与索赔处理

采购与施工的协调控制大纲文件中可以包括的内容见表 2-9。

表 2-9　　　　　　　　　　采购与施工协调控制大纲文件内容

序号	内　　　　容
1	采购与施工部门的供货交接程序
2	现场库管人员的职责
3	特殊材料设备的协调措施
4	检验时异常情况处理措施
5	设备安装试车时设计与施工技术人员的检查

3）控制能力。

项目的进度和质量是总承包项目业主最关心的问题之一。投标小组需要在进度控制和质量控制方面阐述总承包商的能力和行动方案。

在进度控制方面，投标小组需要考虑总承包项目的进度控制点、拟采用的进度控制系统和控制方法，必要时对设计、采购和施工的进度控制方案分别描述。如设计进度中作业分解、控制周期、设计进度测量系统和人力分析方法，采购进度中设计—采购循环基准周期、采购单进度跟踪曲线、材料状态报告，施工进度中设计—采购—施工循环基准周期、施工人力分析、施工进度控制基准和测量等。

在质量控制方面，主要针对设计、采购与施工的质量循环控制措施进行设计，首先设立质量控制中心，对质量管理组织机构、质量保证文件体系等纲领性内容进行介绍，然后针对设计、采购与施工分别举例说明其质量控制程序。如果业主在招标文件中对工程质量提出特别的要求，为了增加业主对质量管理方案的可信度，投标小组可以进一步提供更细一级的作业指导文件，但是应注意"适度"原则，不要过多显示公司在质量管理方面的内部规定。

（3）分包策略。

为了满足业主的要求，总包商除了在项目的技术方案、管理架构流程以及询价、组价方面上花大量精力之外，还要掌握"借力"和协力的技巧，将分包的专业长处也纳入总包的能力之中。

在投标文件中写入总承包商的分包计划，利用分包策略能为总承包商节省投标资源，加大中标概率。成熟的总承包商会利用分包策略，充分利用投标的前期阶段与分包商和供应商取得联系，利用他们的专业技能和合作关系为投标准备增加有效资源，同时为业主展现总承包商在专业分包方面的管理能力。分包策略运用得当可在很大程度上降低总承包商的风险，有利于工程在约定的工期内顺利完成。

利用分包策略时要从长远角度出发，与分包商建立持久的合作关系，把分包商当成合伙人，在规划、协调和管理工作上彼此完全平等。在选择分包商时要注意选择原则，因为分包策略是一把双刃剑，如果失去原则，总承包商可能会为自己埋下各种风险隐患，例如信用危机、服务质量缺陷等问题。

3. 商务标

总承包项目的商务方案最主要部分是项目的投标报价以及有关的价格分解。报价的高低直接影响投标人能否通过评标，获得项目。在策划报价方案之前应确信业主的评标体系，尤其是怎样评价技术标和商务标，最后的评标总分按照何种标准计算。

（1）评价体系。

常用的有两种评价标准：一种是最佳价值标（Best Value Proposals），即评标小组将技术标与商务标分别打分，并按照各自权重计算后相加得评标总分；另一种是经调整后的最低报价（Low Price Proposals），即将技术标进行打分后按照反比关系，即打分越高调整的价格越低的原则，将原有商务报价进行调整后取报价最低的投标者为中标人。

如果业主采用上述评标方法，在准备总承包报价书时要充分考虑技术标的竞争实力，如果实力欠缺则要尽量报低价以赢得主动，如果拥有特殊的技术优势就可以在较大余地范围内报出理想的报价，并充分考虑公司的盈利目标。

（2）报价决策。

明确评标体系后就可以按照报价工作的程序展开工作。

投标报价决策的第一步应准确估计成本，即成本分析和费率分析，第二步是标高价决策。由于标高价决策带给承包商的价值增值部分，因此首先要进行价值增值分析，然后对风险进行评估，选择合适的风险费率，最后用特定的方法如报价的博弈模型对不同的报价方案进行决策，选择最适合的报价方案。

一般总承包商的报价策略原则是该报价可以带来最佳支付，因此必须选择一个报价足够高以至带来充足的管理费和利润，同时还得低到在一个充满竞争对手的未知环境中有足够把握获得中标机会。

4. 完善与递交标书

承包商对工程招标进行投标时，主要应该在先进合理的技术方案和较低的投标价格上下功夫，以争取中标。但是还有其他一些手段对中标有辅助性的作用，主要体现在表2-10中。

表 2 - 10　　　　　　　　　　　完善与递交标书技巧

序号	内　　　容
1	许诺优惠条件
2	聘请当地代理人
3	与实力雄厚公司联合投标
4	选用受业主赞赏的具有专业特长的公司作为分包
5	开展外交活动

（1）标书的排版编制包装。

投标的报价最终确定以后，投标的排版编制、包装和各种签名盖章等，要完全严格按照招标文件的要求编制，不能颠倒页码次序，不能缺项漏页，更不允许随意带有任何附加条件。任何一点差错，都可能引起成为不合格的标书导致废标。严格按章办事，才是投标企业提高中标率的最基本途径。另外，投标人还要重视印刷装帧质量，使招标人或招标采购代理机构能从投标书的外观和内容上感觉到投标人工作认真、作风严谨。

（2）递送投标书。

标书的递交为投标的最后一关，递交的不正确很可能造成前功尽弃的后果，所以要完全严格按照招标文件的递交要求包括递交地点、递交时限、递交份数等递交标书。递送方式可以邮寄或派专人送达，后者比较好，可以灵活掌握时间，例如在开标前一个小时送达，使投标人根据情况，临时改变投标报价，掌握报价的主动权。邮寄投标文件时，一定要留出足够的时间，使之能在接受标书截止时间之前到达招标人或招标采购代理机构的手中。

第三节　总承包项目组织机构设置策划

一、工程总承包项目组织机构设置原则

（1）一次性和动态性原则。

一次性主要体现为总承包项目组织是为实施工程项目而建立的专门的组织机构，由于工程项目的实施是一次性的，因此，当项目完成以后，其项目管理组织机构也随之解体。

动态性主要体现在根据项目实施的不同阶段，动态地配置技术和管理人员，并对组织进行动态管理。

（2）系统性原则。

在总承包项目管理组织中，无论是业主项目组织，还是 EPC 总承包商项目组织，都应纳入统一的项目管理组织系统中，要符合项目建设系统化管理的需要。项目管理组织系统的基础是项目组织分解结构。每一组织都应在组织分解结构中找到自己合适的位置。

（3）管理跨度与层次匹配原则。

现代项目组织理论十分强调管理跨度的科学性，在总承包项目的组织管理过程中更应该体现这一点。适当的管理跨度与适当的层次划分和适当授权相结合，是建立高效率组织的基本条件。对总承包项目组织来说，要适当控制管理跨度，以保证得到最有价值的信息：要适当划分层次，使每一级领导都保持适当领导幅度，以便集中精力在职责范围内实施有效的领导。

（4）分工原则。

总承包项目管理涉及的知识面广、技术多，因此需要各方面的管理、技术人员来组成总承包项目经理部。对于人员的适当分工能将工程建设项目的所有活动和工作的管理任务分配到各专业人员身上，并会起到激励作用，从而提高组织效率。

二、工程总承包项目组织机构模式

对于总承包项目管理组织机构模式，必须从三个方面进行考虑，即总承包项目管理组织与总承包企业组织的关系；总承包项目管理组织自身内部的组织机构；总承包项目管理组织与其各分包商的关系。总承包项目常用的组织机构模式见图 2-4。

1. 矩阵式项目组织机构

矩阵式项目组织机构见图 2-5。

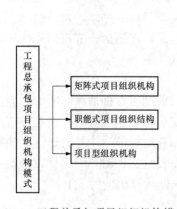

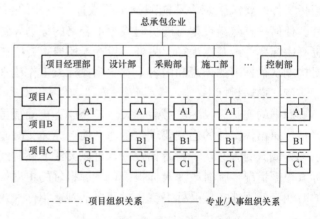

图 2-4　工程总承包项目组织机构模式　　　　图 2-5　矩阵式项目组织机构

当总承包企业在一个经营期内同时承建多个工程项目时，总承包企业对每一个工程项目都需要建立一个项目管理机构，其管理人员的配置，根据项目的规模、特点和管理的需要，从总承包企业各部门中选派，从而形成各项目管理组织与总承包企业职能业务部门的矩阵关系。

矩阵式项目组织机构的主要特点在于可以实现组织人员配置的优化组合和动态管理，实现总承包企业内部人力资源的合理使用，提高效率、降低管理成本。此种项目组织机构模式，也是总承包企业中用得比较多的项目组织机构模式。组织机构的设置，应根据项目性质、规模、特点来确定管理层级、管理跨度、管理部门，以提高管理效率，降低管理成本。

2. 职能式项目组织机构

职能式项目组织机构见图2-6。

所谓职能式项目组织机构是指在项目总负责人下，根据业务的划分设置若干业务职能部门，构成按基本业务分工的职能式组织模式。

职能式项目组织机构的主要特点是，职能业务界面比较清晰，专业化管理程度较高，有利于管理目标的分解和落实。

3. 项目型组织机构

项目型组织机构见图2-7。

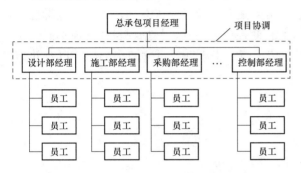

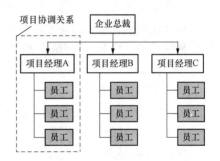

图2-6 职能式项目组织机构　　　　图2-7 项目型组织机构图
注：灰色的框代表项目活动的员工。

在项目型组织机构中，需要单独配备项目团队成员。组织的绝大部分资金都用于项目工作，且项目经理具有很强自主权。在项目型组织机构中一般将组织单元称为部门。这些部门经理向项目经理直接汇报各类情况，并提供支持性服务。

三、总承包项目的组织机构设置

1. EPC总承包商项目经理部的定位及其组织机构

当EPC总承包商与业主签订合同以后，应立即组建EPC总承包商项目经理部。EPC总承包商项目经理部必须严格按照合同的要求，组织、协调和管理设计、采购、施工、投产试运行和保修等整个项目建设过程，完成合同规定的任务，实现合同约定的各项目标。

EPC总承包商项目经理部接受业主、PMC/监理的全过程监督、协调和管理，并按规定的程序向业主、PMC/监理报告工程进展情况。其主要职责包括：

（1）负责总承包项目设计、采购、施工、竣工验收、试运投产和保修等阶段的组织实施、指挥和管理工作。

（2）建立完善的项目运行管理体系，制订项目管理各项管理办法和规章制度，负责EPC总承包商项目经理部的各项管理工作。

（3）完成设计工作，编制设计统一技术规定；负责对设计分包商的选择、评价、监督、检查、控制和管理。

（4）承担项目物资和设备采购、运输、质量保证工作；负责调查、选择、评价供应商，推荐合格供应商，并对其进行监督、检查、控制和管理；负责编制项目采购计划。

（5）承担项目建设的调度、协调和技术管理工作；负责项目施工总体部署和施工资源的动态管理；负责竣工资料的汇编、组卷等工作。

（6）编制项目总进度计划，并进行分析、跟踪、控制，负责总承包合同、分包合同实施全过程的进度、费用、质量、HSE 管理与控制。

（7）负责整个项目实施过程中文件信息全过程的管理、控制工作。

（8）在合同权限范围内，全面做好总承包项目建设用地的征用、管理和对外协调工作。

（9）协助业主成立投产试运指挥机构，统一协调整个项目的投产试运工作。由于每个总承包项目都有各自特点，所以在其项目组织机构的设置方面也有差别，在本书中给出了一种比较常见的总承包项目组织机构，以供使用者参考。

根据国内外工程管理的经验，在设立 EPC 总承包商项目经理部组织机构时应注意：项目的控制部门和项目质量管理部门对整个项目经理部的运作起到重要的作用，尤其是控制部门要对项目的进度、费用等进行管理与协调，并且最后还应做完工总结，因此可以考虑放宽控制部门和质量管理部门领导的权限并提升其行政地位。另外，根据项目的规模不同，对于大型项目质量部和 HSE 部应单独作为两个部门，而对于小型项目这两个部门可以合并为一个 QHSE 部门。

2. 各部门职责分工

（1）行政办公室。行政办公室主要负责以下工作：

1）负责项目的日常管理工作。

2）负责项目经理部党、团、工委的日常工作。

3）负责项目的宣传报道工作，会同项目经理部各部门定期印发工程建设简报。

4）负责项目经理部中长期培训规划、年度培训计划的编制及监督实施，负责项目经理部员工的日常培训，组织对培训效果进行评价。

5）负责劳动人员结构、管理队伍结构的管理以及制订与修订定员定额、标准、管理办法并组织实施。

6）负责员工总量和用工计划的管理以及员工的流动、劳动合同、休息休假、劳动纪律、奖惩等管理工作。

7）负责业绩考核管理工作，负责人事档案管理工作。

8）负责总承包项目的团队文化建设工作。

（2）中心调度室。中心调度室主要负责以下工作：

1）负责总承包项目建设的总调度、协调工作。

2）负责项目施工总体部署和施工资源的动态管理，并参与分包商的选择工作。

3）指挥、协调、管理整个项目的施工进度、试运、投产工作。

4）施工材料调拨，主持生产例会。

5）及时传达上级对施工的要求和指示，对施工分包商反映的问题能够及时回答，超过部门权限的及时向上级反映或向相关部门传递并督促解决。

6）收集各类信息（包括设计、设备采购及储运、建设用地、施工进度、工程质量、合同管理、竣工资料等）。

（3）设计部。设计部主要负责以下工作：

1）全面优质完成设计工作，组织编制设计的勘察、设计委托书。

2）编制设计统一技术规定，负责对设计分包商（如果有）的选择、评价、监督、检查、控制和管理。

3）负责督促、管理总承包项目设计分包商完成设计、修改、现场施工变更、提供设计现场服务。

（4）采购部。采购部主要负责以下工作：

1）承担项目所有物资采购、运输、质量保证工作。

2）负责调查、选择、评价供应商及采购分包商，推荐合格供应商及采购分包商，并对其进行监督、检查、控制和管理。

3）负责编制项目采购计划。

（5）施工部。施工部主要负责以下工作：

1）负责项目的施工、竣工验收、试运投产和保修等阶段的技术方案制订、审查和技术管理。

2）负责选择施工分包商。

3）审查施工分包商的施工组织设计、技术方案、措施。

4）负责竣工资料的汇编、组卷等工作，组织编制施工、竣工验收等程序文件及具体实施方案。

5）发放施工图，参加设计交底等工作。

（6）控制部。控制部主要负责以下工作：

1）编制项目总进度计划，并进行分析、跟踪、控制。

2）编制项目总体费用计划，负责费用管理工作。

3）负责总承包合同、分包合同以及保险合同实施全过程的计划、进度、费用、风险等管理与控制。

4）对施工材料进行统一管理。

5）对已完工作进行总结，对未来的工作进行预测。

6）编制项目报告等。

（7）质量部。质量部主要负责以下工作：

1）承担项目质量的管理与控制工作。

2）建立、实施和保持适宜的项目质量管理体系。

3）负责项目的质量风险管理工作。

4）具体组织项目的质量创优、体系控制和管理，确保项目质量目标的实现。

（8）HSE 部。HSE 部主要负责以下工作：

1）承担项目健康、安全、环保的管理与控制工作。

2）建立、实施和保持适宜的项目 HSE 管理体系。

3）负责项目的安全风险管理工作。

（9）财务部。财务部主要负责以下工作：

1）负责项目的所有日常经费管理。

2）工程预付款、进度款的申请，落实资金来源。

3）对各分包商资金的支付。

4）各种单证的复核。

5）贷款利息的控制。

（10）试运行部。试运行部主要负责以下工作：

1）试运行部负责包括试运行、维护的所有组织工作，以使业主满意。

2）试运行部应编制一切试运行和维护文件，这一阶段的所有工作应符合安全、环保、质量及合同等要求。

（11）信息文控中心。信息文控中心主要负责以下工作：

1）负责整个项目实施期间文件信息的登记、编码、分类、提交、接收、分发、借阅、出版、备份、归集、整理、跟踪、传递、更新、销毁、组卷、存档等全过程的管理、控制工作。

2）解决总承包项目经理部内部信息系统、数字化管理系统接口的问题，保证系统畅通、安全、完好。

3）文档整理分类，在项目结束后负责项目文档的移交工作。

4）作为项目部法律事务的管理机构，负责执法监督及其相应的动态信息的收集、识别，整理出适用法律法规清单并发布。

第四节　总承包项目管理策划

一、项目总承包界区

（1）总承包界区。

根据业主的招标文件及相关的设计文件确定，如以初步设计确定厂区内工程但不包括以下内容：由业主负责的引进设备及引进材料的采购；整个厂区场地平整、挡土墙、滑坡治理工程。

（2）工作范围。

总承包方范围：工程勘察；工程设计；设备材料采购；建筑安装工程施工；生产人员提前进场工作和人员培训；设备单体试车和无负荷联动试车，以及负荷联动试车、投料试车，投产一年后向业主进行移交。

业主方范围：项目用地的合法性；工程监理及工程质量监督；环保与水土保持、安全评价；有关工程开工、邀请招标、交工、施工许可证等申请办证；保证正常工程施工的外部协调工作；特种设备和压力容器使用许可证及消防、防雷合格证；进行性能考核及组织竣工验收。

以上内容均根据业主的招标文件或界区表来确定并调整。

二、总承包管理要求

（1）健全总分包合同管理。

总分包合同是总包方对分包方协调管理的依据，因此规范总包方与业主、总包方与各专业分包方的合同是保证总承包管理程序实现的基础。

根据工作要求，总包将与各分包签订总分包协议，签订后双方均应恪守合同要求，克服困难，履行完成双方的各自责任与义务。

分包商一经进场，均须以总分包合同为依据，按照总包要求，严格履行全部条款。总分包方之间的有关合同纠纷，交由监理和业主仲裁。

对分包方出现以下失职行为时，对分包方的违约行为，总包方有权予以指出和纠正，对总包方造成损失的，由违约的分包承担。

1）未能正常及勤奋地进行完成分包工程内容及配合总包方的施工进度计划，因此造成影响总包方制订各项施工形象的控制点和总工期的实现。

2）工程出现质量事故或达不到业主合同和监理总包方的要求，分包对总包方的要求置之不理。

3）安全文明施工达不到总包方的要求，对总包方指出的安全事故隐患不及时进行整改。

4）现场协调管理不听从指挥，总包方有权对分包进行罚款，如果总包方进行罚款后，分包方仍未及时采取措施有效地整改，则总包方有权向业主提出中止该分包的合同。

（2）健全总分包组织机构。

总包方和分包方以及业主和监理公司相关联机构是工程总承包管理的组织保证。要以总包方项目经理部为主体，建立一个能完成管理任务，高效、务实、指挥灵便的总分包管理体系。

总包与分包依据合同责任，在总包的统一管理下，建立起沟通、协商、管理协调、指挥机构，落实到管理能力较强、经验丰富的主要管理人员。

各分包方要建立起自身的项目管理组织体系，并纳入总包方的管理体系之内。

（3）完善总承包施工组织设计。

加强总包方的总承包管理能力，编制切实可行的总承包施工组织设计，总包方应熟悉、了解各分包的工作、施工方案，制订总的施工程序，制订总体施工进度计划和分阶段施工控制点，为各分包提供具有指导性和操作性的施工组织设计。

施工组织设计应对进度控制、质量控制、安全控制、文明施工等控制制订具体的控制措施和手段。

总包方通过强化总包方管理，及时与各分包沟通信息，接收现场反馈信息，归纳整理判断，提出解决改进措施，以保证基本贯彻总包方施工组织设计，并不断完善改进。

各分包方必须要针对所分包的工程编制详细的施工组织设计，并报总包方进行审核。

（4）实行文件会议标准化管理，保证信息的及时沟通和指挥的顺利贯彻。

为保证总包与分包以及监理与业主之间的信息及时沟通，如实反映总包的指令要求和分包执行的施工现状，总包应制订一系列的工作程序，在施工管理过程中联系交往采用程序要求的办法，通过书面文件交往和各种专门会议沟通双方信息，进行工作协调管理。

主要文件往来资料有：管理业务类；施工组织进度管理类；工程款合约管理类；质量管理类；安全管理类；技术图纸管理类；文明施工管理类共七类。

主要会议有：每日总包生产例会；每周分包商协调会；每周安全文明施工例会；每月质量会议；每月计划执行会议；每周专业技术协调会议，共六类，其他专题会议根据施工需要由总包确定召开。

总包方与分包方都必须依据总承包施工组织设计要求，制订每月的工作月报，月报是各单位对每月的工作总结，月报中反映本月施工主要大事及质量、安全形象和下月施工重点及预测大事，由各单位熟悉工程的主要管理人员填写，各单位工程主管、项目经理签字审核。

（5）现场协调工作程序措施。

各分包单位要严格执行总承包施工组织设计方案加强组织管理施工，维持现场清洁，道路畅通,器材的堆放整齐并及时清除垃圾和不用的临时设施。

各分包必须以总包的施工进度为标准,做到日作日清。精心组织,勤奋施工,分包如未能在指定工期控制期限内或未被业主、监理认可的任何延长期内完成分包工程或其任何部分,分包应向总包方支付或预留一笔相当于总包方因分包方原因拖延工期无法竣工所造成的任何损失或损害的相同金额,并承担由此引起相关联的违约责任。

各分包方之间应当互相配合,相互理解与谅解,在需要其他分包配合时,须提前报请总包方同意后,由总包方协调通知其他分包执行。不得出现彼此推诿、扯皮以致延误工期等现象,对此,总包方有权作出裁决,并对责任方给予经济处罚。

各分包凡属需要总包配合、协调的工作,都要提前以书面形式通知总包方,凡因分包方的疏漏或不按程序所引起的损失,概由分包方承担。

各分包必须根据自身全部施工范围的设计及施工要求,给予总包方足够的时间及提供一切资料予总包方协调之工作,特别是供电、供水等的要求,以便总包方能够提供有关配合及服务措施。否则,由于分包方的原因导致总包不能提供充分配合,分包方须承担一切责任。

各分包在未经总包方和业主、监理三方书面同意前,不得将本分包施工合同中的分包工程全部或部分作转包,否则,分包方应承担违约造成的一切后果。

分包方不得以任何理由中断分包工程的施工,如未经总包许可擅自中断分包工程,则要负中断工程造成对总包的一切经济损失,并给予经济处罚。

(6)安全、文明施工控制措施。

总包与各分包方要严格执行国家的有关法律、法令规定以及政府部门的相关规定,严格遵守建筑施工安全规范和总包方制订的安全制度,安全生产。

各分包方必须健全安全检查制度,必须有责任明确的安全组织机构,在现场设置专职安全员,做好自检记录。

总包方对工程的施工安全生产负第一责任,各分包方对分包工程的安全生产负第一责任。

各分包要按施工安全规范的规定,采取预防事故的措施,确保施工安全和第三者安全,凡属分包工程中发生的一切安全事故,均由分包方负责,并立即书面上报总包方及主管单位备案。

分包方有保护好施工现场、安全设施的义务与责任。

各分包要绝对服从总包方现场安全管理人员的统一管理,遵守总包方安全部门下发的各项安全制度,及时处理总包方发出的整改通知,对未及时整改或整改达不到要求而引致的损失,除分包承担责任外,还要给予相应的经济处罚。

各分包要积极参加总包方组织的各项安全生产活动。

各分包应做到文明施工,遵守总包方对文明施工的各项指示要求,现场做到工完场清,日作日清,料具堆放整齐,建筑垃圾必须按照总包方指定地点堆放,统一外运。

(7)质量及技术管理控制措施。

各专业分包进场前应向总包方提交专业分包施工方案,经总包方审核确认签字后,报监理审核、批准后,方可实施。

总包方应严格按国家现行验收标准监督、检查专业分包方的施工质量。

分包方必须有健全的质保机构和制度,在现场应设有专职质检员,做好自检记录。

总包方质保部将不定期检查各分包的自检记录及自检资料，对记录不详、资料不齐的分包单位，总包方质保部将发出限期整改的通知，分包接到后要立即安排整改，如期整改完毕。

分包在分包工程中的材料或操作工艺必须符合分包合同的规定，如不符合规定而出现缺陷、皱缩或其他缺点，导致总包方（或其他分包方）需要或因业主及监理要求对总包方工程或其他任何部分进行任何额外增加施工时，则分包方应向总包方支付该工作的施工费用。

工程实施质量停工待检点的控制措施。当一施工工序与质量关系密切时，为了保证产品的质量而特别对此工序进行质量专检。分包在完成本工序施工自检合格后，填写要求质量检测通知单报总包方质保部，由总包方质保部组织质检员进行质量检查，没有总包方质保部的检查许可，不允许进行下一道工序施工。

分包在完成任何一道施工工序，在自检合格的基础上，经由总包方质保部复检，复检合格后，由总包方质保科提请监理验收，验收合格后，再进行下一道工序。

分包应通过质量全过程控制和质量停工待检点控制中心信息反馈，建立质量改进系统。对不符合项、质量隐患项等采取预防及纠正措施，加强技术管理，遵守施工工序，保证工程质量不断提高。

三、总承包管理程序

1. 分包单位进退场程序

分包单位进场前，根据业主的进场许可证明，到总包方项目经理部办理进场手续，向总包方提出申请。

办理进场手续到总包方商务部，须呈报资料见表2-11。

表 2 - 11　　　　　　　　　　　进场手续提交资料

序号	内　　　　容
1	施工营业执照、资质证书、承建资格证书的复印件（加盖公章）
2	进场施工或工作内容、工作时间
3	进场工作人数，特殊工种（如电工、电焊工等）需提供有效期内的上岗证复印件（加盖公章）
4	需总包方提供生活生产临建场地的详细资料
5	施工用水、用电申请
6	施工合同、组织机构表、联系电话

施工用水、用电的管理收费由总包方水电部办理。

生产临建占地向总包方技术部呈报施工平面占用方案，按照总包方统一安排进行占用。

如需租赁或购买总包方材料、机械到总包方物资部办理。

持总包方商务部签发的进场许可证，方可进场。

进场后服从总包方在质量、安全、文明施工、进度、治安保卫等方面的管理，如发现分包队伍违章，总包方有权对分包方进行处罚。

施工完后退场机械或材料要到总包方物资部办理出门证，没有办理出门证的，门卫不予放行。

2. 文件资料控制程序

（1）目的。

为达到合同目的，实行现代化的工程总承包管理，使总承包管理规范化、程序化、制度化，发挥文件资料作为现代企业沟通信息协调管理的最佳控制手段，确保总、分包之间及与业主、监理之间的信息能够准确、及时、有效地沟通，管理制定措施能够顺利地完成。

（2）文件资料种类格式。

1）管理业务类。

管理业务类文件主要包括工程施工联系单、工程施工确认单、工作报告、会议记录、工地指示、工程索赔单等。

管理业务类文件主要作用见表 2-12。

表 2-12　　　　　　　　　　　　　　管理业务类文件主要作用

文件种类	文件主要作用
工程施工联系单	总分包间相互发送工作问题或专题报告的格式，亦可用于总包方与监理、业主有关施工事宜的协商、备忘、联系、沟通。首页不够可附页。按标准化程序化管理的原则，工程施工联系单要求反馈及时
工程施工确认单	总分包间相互发送确认工作问题的格式，亦可用于总包方与监理、业主有关施工事宜的确认。首页不够可附页。按标准化程序化管理的原则，工程施工确认单要求反馈及时
工作报告	分包方对工地上出现的任何性质的问题都可以工作报告的形式呈报给总包方，如果分包方已经采取了措施，将要准备或建议采取的措施，都应该写上报告，以作为总包方协调管理参考
会议记录	总包方或分包方召集各种重要会议的备忘记录，会议确认的内容对参加会议各方均有相关的约束力
工地指示	总包方根据合同要求，对分包所做的工作指示
工程索赔单	总包方根据合同要求，对分包不按合同、违反总包方指示造成的后果进行索赔

2）施工组织进度管理类。

施工组织进度管理类文件见图 2-8。

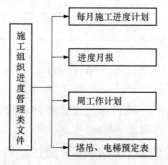

图 2-8　施工组织进度管理类文件

施工组织进度管理类文件内容见表2-13。

表 2 - 13 施工组织进度管理类文件内容

每月施工进度计划	总包方的下月土建施工进度计划在每月规定日期发给各个分包,作为各分包执行每月计划的参照
进度月报	为了保证总进度计划,工程进度管理执行月报和周报制度,各分包进度月报在每月规定日期前报至总包单位
周工作计划	为两周滚动工作计划,本周为执行周,下周为预计工作计划,每周六下午各分包方要将两周计划报于总包方,在周六的协调会上进行协调,任何分包和总包对所制订的工作计划都要恪守,一经确定,不得随意更改,要保持它的严肃性和指导性
塔吊、电梯预定表	为总分包生产例会上由总包方工程部协调的塔吊、电梯使用预定表,此使用是总包方承担合同范围内对各分包的服务

3)质量管理类。

质量整改指示单是总包在发现分包存在质量问题后,向分包所发的质量整改指示,分包接到此单后,须及时整改,达到国家现行标准和设计要求。按"工地指示分包单位表"执行。

4)安全管理类。

安全管理类文件组成及内容见表2-14。

表 2 - 14 安全管理类文件内容组成

安全施工指示单	总包在发现分包存在安全隐患后,向分包所发的安全施工指示,分包接到此单后,须及时整改,尽快消除隐患。按"工地指示分包单位表"执行
工地动火证	分包在施工现场进行明火作业申请动火的申请证,申请人须注明动火部位、方式、时间、防火人、防火方式,并保证在施工时按照要求进行防火

5)文明施工管理类。

施工总平面图布置临时占用申请表是分包在施工平面图上临时占用场地的申请专用表,表述不完整时可附方案说明。

(3)文件的管理。

1)文件的签发。

总包方和分包方都要指定自己的文件签发人,所有文件的签发只有指定的人员签署才是有效的。一般每个分包单位的项目经理、生产副经理、总工程师三个人的签署才是有效的,总包方的项目经理、总工程师、生产副经理的签发是有效的。

文件资料的签发要经过五个阶段,见图2-9。

按照总分包管理文件资料控制程序的规定,分包将相应管理文件落实到相应的主管领导或个人。定期或不定期地由相关人员起草或编制文件,经责任签发人的签署,发送主报(主送)单位,抄送相关单位。

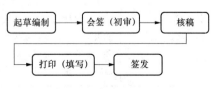

图 2-9 文件资料签发流程

2）文件的签收。

总、分包方必须指定文件接收人或部门，总、分包往来文件接收单位不得拒绝签收，各单位必须指定一位主管文件接收的资料员和某一职能部门为主要接收文件者，接收者在接收到文件后应及时处理并妥善保存。

3）文件的处理。

各单位在接到文件资料后，要及时将文件资料传递（传阅）到主管领导和部门，要积极主动地进行信息反馈，制订相应的处理措施，并责成主管部门或人员落实检查，将文件关闭。所有总、分包间往来文件各单位均要妥善保存。

（4）工程资料的管理。

1）技术保证资料。

项目经理部配备专职技术资料管理人员，负责工程从开工至竣工期间的专业技术资料收集、整理和归档，达到技术资料积累与工程同步。

专业分包的技术资料在施工期间由专业分包负责收集、整理，项目经理部专职资料员负责定期检查和指导，项目竣工交验前将资料交总包商，由总包商汇总后交业主。

工程施工期间，项目将组织每月一次定期检查指导，保证资料完整、交圈。

资料收集、整理将根据分部、分项进行。严格按照要求对工程资料的收集，保证满足交竣工要求。

2）图纸管理。

图纸管理作为受控文件来管理，专职资料员负责收、发，并有收、发记录，对作废图纸及时进行标识。

设计变更及时反馈到图纸上，做到和施工同步，以满足工程竣工前竣工图纸基本完成。

由各分包商提交的正式施工图，一经设计审批同意，总包商加盖施工章批准后，深化底图由总包商负责分类归档。各专业分包商的施工详图目录由总包商运用计算机统一管理，并定期将各专业的施工详图总目录汇编成册送发各有关部门。

定期将有效图纸目录发放给各部门和各指定分包单位，确保图纸的更改可以及时无误地在施工过程中得到执行。

3）技术资料、图纸的信息管理。

技术资料管理中，追求的是真实、准确、同步。工程的施工详图设计分别将由诸多分包商各自进行，对技术资料、图纸的信息管理也显得尤为重要。

4）技术资料、图纸的文件管理。

技术资料、图纸可分成输出文件和输入文件两大类。具体管理内容和措施见表 2 - 15。

表 2 - 15 技术资料、图纸的文件管理内容与措施

技术资料、图纸的输出文件的管理	此类文件是总包商在施工管理中向业主、监理、设计和各分包商发出的有关的技术资料、图纸信息，如传真、各类文件、图纸等。严格按照业主要求及相关要求的表格，如设计修改通知单、发设计的传真单、发设计的问题征询单、向设计送审图的送审单、向设计送审设备和材料的报审单，以及转发设计的审批图和文件单等。这类表格的内容由专业技术管理人员负责整理和协调并填写完成，通过计算机统一管理、打印，再由有关领导审批签发，最后由信息收发人员登记，统一对外输出，并且将文件原稿装订成册

续表

技术资料、图纸的输入文件的管理	此类文件是在施工管理中，总包商收到的由业主、监理、设计和各分包商发来的有关技术资料、图纸的信息，如传真、各类文件、设计的现场指令和图纸等。总包商收到此类文件后，由收发员统一登记，经有关领导签发后，随即转发各专业技术管理人员对技术资料、图纸的信息进行协调处理。并将最终处理意见和文件原本返回信息收发处集中转发和归档备案

四、总承包管理策划内容

总承包管理策划内容如图 2-10 所示。

1. 项目进度管理策划

编制项目总体进度计划（含设计、采购、施工、试车）报业主（监理）审定（成果：项目一级计划网络图）。

根据项目总体进度计划的要求，编制设计各专业出图计划，满足现场需求。

根据项目总体进度计划的要求，编制设备采购计划，报业主审定后执行，采购计划满足现场设备基础施工要求，以及设备安装的进度要求。

审核施工分包商提供的施工网络计划，重点审查关键控制点及里程碑，并针对关键控制点和里程碑提出相应的控制措施。

根据项目进展，编制试车计划和交工计划。

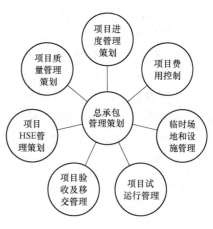

图 2-10 总承包管理策划内容

2. 项目质量管理策划

根据 PDCA 循环，按事前控制、事中控制和事后控制进行质量管理。

（1）事前控制。

要求分包商建立现场质量管理体系并检查其运行情况；检查分包商现场管理人员及主要作业人员资质；组织审查施工组织设计及各类专项方案；实行施工分包商开工审核制度；用于工程的主要材料采购前须经总包、监理、业主确认；对送检材料及试块的试验室资质进行核验；划定单位工程、分部工程、分项工程、检验批，确定质量控制点。

（2）事中控制。

对检验批、分项、分部、单位工程实行分包商自检、总包检查、监理复检、质量监督站核定的质量验收制度，上道工序不合格，不得进入下一道工序；对进场的原材料、半成品、构配件进行复检报审制度；对进场的施工机械、施工辅材进行检查，对用于施工的计量、检测、实验等重要设备进行核查，做好相应记录；做好施工图现场交底及会审工作；对每道施工工序进行检查，重点检查隐蔽部位及质量控制点；对质量检查不合格的工程，不给予计量，每月工程量进度审批时不得批准，工程款不予支付。

（3）事后控制。

及时做好成品质量的检查，不合格产品按照相应规定进行处置；督促分包商做好成品保护工作；每周召开会议，对上周质量情况进行通报，做好相应记录；督促分包商做好工程资料的收集、整理、归档工作；做好工程实体验收、工程资料验收、问题消缺工作；参加工程竣工验收；做好质量体系记录和项目质量过程记录，所有质量记录及时录入项目管理平台。

在项目具体实施时，须通过编制质量计划及现场各项质量管理规定，以保证质量管理的进一步实现。

3. 项目费用控制

加强施工图预算的控制，根据设计图纸编制各专业施工图预算并经业主确认，作为工程进度款支付及结算的依据。

加强设计计划变更的管理，分析变更原因，按相关规定审核设计变更费用、基础处理费用、现场签证费用等，做好费用索赔工作。

特别要做好总包、分包合同包干价部分的费用支付控制与变更控制。

根据资金计划，加强项目部日常费用开支，把每一项支出控制在计划范围内。

项目费用相关数据及时录入管理平台，利用管理平台做好费用控制的各项工作。

4. 项目 HSE（健康、安全与环保）管理策划

项目 HSE 管理内容需根据业主招标文件要求，结合公司一体化认证体系相关内容进行编制。内容（包括并不限于）如下：

建立施工现场的环境与职业健康安全管理流程，明确各自的安全管理职责。

编制并发布现场安全、职业健康与环境管理的各项管理规定，督促并检查分包商按规定要求执行。

督促各分包商根据现场情况，编制切实可行的施工组织设计及各类专项方案，报总包、监理批准后执行。

建立安全例会制度，安全例会每周一次，检查安全生产情况，掌握安全生产动态，研究解决安全生产的有关问题。

设立专职安全员，对施工现场实行每天巡检，每周、每月进行专项检查。

通过合同、经济、技术手段，严格监督各分包商在施工现场的作业行为，建立现场奖罚制度，对危及安全、质量、环境的现象坚决制止。

按照公司一体化管理的要求，做好施工现场及项目部日常管理工作。对项目现场安全、职业健康与环境管理的具体内容，可通过在实施阶段编制的安全计划及现场安全管理相关规定来补充和完善。

5. 临时场地和设施管理

（1）临时场地和设施管理原则。

工程分包单位较多，为了合理有效地利用现场空间，使各分包单位临时设施布置及场地管理处于整齐有序的状态，对现场场地的分配和使用，总承包将对分包单位坚持以下总体原则：现场平面布置与管理应以确保用电、安全防护、消防、交通顺畅为重点，及时做好现场给排水、清理，减少环境污染，保证场容符合创建省安全文明工地的要求。

施工现场场地的使用和布置，由总承包协调经理负责组织、协调，并由协调管理部具体实施，各分包单位进行配合。各分包单位临时设施的布置和场地的使用将遵循以下具体原则：

1）场地管理：总承包严格按照各阶段施工总平面图的要求进行临时设施和场地使用的布置，各分包单位严格执行项目经理部的统一管理，并与总包单位在进场前签订《总平面管理责任书》。

2）场地使用调度：施工过程中，可能会由于现场场地狭小，在施工过程中，根据不同施工阶段的需要，场地临时设施和场地布置将会出现变动，公司应加强和各分包单位的沟通协调，对各单位进行统一协调和调度。要求各分包加工场地等布置在地下室内，室外场地只允许临时卸料，不得长期占用和堆放材料。

3）临时设施的布置：各分包的临时仓库、临时防护等，在施工前，必须报方案给总承包，严格按总包方的统一要求进行搭设。临时仓库要求全部采用压型钢板进行封闭。

4）场地责任分区：总包管理将对现场平面布置进行责任分区布置，对各分包单位使用的场地进行责任分区，要求责任分区的责任人管理好各自负责的场地的临时设施和场地管理，并统一服从总承包的协调管理部管理。

5）挂牌标识：总承包在主要入口和临时设施、场地按公司统一标准要求悬挂规章制度、安全警示牌，文明施工条例，施工简介，企业识别系统（CI）标识等。

6）奖罚分明：总承包将制定临时场地和设施管理办法，各分包单位严格按照管理办法对各自的责任区的临时设施和场地进行管理，总包将根据各分包单位的管理情况进行奖罚。

（2）临时场地和设施管理保障措施。

1）供水和排水设施管理。

①总承包将对施工现场临时用水设施设专人管理，各分包单位各派一名用水设施专管员。总包单位将在主管道设置明显的保护标志，各分包单位对各自责任区的管理负责。同时总承包对工地用水设置总、分表实行统一管理，各专业分包用水必须向总承包书面申请，按照总承包指定位置进行接驳，总承包负责对总用水管线的日常维护管理，并定期和不定期对现场用水进行检查，确保工程正常施工。

②根据工程各施工单位的用水量及用水区域，总承包对整个施工现场的临时用水线路做出统一规划并进行管理，在保证各分包单位施工用水的前提下线路布置合理。总承包的管理部门将对施工现场的供水线路进行检查，保证水表、管线等供水设备处于完好状态，防止供水管线跑冒滴漏，节约用水。总承包还将定期记录各施工单位的用水量，做好施工用水费用的管理工作。

③总承包商对整个现场排水系统做出统一规划并进行管理，现场设沉淀池、化粪池，污水经沉淀后，排入市政污水管网。总承包商不定时检查各施工单位，保证各自施工区域的排水系统正常工作。

④总承包将与各分包单位签订《供水和排水设施管理协议书》，各分包单位对各自使用的供水和排水设施负责管理。

2）总平面用电管理。

①施工现场临时用电设施需遵守《施工现场临时用电安全技术规范》及《建筑施工安全检查标准》，总承包负责对施工用电线路的日常维修管理工作，同时设置总、分表实行统一管理，各分包用电必须向总承包书面申请，由总承包提供指定接驳点。

②总承包单位将根据各分包单位的大型设备和各分区情况设置单独的回路，合理配置，要求各分包单位上报各自电力使用情况，要求各分包单位在突然使用大型设备前报告总承包机电部，服从总承包安排，以便在施工过程中尽量避免大型设备的同时使用。

③为确保安全用电，首先进行事前控制。总承包根据各分包单位上报的用电量情况预测

工程用电高峰后，准确测算电负荷，合理配置临时用电设备，对已经编制好的用电方案进行优化，在不影响施工进度的前提下，尽量避免多台大型设备的同时使用。

④在安全用电上，总承包商为加强管理，对电箱进行统一管理，没有总承包商的批准，分包单位不得擅自将电箱带进工地使用。在临时施工用电过程中，要求分包单位认真落实"三级配电两级保护"的规定，做到"三明"，即设备型号明确、容量大小明确、使用部位明确。对所有临时电线一律不得乱拖乱拉。

⑤重点部位要重点监控。总承包每周组织一次大检查，各分包单位须派专人参加，检查结果在安全例会上进行通报。并要求各分包单位整改，对整改不到位的分包单位进行相应的处罚。

3）施工用地管理。

①现场场地的利用管理由总承包协调经理总负责，各分包单位进场前应将所需的用地面积报给总承包单位项目部，由总承包项目经理部根据现场实际情况以及各施工阶段的实际需要，合理规划各分包单位的材料堆场、仓库以及临时办公室。未经同意，任何分包单位不得随意占用其他分包单位的区域。如确需扩大材料堆放场地区域，必须以书面形式报告总承包单位，由总承包单位进行协调。

②为实现施工现场利用的有效管理，公司需在不同的施工阶段，实行不同的施工区域管理方法。各分包单位需严格执行施工区域管理办法。

4）交通运输管理。

①场内外运输车辆高峰期时，总承包将派一名管理员进行车辆的调度管理，避免车辆的无序进出、停放影响正常施工。各分包单位须服从管理。

②总承包单位将对项目部材料和设备进出场进行统一管理，各分包单位将进出场材料和设备数量和时间提前3~7d报总承包单位，以便总承包单位进行统一安排材料、机械设备进出场计划。

③现场路旁设置方向指示牌，方便车辆出入。

5）货物堆放定置管理。

随着工程的全面展开，大批货物将陆续进场。为了实施施工总平面图布置，高效有序地利用辅助施工面积，对货物堆放实行定置管理的办法。要求各分包单位货物进场的前3~7d，事先到总承包商处申请。货物到场时，由工地材料人员检验。货物进场后，分包商应在指定的地方卸货堆放，并在总包协调部的安排下，按时吊运到施工作业现场。

6）各施工阶段总平面布置管理。

①按施工分包合同和项目计划的要求，做好施工开工前的各项准备工作，制订施工现场的规划。

②总承包将根据施工进度和场地实际状况对总平面实施动态管理。

③总承包将根据施工总平面布置情况进行统一管理，各分包单位根据总平面布置安排各自临时场地的使用。

④各分包将对自己使用的场地进行责任管理，并委任1名管理人员与总承包单位进行对接。

⑤总承包单位将对各分包单位临时场地情况进行监督，并在例会上进行通报。对违规严重的分包单位将进行相应处罚。

7）临时防护设施管理。

①总承包在进行总平面布置时，遵循安全、高效的原则设置防护棚位置，并在搭设前报建设单位审批，经审批通过后方可进行搭设。

②搭设好防护棚和安全通道后，经监理和建设单位验收合格后方可投入使用。

③搭设好防护棚和安全通道后，移交各使用单位，签订使用责任书，并制定出防护棚和安全通道使用制度，现场安全文明施工检查时对其使用情况进行检查。

8）应急管理。

当现场发生事故时，总承包将启动应急预案，积极组织各分包单位参与救护管理，防止事故不良影响的扩大。

6. 项目试车管理

根据业主招标文件、总承包界区及工作内容来编制试车管理文件：单体试车方案编制；单体试车实施；空负荷联动试车方案编制（如总承包界区包含空负荷联动试车）；空负荷联动试车实施（如总承包界区包含空负荷联动试车）；配合业主编制热负荷试车方案；配合业主进行热负荷试车；配合业主进行性能考核。

7. 项目验收及移交管理

根据业主招标文件中验收及移交要求、公司对项目验收移交的相关文件及管理制度来编制项目验收及移交管理文件。境外项目的竣工验收与移交管理，需根据项目所在国相关法律法规、业主招标文件的要求（特别是所选用标准的要求）以及项目自身的特点来进行流程设计，最终作为专用条款的一部分，写入合同文本。

五、总承包管理目标

根据业主招标文件的要求，结合公司自身体系文件的要求，确定项目管理的进度目标、质量目标、HSE（或环境、健康及职业安全）目标等。

1. 进度目标

为保证工期，除合理制订工期计划外，要充分考虑各类影响工期的因素，施工准备工作尽可能提前进行，给施工预留充足的时间。同时要做好工期的控制，要预测各个环节对工期的影响并有应急保证措施。

（1）制订详细的施工计划。

为科学合理地安排施工先后次序以及充分说明工程施工计划安排情况，工程对施工进度计划的控制将采用多级计划管理体系，即：

1）一级总体控制计划。

表述各专业工程各阶段目标，提供给业主、监理设计和相关分承包商，实现对各专业工程计划实施监控及动态管理，是工程施工进度的总体控制目标。详见施工总体进度计划。

2）二级进度计划。

以专业工程的阶段目标为指导，分解成该专业工程的具体实施步骤，以达到满足一级总体控制计划的要求，便于对该专业工程进度进行组织、安排和落实，有效控制工程进度。各分包单位在施工前编制自身的二级进度计划，并报总包方，严格实施。

3）三级进度计划。

是以二级进度控制计划为依据，进一步分解二级进度控制计划，进行流水施工和交叉施工的计划安排，一般以月度计划的形式提供给业主、监理、分包及项目管理人员和作业班组，具体控制每一个分项工程在各个流水段的工序工期。三级计划将根据实际进展情况提前一周提供上月计划情况分析及下月计划安排。

4）周、日计划。

是以文本格式或横道图的形式表述的作业计划，计划管理人员随工程例会下发，并进行检查、分析和计划安排。保证每天工期计划得以落实。通过日计划保周计划、周计划保月计划、月计划保阶段计划、阶段计划保总体计划的控制手段，使阶段目标计划考核分解到每一周。所有计划管理均采用计算机进行严格的动态管理，从而不折不扣地实现预期的进度目标，达到控制工程进度的目标。

（2）进度计划的管理。

工程项目进度计划在工程建设的管理中起控制中心作用，在整个建设实施中起主导作用。加强工程进度计划的控制，重点要放在施工阶段的进度管理。根据工程总进度计划要求，必须采取以下措施来控制工程进度，并通过这些措施达到对工程进度的有效管理及确保总工期目标的实现。

编制进度计划时，必须将相应的资源配置、调配方案、资源需求时间纳入工期计划，以保证各项资源的按时到位。

当工期进度计划有偏差时，按局《工程风险分级预控管理办法》采取星级控制，项目必须立即制订纠偏方案，并严格按纠偏方案进行实施。

编制并优化施工组织总设计及单位工程和分部分项工程施工方案，所有制订的方案必须经由项目各部门评审后方可严格实施，从技术上保证工程施工的顺利进行。

认真审核和深刻理解体会总进度计划，重点审查：项目划分合理与否；施工顺序安排是否符合逻辑及施工程序；物资供应的均衡性是否满足要求；人力、物力、财力供应计划是否能确保总进度计划的实现。

将分包的施工纳入总包的统一管理之下，各分包的工期必须符合总包制订的工期计划，当有偏差时，向业主和分包提出索赔。

项目每周召开计划协调会和分包协调会，解决在工期计划执行过程中出现的问题，解决总包、分包之间的工序衔接、工作面移交、垂直运输等问题，保证工期的顺利实现。

项目每天下班前召开碰头会，对当天的进度执行情况进行检查，并安排第二天的工作。

工程施工的计划管理由工程部门负责，技术、物资、财务、经营、质量等部门配合。工程部对整个工程施工进度计划的执行情况进行检查、监督、督促，把执行情况定期向项目经理部汇报。

技术、质保部门根据工程进度计划，提前编制施工方案、各种技术文件资料和质量保证资料，及时上报监理审批。

物资部门应根据工程部门制订的月计划，及时编制物资、机械供应计划，并采取可靠措施，确保物资按期、保质供应。

财务部门应根据施工进度计划，制订资金使用计划，在确保工程按期施工的前提下，控制非生产性开支。

经营人员负责根据工程施工进度，编制劳动力供应计划，平衡劳动力，并与公司劳务部门及时联系，确保劳动力供应。

施工队是施工任务落实的基层组织，在项目部的指挥下，根据工程施工进度计划合理、有序地组织各种生产要素，确保工程按期施工。

工程施工进度计划的管理和控制，一方面实行节点控制，根据工程进度计划确定关键线路，确定工期节点，针对节点分析可能出现的不利因素，制订可靠的保证措施，确保控制点的实现。另一方面根据总的土建施工进度计划和阶段性施工进度计划制定月、周施工进度计划，以周保月，月保季可阶段计划，以阶段计划保总计划。

（3）影响工期的因素及应对措施。

1）气候对工期的影响及应对措施。

针对雨期施工的特点，采取如下措施：

在场区入口处及基坑周边设置排水沟，保证雨后积水迅速排完；

雨季时准备好充足的雨具，要做到阵雨不停，小雨大干的场面；

现场主要施工道路硬化，保证雨期施工时道路畅通无阻；

合理安排工期，争取在雨季前将基础施工完成，避免地基土受雨水浸泡。

现场设专人收集了解天气预报情况，对混凝土浇筑受雨水影响大的工序，避开雨天。

2）劳动力保证措施。

施工前，除确保现场的施工队伍外，同时选择好工程的备用班组，一旦现场出现劳动力短缺，可以随时补充现场劳动力数量，并在签订劳务合同时，明确劳动力数量及要求，要求作业队必须保证劳动力数量。

制订详细的劳动力进场计划，逐日检查落实，一经发现劳动力不足将会影响施工工期，立即下达整改单之外，催促分包组织劳动力进场。对严重影响施工进度的作业队及分包，采取清退或将部分工程安排其他队伍进行施工的方式，保证工程进度。

在节假日期间及农忙季节，为预防现场劳动力短缺，采取对劳务工人发放补贴或节日奖金的方式稳定现场工人的数量。

3）材料保证措施。

施工前提前做好材料供应计划，并落实好进场材料的运输路线，确保材料供应不受影响。

对于大宗材料，除同正式供应商签订供应合同外，同时选择1～2家备用供应商签订材料供应合同，一旦现场出现供应不及时的情况，立即启动材料供应的应急预案，确保现场不因材料供应而影响工期。

4）方案/设计变更保证措施。

对于施工过程中因使用功能改变等原因出现的方案及设计变更，在施工过程中，将加强与设计单位的密切配合，利用我公司过去成熟的施工经验对变更提出优化措施，从保证工期的角度提出合理化建议，确保不因现场出现设计变更而影响工期。

对于出现的设计变更，项目部及时组织设计变更的技术交底工作，保证设计变更及时传达到施工作业层，尽快组织实施。

5）资金安排及保证计划。

在工程开工前期根据总进度计划做好整个工程各阶段的详细资金预算，根据进度要求确保现金流连续均衡，不出现断链现象。

2．质量目标

全面贯彻 ISO 9001—2000《质量管理体系标准》，现场建立完善的质量保证体系，针对工程的特点，对施工全过程中与质量有关的全部职能活动进行管理和控制，使全体管理人员和员工按各自的质量职责承担起相应的质量责任。对特殊、关键部位和过程设置质量控制点。消除不合格品，提供满足顾客需求的产品。

（1）质量创优工作安排。

为实现工程的创优目标，在质量管理方面，做如下安排：

项目成立后，设置创优领导小组，全面负责创优工作，加强过程控制，保证工程验收一次通过。

积极与政府相关部门进行对接，上报创优策划，由政府质量监督部门对工程进行过程监督。

向质量监督部门上报质量创优计划表和创优策划方案，并在施工过程中，始终与政府部门做好沟通，请质量监督部门专家对创优工作进行培训和指导，在工程完工具备申报条件时，及时进行申报。

制订完善的各项管理文件、方案、措施，并严格在现场施工中贯彻落实，确保按方案进行施工。

加强过程质量控制，把施工管理禁令当成项目管理的基本要求，现场做好工序管理和过程控制，加强材料的选择与使用，加强成品保护。

加强工程重点、难点的施工方法研究与总结，保证工程的安全与质量。

结合工程设计，加强新技术、新材料、新工艺、新设备的应用。

实施样板制，各道工序在施工前必须先做样板，样板经验收合格后方可进行大面积施工。

实施公司标准化质量分册，并针对工程特点，对标准化手册进行深化，保证工程质量。

过程中设专人负责声像资料的收集以及工程资料的收集，严格按相关标准要求进行实施。

（2）成立质量创优领导小组。

为了实现创优管理目标，除建立质量管理组织机构，实行全员的质量管理外，项目将成立以项目经理为组长的质量创优领导小组，全面负责创优管理工作，抓好现场质量管理，并积极与质监站、业主、监理等沟通，取得支持，以确保创优目标的顺利实现。

为保证创优领导小组能够顺利开展各项工作，对创优领导小组成员职责分工见表 2-16。

表 2-16 创优领导小组成员职责分工

项目经理	工程创优目标实现的第一责任人，对工程创优目标的实现负有直接领导责任。支持项目质检部门的工作，给予质检部门现场施工的一票否决权。 对创优过程进行总体的策划，指导创优活动的实施，并定期召开质量分析会，确保工程质量始终处于受控状态。 负责工程创优过程的质量奖罚，建立相关责任人员的奖罚责任制，并监督执行
总工程师	具体负责创优方案的编制，保证各项创优措施在工程上得到运用落实。 负责组织审核各类技术方案，并确保方案的先进合理性，负责组织方案的实施。 调查研究各项新技术、新工艺，并积极组织运用到工程，积极推广建设部十项科技成果在工程的转化运用，提高工程的科技含量

质量经理	对现场施工质量负总体监督职责。 贯彻执行国家及地方的有关工程施工规范、工艺规程、质量标准,对现场施工质量按国家施工质量验收统一标准进行验收,确保项目总体质量目标和阶段质量目标的实现。 协助项目总工对接政府相关部门工作,负责与业主和监理工程师的质量协调。协助业主和监理工程师组织好竣工验收工作
项目副经理	负责施工过程的质量控制,对各分部分项的施工质量负有直接领导责任。 协调监督各分包单位的施工安排,保证各施工工序的合理性,负责作好现场的成品保护工作。 针对现场出现的质量问题,负责召开现场质量分析会,并监督各分包单位落实整改
质检部	深入现场,检查施工质量,并积极督促班组整改,直至满足规范要求。 对现场出现的质量通病,分析原因,找出解决办法,并督促班组执行。 对施工质量差、屡教不改的班组,清退出场。 积极参与现场开展的质量小组活动,对现场采用的新工艺、新技术督促落实、检查整改,并形成记录
技术部	管理好施工生产的质量与进度问题,负责文明施工的实施;负责办理设计变更和预算外施工签证,组织参与编制施工组织设计;负责执行和落实各项工程管理制度。 参加工程质量事故调查分析会,负责制订纠正和预防措施且跟踪检查纠正和预防措施实施情况
资料员	做好各种质量保证资料的收集、整理、复查,要做到资料的真实、完整、统一,与工程同步,符合评优及归档要求。 提高各类资料的制作水平,资料要完整,保证可追溯性,采用电脑打印,存电子版。 及时与物资部门及现场联系,对所有进场材料、成品、半成品按规定进行取样送检,保证资料的完整性
物资部	负责进场物资进场及防护工作,做好物资产品的标识,认真填写物资单,保管好各项质量记录。 按物资发放,检查验收物资的数量、质量,做到账物相符。 做好各种施工机具的维修保养,满足施工需要,确保工作及工程质量
商务经理	协同工程部负责办理设计变更和预算外施工签证。对工程造价要及时登账,上报业主,并积极与业主联系,促进预结算的审定,及时办理货币资金决算工作。 参加合同评审和各项成本分析及经济活动分析。及时组织好资金的运转,保证资金为工程服务
工程部	遵守各项技术管理制度和过程管理程序,保证不合格工序不进入下道工序,并对过程引起的质量问题负责。 具体执行产品标识管理及检验和试验状态管理。 对质量记录的正确性、完整性负责

3. 安全、文明施工目标

施工现场的安全文明施工管理是衡量项目部管理水平的第一窗口,为搞好施工现场的安全及文明施工,提高项目管理水平,逐步向规范化、制度化、标准化、精细化管理迈进。

工程安全、文明施工管理目标:实现施工组织设计中的安全设计和措施,控制劳动者、劳动手段和劳动对象,控制环境,实现安全目标,使人的行为安全、物的状态安全得到保障，杜绝环境危险源，整个工程期间杜绝死亡及重伤事故，轻伤事故频率不超过 0.3%。通过对施工现场中的质量、安全防护、安全用电、机械设备、技术、消防保卫、场容、卫生、环保、材料等各个方面的管理，创造良好的施工环境和施工秩序，特别是做好施工总平面的动态管理。达到安全生产、加快施工进度、保证工程质量、降低工程成本、提高社会效益，确保工程达到可供观瞻工地，创安全文明施工优良工地。

（1）安全、文明施工管理目标的实施。

为确保安全文明施工目标的顺利实现，主要从以下方面着手，打造可供观瞻的现场安全及文明工地：

对现场总平面进行详细策划，在地下室阶段，由于场地狭小，现场重点是做好基坑安全防护，按标准搭设临时通道和实施结构样板。在地下室完成后，重新对总平面进行详细布置，严格按照可供观瞻的要求，将现场总平面分区规划，分类堆码，各种车间、防护设施严格按照标准化手册的要求进行实施。

在施工过程中，积极与政府部门对接，请相关部门对现场进行指导，为实现安全文明工地和组织观瞻打下基础。

在施工过程中，加强总平面的控制和保持，设专人负责总平面和现场工完场清的维护，保证现场始终有一个良好的形象。

始终把现场安全文明施工和企业识别系统（CI）的实施结合在一起，创造良好的企业形象。

始终抓住标准化施工这条主线，在临时设施布置、场地平面布置、场容场貌、安全防护、质量管理等各方面，按照国家相关标准要求进行实施，确保现场整体形象和展示企业的良好形象。

（2）安全管理组织机构。

按照安全总体指导思想的要求，为了确保实现安全目标，在现场建立严密的安全管理组织机构，以形成严密的安全管理体系。项目经理为第一安全负责人，并亲自抓安全生产。建立公司总部、项目管理层、作业层三级安全管理网络，建立安全保障体系，制订安全保证措施，服从监理、业主的统一管理，确保施工人员安全与健康。

安全人员必须执证上岗，现场建立健全安全执法队，全权负责现场安全工作，充分给予安全生产的一票否决权，确保安全管理目标的全面实现。要求专职安全员具有行使安全管理的资格，精通安全操作规程，并能认真负责，严格执行安全管理条例。施工现场所有施工人员均有明确的安全职责，形成一个严密的安全保证体系，以做到"安全第一，预防为主"。

（3）项目主要人员的安全管理职责。

1）项目经理安全生产责任。

认真贯彻落实国家、政府有关安全生产的方针、政策、法规，及时传达落实中央及地方政府对当前安全生产的指标或会议精神。

对工程项目的安全生产负全面领导责任。

认真执行安全生产管理规章制度，确保项目安全生产和文明施工管理达标。

负责建立和完善工程项目安全生产组织体系，成立安全生产与文明施工领导小组（由技术、工程、安全负责人组成），并领导其有效运行。

定期召开工程项目安全生产与文明施工领导小组会议，认真研究与分析当前工程项目安全生产动态、特点，并对存在隐患采取有效措施进行整改以确保安全生产。

确保工程项目为安全生产所需经费的合理投入。

2）项目生产经理安全生产责任。

对项目的安全生产负直接领导责任。

组织工长及施工人员认真贯彻落实施工组织设计所规定的安全技术措施及台风、雨季施工安全技术措施。

负责组织有关人员对项目整体防护设施及重点防护设施进行验收。

每天组织安全总监（安全主管或安全员）及有关人员进行现场安全巡视；在日生产例会上应对当天施工现场存在的安全隐患制定有针对性的整改措施，并责成有关人员（安全总监、安全主管或安全员、工长及分包单位主要负责人）负责整改。

定期组织工程项目安全大检查，公布检查结果，奖优罚劣。

组织随时清理、定期清运施工作业场所、仓库、办公室等区域的施工、生活垃圾。

负责因工伤亡事故现场的保护、伤员抢救及协助事故调查、报告与处理。

3）项目总工程师安全生产责任。

主持编制项目施工组织设计及安全技术方案。

主持施工组织设计及安全技术方案交底。

对修改或变更的施工组织设计及安全技术方案进行重新审核与把关。

主持编制台风、雨季施工安全技术方案。

主持制订并审核重大安全隐患整改方案并指导实施。

参与对项目整体防护设施及重点部位防护进行验收。

参与因工伤或重大未遂事故的调查、分析与处理。

4）项目工程、技术部安全生产责任。

按照安全保证计划要求，对施工现场全过程进行控制，严格督促实施各工种的安全操作技术规范。

编制生产计划的同时编制安全计划和措施，在进行施工准备与现场布置时，必须贯彻安全文明施工要求，做到按程序、按计划指导施工。

有权拒绝不符合安全操作的施工任务，除及时制止外，有责任向项目主管经理汇报。在施工过程中，当生产与安全发生矛盾时，生产要服从安全。

生产计划会首先汇报安全情况，协调各施工队在现场安全生产方面出现的问题。

安排生产施工时，必须考虑安全生产的需要，对因指挥不当造成的伤亡事故，负指挥失误的责任。

发生工伤事故，应立即采取措施，并保护现场，迅速报告，对已发生的事故隐患落实整改，并向主管经理反馈整改情况。

编制施工组织设计，负责对安全难度系数大的施工操作方案进行优化。

组织编制相应的安全保障计划，对部门负责的安全体系要点进行监控，落实改进措施。

确定危险部位和过程，对风险较大和专业性强的工程项目组织安全技术论证，编制切实可行的安全技术措施。

在制订技术措施时，应将安全技术措施列为重点内容，制定操作规程时，应符合安全生产要求。

作出因工程项目的特殊性而补充的安全操作规程，选择或制订施工各阶段针对性安全技术交底文本。

5）项目安全部安全生产责任制。

宣传、贯彻、落实国家有关安全生产的方针、政策、法规及上级有关规定。协助项目经理组织推动施工中的安全管理工作。

贯彻安全保证计划中的各项安全技术措施、组织参与安全设施、施工用电、施工机械的验收。

监督、检查操作人员的遵章守纪。组织、参与安全技术交底，对施工全过程的安全管理工作。

掌握安全动态，发现事故苗头并及时采取预防措施。

制止违章作业，严格安全纪律，当安全与生产发生冲突时，有权制止冒险作业。

对进入现场使用的各种安全用品及机械设备，配合物资、设备部门进行验收检查工作。

协助上级部门的安全检查，如实汇报工程项目的安全状况。

负责建立职工安全档案，做好职工伤亡事故的统计及上报工作。

负责一般事故的调查、分析，提出处理意见，协助处理重大工伤、机械事故，并参与制订纠正和预防措施，防止事故再发生。

6）项目物资部安全生产责任制。

按照项目安全保障计划要求，组织各种资源的供应工作。

对供应商进行分析，建立合格供应商名录。

负责对合格供应商供应的安全防护用品的验收，取证，记录的工作，并做好验收状态标识，储藏保管好安全防护用品（具）。

负责对进场材料按场容标准化要求堆放，消除事故隐患。

对现场使用的脚手架、高凳、吊钩、安全网等安全设施和配件应保证质量，并定期检查和试验，对不合格和破损的，要及时进行更新替换。

对易燃、易爆物品进行重点保管。

7）项目财务部安全生产责任制。

根据企业实际情况及企业安全技术措施经费的需要，按计划及时提取安全技术措施经费、劳动保护经费及其他安全设置所需经费，保证专款专用。

按照国家相关对劳动保护用品的有关标准和规定，负责审查购置劳动保护用品的合法性，保证其符合标准。

协助安全主管部门办理安全奖、罚款的手续。

8）项目商务部安全生产责任制。

与分包单位（包括包工队）签订用工合同前，必须会同安全部门审查安全施工资质、安全施工许可证，不合格者严禁采用。

在签订承包合同前，必须同劳动人事部审查是否为工人办理意外伤害保险。

4. 消防保卫目标

遵守现场消防、保卫规定，严禁发生火灾、偷盗和丢失现象及施工成品破坏现象。

（1）火灾预防措施及监控。

不能随意在施工现场吸烟。

严格执行动火令。

绘制项目部消防设施布置图，并分别贴在施工区，生活区，办公区告知全体人员。

重点防火部位：油漆仓库旁有充足的消防设施，仓库四周应有不小于 3.5m 的平坦空地作为消防通道，通道上禁止堆放障碍物。

（2）响应措施。

发生火情后，在现场的负责人一边立即组织利用附近的消防设施灭火，一边报告应急小组长。

启动现场应急预案，立即指挥现场危险源控制组、伤员抢救组分工合作，取出灭火器和接通水源进行扑救，当火势较大，现场无力扑救时，立即拨打 119 火警。

伤员抢救组在现场附近的安全区域内设立临时医疗救护点，将伤员转移至空气流通的地方，采取简单的救护方法急救，并根据伤势情况向 120 求助。

安全疏散警戒组负责对现场及周围人员清点工作，并进行防护指导、人员疏散撤离，布置安全警戒，禁止无关人员和车辆进入危险区域，可能时进行周围物资转移等工作。

建筑物起火的 7min 内是灭火的最好时间，如超过这个时间，就要设法逃离火灾现场，依靠消防人员灭火。

（3）门卫管理制度。

保安员应坚守岗位，尽职尽责，现场实现封闭式管理。

将在大门设门禁系统，员工凭工作卡入场，禁止闲人出入。

严禁携带违禁物品、易燃易爆物品进入现场，如工程需要应具有项目管理人员签发的书面文件。

禁止个人携带零星材料出工地，出场材料应具有项目部签发的出场放行单，保安检查核对材料清单，无误后签名出场，并做好登记，放行单保安留存备案。

各施工单位消耗性材料进场，需填写《工程材料进场申报单》，卸放于项目安全部指定的堆放位置，按要求堆码。

谢绝未经邀请之单位、个人进工地参观，与工程无关的车辆禁止入现场停放。

各施工单位必须自觉遵守，禁止与保安人员争吵。

第五节 绿色建筑申报策划

绿色建筑的定义是在建筑的全寿命周期内，最大限度地节约资源（节能、节地、节水、节材）、保护环境和减少污染，为人们提供健康、适用和高效的使用空间，与自然和谐共生的建筑。

绿色建筑是实现"以人为本""人—建筑—自然"三者和谐统一的必要途径，是我国实施可持续发展战略的重要组成部分。我国绿色建筑的特征：三要素、四节一环保。

本书介绍的是争创"《绿色建筑评价标准》（GB/T 50378—2014）公共建筑类三星级"，是我国绿色建筑最高奖项。

创"公共建筑类三星级"工作要求见表 2-17。

表 2-17 　　　　　　　　　　创"公共建筑类三星级"工作要求

等级	一般项数（共43项）						优选项数（共14项）
	节地与室外环境（共6项）	节能与能源利用（共10项）	节水与水资源利用（共6项）	节材与材料资源利用（共8项）	室内环境质量（共6项）	运营管理（共7项）	
★	3	4	3	5	3	4	—
★★	4	6	4	6	4	5	6
★★★	5	8	5	7	5	6	10

一、创优申报

1. 申报条件

申报"《绿色建筑评价标准》（GB/T 50378—2014）公共建筑类三星级"的公共建筑应当通过工程质量验收并投入使用一年以上，未发生重大质量安全事故，无拖欠工资和工程款。符合国家基本建设程序和管理规定，以及相关的技术标准规范。

在节地与室外环境、节能与能源利用、节水与水资源利用、节材与材料资源利用、室内环境质量和运营管理等方面，综合效果明显的公共建筑。

总体规划、建筑设计、施工质量、物业管理等具有较高的水平。

2. 申报材料

申报单位应当提供真实、完整的申报材料，申报材料的内容和要求如下：

（1）《绿色建筑评价标识申报书》一式两份。

（2）工程项目总结报告一式两份。

（3）工程项目总结报告内容包括：

1）工程概况。包括项目的地理位置、工程投资、用地面积、建筑面积、建筑类型、结构形式、开发与建设周期、解决的主要技术问题等情况的说明。

2）技术总结。从设计、施工、运行等方面对节地与室外环境、节能与能源利用、节水与水资源利用、节材与材料资源利用、室外环境质量、运营管理等进行全面总结。

3）相关附件。工程验收材料，检测报告，企业资质（复印件）、申报项目的业主委员会或使用单位出具的用户意见。

4）所有申报材料均须另附光盘一份。

3. 申报程序

申报单位按"绿色建筑评价标准"的要求准备申报材料，并按照程序进行申报。

建设部受理申请后，负责对申报材料进行形式审查。

通过形式审查的项目，其申报单位须委托相关测评机构进行测评，并向建设部科技中心提交测评报告。

没有通过形式审查的项目，建设部科技中心应对其提出形式审查意见，申报单位可根据审查意见修改申报材料后，重新组织申报。

二、创优控制重点内容

1. 节地与室外环境

节地与室外环境创优主控点见表 2-18。

表 2 - 18　　　　　　　　　　　　节地与室外环境创优主控点

序号	类别	创优主控点
1	控制项	场地建设不破坏当地文物、自然水系、湿地、基本农田、森林和其他保护区
2		建筑场地选址无洪灾、泥石流及含氡土壤的威胁，建筑场地安全范围内无电磁辐射危害和火、爆、有毒物质等危险源
3		不对周边建筑物带来光污染，不影响周围居住建筑的日照要求
4		场地内无排放超标的污染源
5		施工过程中制订并实施保护环境的具体措施，控制由于施工引起各种污染以及对场地周边区域的影响
6	一般项	场地环境噪声符合现行国家标准《城市区域环境噪声标准》（GB 3096—2008）的规定
7		合理采用屋顶绿化、垂直绿化等方式
8		绿化物种选择适宜当地气候和土壤条件的乡土植物，且采用包含乔、灌木的复层绿化
9		场地交通组织合理，到达公共交通站点的步行距离不超过 500m
10		合理开发利用地下空间
11	优选项	室外透水地面面积比大于或等于 40%

2. 节能与能源利用

节能与能源利用创优主控点见表 2 - 19。

表 2 - 19　　　　　　　　　　　节能与能源利用创优主控点

序号	类别	创优主控点
1	控制项	围护结构热工性能指标符合现行国家和地方公共建筑节能标准的规定
2		空调采暖系统的冷热源机组能效比符合现行国家标准《公共建筑节能设计标准》（GB 50189—2015）第 5.4.5、5.4.8 条及第 5.4.9 条规定，锅炉热效率符合第 5.4.3 条规定
3		不采用电热锅炉、电热水器作为直接采暖和空气调节系统的热源
4		各房间或场所的照明功率密度值不高于现行国家标准《建筑照明设计标准》（GB 50034—2013）规定的现行值
5		新建的公共建筑，冷热源、输配系统和照明等各部分能耗进行独立分项计量
6	一般项	建筑总平面设计有利于冬季日照并避开冬季主导风向，夏季利于自然通风
7		建筑外窗可开启面积不小于外窗总面积的 30%，建筑幕墙具有可开启部分或设有通风换气装置
8		建筑外窗的气密性不低于现行国家标准《建筑外窗气密性能分级及其检测方法》（GB 7106—2008）规定的 4 级要求
9		全空气空调系统采取实现全新风运行或可调新风比的措施
10		建筑物处于部分冷热负荷时和仅部分空间使用时，采取有效措施节约通风空调系统能耗
11		采用节能设备与系统。通风空调系统风机的单位风量耗功率和冷热水系统的输送能效比符合现行国家标准《公共建筑节能设计标准》（GB 50189—2015）第 5.3.26、5.3.27 条的规定
12		选用余热或废热利用等方式提供建筑所需蒸汽或生活热水
13		改建和扩建的公共建筑，冷热源、输配系统和照明等各部分能耗进行独立分项计量

续表

序号	类别	创优主控点
14		建筑设计总能耗低于国家批准或备案的节能标准规定值的 80%
15	优选项	根据当地气候和自然资源条件，充分利用太阳能、地热能等可再生能源，可再生能源产生的热水量不低于建筑生活热水消耗量的 10%，或可再生能源发电量不低于建筑用电量的 2%
16		各房间或场所的照明功率密度值不高于现行国家标准《建筑照明设计标准》（GB 50034—2013）规定的目标值

3. 节水与水资源利用

节水与水资源利用创优主控点见表 2-20。

表 2-20　　　　　　　　　节水与水资源利用创优主控点

序号	类别	创优主控点
1		在方案、规划阶段制订水系统规划方案，统筹、综合利用各种水资源
2		设置合理、完善的供水、排水系统
3	控制项	采取有效措施避免管网漏损
4		建筑内卫生器具合理选用节水器具
5		使用非传统水源时，采取用水安全保障措施，且不对人体健康与周围环境产生不良影响
6		通过技术经济比较，合理确定雨水集蓄、处理及利用方案
7		绿化灌溉采取喷灌、微灌等节水高效灌溉方式
8	一般项	非饮用水采用再生水时，利用附近集中再生水厂的再生水；或通过技术经济比较，合理选择其他再生水水源和处理技术
9		按用途设置用水计量水表
10		办公楼建筑非传统水源利用率不低于 20%

4. 节材与材料资源利用

节材与材料资源利用创优主控点见表 2-21。

表 2-21　　　　　　　　　节材与材料资源利用创优主控点

序号	类别	创优主控点
1	控制项	建筑材料中有害物质含量符合现行国家标准 GB 18580～GB 18588 和《建筑材料放射性核素限量》（GB 6566—2010）的要求
2		建筑造型要素简约，无大量装饰性构件
3		施工现场 500km 以内生产的建筑材料重量占建筑材料总重量的 60% 以上
4		现浇混凝土采用预拌混凝土
5		建筑结构材料合理采用高性能混凝土、高强度钢
6	一般项	将建筑施工、旧建筑拆除和场地清理时产生的固体废弃物分类处理，并将其中可再利用材料、可再循环材料回收和再利用
7		在建筑设计选材时考虑使用材料的可再循环使用性能。在保证安全和不污染环境的情况下，可再循环材料使用重量占所用建筑材料总重量的 10% 以上

续表

序号	类别	创优主控点
8	一般项	土建与装修工程一体化设计施工,不破坏和拆除已有的建筑构件及设施,避免重复装修
9		办公类建筑室内采用灵活隔断,减少重新装修时的材料浪费和垃圾产生
10	优选项	采用资源消耗和环境影响小的建筑结构体系
11		可再利用建筑材料的使用率大于5%

5. 室内环境质量

室内环境质量创优主控点见表 2-22。

表 2-22　　　　　　　　　　　　室内环境质量创优主控点

序号	类别	创优主控点
1	控制项	采用集中空调的建筑,房间内的温度、湿度、风速等参数符合现行国家标准《公共建筑节能设计标准》(GB 50189—2015)中的设计计算要求
2		建筑围护结构内部和表面无结露、发霉现象
3		采用集中空调的建筑,新风量符合现行国家标准《公共建筑节能设计标准》.(GB 50189—2015)的设计要求
4		室内游离甲醛、苯、氨、氡和 TVOC 等空气污染物浓度符合现行国家标准《民用建筑工程室内环境污染控制规范》(GB 50325—2010)中的有关规定
5		办公建筑室内背景噪声符合现行国家标准《民用建筑隔声设计规范》(GB 50118—2010)中室内允许噪声标准中的二级要求
6		建筑室内照度、统一眩光值、一般显色指数等指标满足现行国家标准《建筑照明设计标准》(GB 50034—2013)中的有关要求
7	一般项	建筑设计和构造设计有促进自然通风的措施
8		室内采用调节方便、可提高人员舒适性的空调末端
9		建筑平面布局和空间功能安排合理,减少相邻空间的噪声干扰以及外界噪声对室内的影响
10		办公类建筑75%以上的主要功能空间室内采光系数满足现行国家标准《建筑采光设计标准》(GB 50033—2013)的要求
11		建筑入口和主要活动空间设有无障碍设施
12	优选项	采用可调节外遮阳,改善室内热环境
13		设置室内空气质量监控系统,保证健康舒适的室内环境
14		采用合理措施改善室内或地下空间的自然采光效果

6. 运营管理

运营管理创优主控点见表 2-23。

表 2-23 运营管理创优主控点

序号	类别	创优主控点
1	控制项	制订并实施节能、节水等资源节约与绿化管理制度
2		建筑运行过程中无不达标废气、废水排放
3		分类收集和处理废弃物，且收集和处理过程中无二次污染
4	一般项	建筑施工兼顾土方平衡和施工道路等设施在运营过程中的使用
5		物业管理部门通过 ISO 14001 环境管理体系认证
6		设备、管道的设置便于维修、改造和更换
7		对空调通风系统按照国家标准《空调通风系统清洗规范》（GB 19210—2013）规定进行定期检查和清洗
8		建筑智能化系统定位合理，信息网络系统功能完善
9		建筑通风、空调、照明等设备自动监控系统技术合理，系统高效运营
10	优选项	办公类建筑耗电、冷热量等实行计量收费
11		具有并实施资源管理激励机制，管理业绩与节约资源、提高经济效益挂钩

三、控制要点实施细则

1. 节地与室外环境

节地与室外环境控制要点实施细则见表 2-24。

表 2-24 节地与室外环境控制要点实施细则

序号	控制要点	实施细则	评价方法
1	场地建设不破坏当地文物、自然水系、湿地、基本农田、森林和其他保护区	建设过程中应尽可能维持原有场地的地形地貌。场地内有较高的生态价值的树木、水塘、水系，应根据国家相关规定予以保护。确实需要改造的，工程结束后需生态复原	审核场地地形图和文物局、园林局、旅游局或自然保护区管理部门的相关证明文件
2	建筑场地选址无洪灾、泥石流及含氡土壤的威胁，建筑场地安全范围内无电磁辐射危害和火、爆、有毒物质等危险源	（1）对用地的选址与水文状况做出分析，用地应位于洪水水位之上，防汛能力达到《防洪标准》（GB 50201—2014）的要求；充分考虑到泥石流、滑坡等自然灾害的应对措施。 （2）用地避开对建筑抗震不利地段，如地址断裂带、易液化土、人工填土等地段。 （3）冬季寒冷地区和多沙暴地区避开容易产生风切变的场址。 （4）选址周围土壤氡浓度符合国家《民用建筑工程室内环境污染控制规范》（GB 50325—2010）（2013 年版）的规定；对原有工业用地进行土壤化学污染检测和评估，满足国家相关标准。 （5）选址周围电磁辐射本底水平符合《电磁辐射防护规定》，远离电视广播发射塔、雷达站、通信发射台、变电站、高压电线等；同时远离油库、煤气站、有毒物质车间等有可能发生火灾、爆炸和毒气泄漏等的区域	审核场址检测报告及应对措施的合理性

序号	控制要点	实施细则	评价方法
3	不对周边建筑物带来光污染，不影响周围居住建筑的日照要求	（1）避免幕墙光污染：幕墙建筑的设计与选材合理，符合现行国家标准《玻璃幕墙光学性能》（GB 18091—2015）的要求。 （2）避免照明光污染：室外景观照明方案确保无直射光射入空中，限制溢出建筑物范围以外的光线。 （3）提供日照分析相关文档，证明不影响周边居住建筑的日照要求	图纸审查、日照分析报告及运行后的现场核查
4	场地内无排放超标的污染源	建设项目场地周围不应存在污染物排放超标的污染源，包括油烟未达标排放的厨房、车库、超标排放的燃煤锅炉房、垃圾站、垃圾处理厂及其他工业项目等	审核环评报告，并在运行后进行现场核实
5	施工过程中制订并实施保护环境的具体措施，控制由于施工引起各种污染以及对场地周边区域的影响	（1）施工组织提出行之有效的控制扬尘的技术路线和方案。 （2）识别各种污染和破坏因素对土壤可能产生的影响，提出避免、消除、减轻土壤侵蚀和污染的对策与措施。 （3）施工工程污水、食堂污水、厕所污水分别经处理后达标排放，符合《污水综合排放标准》（GB 8978—2006）。 （4）严格按照规定时段施工，采取有效降噪措施，建筑施工噪声符合《建筑施工场界噪声限值》（GB 12523—2011）要求。 （5）采用适当的照明方式和技术，避免电焊及夜间作业照明对周边环境造成光污染。 （6）合理布置现场大型机械设施，避免对周围区域产生有害干扰；施工现场设置围挡，采取措施保障施工场地周边人群、设施的安全	审核施工过程控制的有关文档
6	场地环境噪声符合现行国家标准《城市区域环境噪声标准》GB 3096 的规定	通过规划设计采取适当的隔离或降噪措施。场地环境噪声满足标准则判定该项达标	审查环评报告及运行后的现场检测报告
7	合理采用屋顶绿化、垂直绿化等方式	屋顶绿化面积占绿化总面积的比例达到30%以上，这样既能增加绿化面积，提高绿化在二氧化碳固定方面的作用，改善屋顶和墙壁的保温隔热效果，又可以节约土地	审核建筑设计和景观设计文档并现场核实
8	绿化物种选择适宜当地气候和土壤条件的乡土植物，且采用包含乔、灌木的复层绿化	（1）选择适宜当地气候和土壤条件的物种，植物成活率95%以上。 （2）采用包含乔、灌木的复层绿化	审核规划设计或景观设计文档并现场核实
9	场地交通组织合理，到达公共交通站点的步行距离不超过500m	（1）合理布置交通系统，主要出入口距临近公交站点距离不大于500m。 （2）主要出入口500m内的公共交通线路条数不小于2条	审核场地的道路组织和周边交通状况
10	合理开发利用地下空间	地下空间建筑面积之比不小于15%，并处理好地下入口与地上的有机联系、通风及防渗漏等问题，同时采用适当的手段实现节能	审核规划设计方案中地下空间的规模和功能的合理性

序号	控制要点	实施细则	评价方法
11	室外透水地面积不大于或等于 40%	自然裸露地、公共绿地、绿化地面和面积大于或等于 40% 的镂空铺地（如植草砖）	审核场址设计方案中透水地面设计及现场核实

2. 节能与能源利用

节能与能源利用控制要点实施细则见表 2-25。

表 2-25   节能与能源利用控制要点实施细则

序号	控制要点	实施细则	评价方法
1	围护结构热工性能指标符合现行国家和地方公共建筑节能标准的规定	严格按照现行国家和地方节能设计标准中的规定性指标进行外墙、屋面、窗墙比、外窗及遮阳等设计与选择。若单个部件无法全部满足现行节能标准要求时，应根据权衡判断法进行围护结构节能设计	审核有关设计文档和现场核实
2	空调采暖系统的冷热源机组能效比符合现行国家标准《公共建筑节能设计标准》(GB 50189—2015) 第 5.4.5、5.4.8 条及第 5.4.9 条规定，锅炉热效率符合第 5.4.3 条规定	(1) 对照国家标准《冷水机组能效限定值及能源效率等级》(GB 19577—2015) 中"表 2 能源效率等级指标"，活塞/涡旋式采用第 5 级，水冷离心式采用第 3 级，螺杆机采用第 4 级。 (2) 单元式空调机名义制冷量时能效比 (EER) 值，采用国家标准《单元式空气调节机能效限定值及能源效率等级》(GB 19576—2004) 中"表 2 能源效率等级指标"第 4 级	审核有关设计文档
3	不采用电热锅炉、电热水器作为直接采暖和空气调节系统的热源	严格限制"高质低用"的能源转换利用方式，高品位的电能不可直接用于转换低品位的热能进行采暖或空调	审核有关设计文档并现场核实
4	各房间或场所的照明功率密度值不高于现行国家标准《建筑照明设计标准》(GB 50034—2013) 规定的现行值	应选用发光效率高、显色性好、使用寿命长、色温适宜并符合环保要求的光源，在满足眩光限制和配光要求条件下，应采用效率高的灯具，灯具效产满足《建筑照明设计标准》(GB 50034—2013) 表 3.3.2 的规定	审核建筑照明相关的设计文档
5	新建的公共建筑，冷热源、输配系统和照明等各部分能耗进行独立分项计量	新建公共建筑安装分项计量装置，对建筑内各耗能环节如冷热源、输配系统、照明、办公设备和热水能耗等实现独立分项计量，物业有定期记录	审核有关设计文档并现场核实
6	建筑总平面设计有利于冬季日照并避开冬季主导风向，夏季利于自然通风	(1) 选择当地适宜方向作为建筑朝向，建筑总平面设计综合考虑日照、通风与采光。 (2) 采用计算机模拟技术设计与优化自然采光与自然通风效果	审核有关设计文档
7	建筑外窗可开启面积不小于外窗总面积的 30%，建筑幕墙具有可开启部分或设有通风换气装置	(1) 建筑外窗可开启面积不小于外窗总面积的 50%，建筑幕墙的可开启部分不小于幕墙总面积的 15%。 (2) 建筑外窗可开启面积不小于外窗总面积的 40%，建筑幕墙的可开启部分不小于幕墙总面积的 10%。 (3) 建筑外窗可开启面积不小于外窗总面积的 30%，建筑幕墙具有可开启部分或设有通风换气装置	审核有关设计文档

续表

序号	控制要点	实施细则	评价方法
8	建筑外窗的气密性不低于现行国家标准《建筑外窗气密性能分级及其检测方法》GB 7107 规定的 4 级要求	所有建筑外窗气密性满足国家标准《建筑外窗气密性能分级及其检测方法》(GB 7106—2008) 规定的 4 级要求	依据设计文档审核外窗产品的检测检验报告
9	全空气空调系统采取实现全新风运行或可调新风比的措施	(1) 新风取风口和新风管所需的截面积设计合理，设计新风比可调。 (2) 实际运行中实现了过渡季节全新风运行或增大了新风量的比例	审核有关设计文档和使用说明
10	建筑物处于部分冷热负荷时和仅部分空间使用时，采取有效措施节约通风空调系统能耗	(1) 区分房间的朝向，细分空调区域，实现空调系统分区控制。 (2) 根据负荷变化实现制冷（热）量调节，空调冷热源机组的部分负荷性能系数 (IPLV) 满足《公共建筑节能设计标准》(GB 50189—2015) 的规定。 (3) 水系统采用变流量运行或全空气系统采用变风量控制	审核有关设计文档，并对系统实际运行情况进行调查
11	采用节能设备与系统。通风空调系统风机的单位风量耗功率和冷热水系统的输送能效比符合现行国家标准《公共建筑节能设计标准》(GB 50189—2015) 第 5.3.26、5.3.27 条的规定	(1) 风机的单位风量耗功率符合《公共建筑节能设计标准》(GB 50189—2015) 第 5.3.26 条的规定。冷热水系统的输送能效比符合《公共建筑节能设计标准》(GB 50189—2015) 第 5.3.27 条的规定。 (2) 采用节能型电梯	审核有关设计文档，并对系统实际运行情况进行调查
12	选用余热或废热利用等方式提供建筑所需蒸汽或生活热水	对于有稳定热需求并达到一定规模的公共建筑应充分利用废热余热。利用热泵或空调的余热以及其他废热供应生活热水	审核有关设计文档，并对系统实际运行情况进行调查
13	改建和扩建的公共建筑，冷热源、输配系统和照明各部分能耗进行独立分项计量	对空调冷热源、输配系统、照明等各部分能耗进行独立分项计量。对非电能源也能实现按主要用途分项、定时计量	审核有关设计文档，并查阅物业运行记录
14	建筑设计总能耗低于国家批准或备案的节能标准规定值的 80%	采用新型建筑构件和其他节能技术，并改善建筑用能系统效率，提高节能效果	审核有关设计文档
15	各房间或场所的照明功率密度值不高于现行国家标准《建筑照明设计标准》(GB 50034—2013) 规定的目标值	采用自动控制照明方式	审核有关设计文档并现场核实

3. 节水与水资源利用

节水与水资源利用控制要点实施细则见表 2-26。

表 2-26 节水与水资源利用控制要点实施细则

序号	控制要点	实施细则	评价方法
1	在方案、规划阶段制订水系统规划方案，统筹、综合利用各种水资源	（1）根据不同水资源状况、气候特征的地区和不同的建筑类型，以及低质低用，高质高用的用水原则对用水水量和水质进行估算与评价。提出合理用水分配计划、水质和水量保证方案。 （2）水系统规划方案包括用水定额的确定、用水量估算及水量平衡、给排水系统设计、节水器具与非传统水源利用等内容	审核建筑水（环境）系统规划方案或报告
2	设置合理、完善的供水、排水系统	（1）公共建筑给水排水系统的规划设计符合《建筑给水排水设计规范》（GB 50015—2009）等的规定。 （2）管材、管道附件及设备等供水设施的选取和运行不对供水造成二次污染，优先采用节能的供水系统。 （3）设有完善的污水收集和污水排放等设施。 （4）根据地形、地貌等特点合理规划雨水排放渠道、渗透途径或收集回用途径，保证排水渠道畅通，实行雨污分流	查阅设计文档，并针对供水、排水水质查阅监测报告或运行数据报告
3	采取有效措施避免管网漏损	（1）选用高效低耗的设备如变频供水设备、高效水泵等。 （2）采用管道涂衬、管内衬软管、管内套管道等以及选用性能高的阀门、零泄漏阀门等措施避免管道渗漏	查阅图纸、设计说明书等并现场核实
4	建筑内卫生器具合理选用节水器具	卫生器具应采用节水器具	查阅设计文档、产品说明及现场核实
5	使用非传统水源时，采取用水安全保障措施，且不对人体健康与周围环境产生不良影响	（1）雨水、再生水等非传统水源在储存、输配等过程中要有足够的消毒杀菌能力，且水质不会被污染，以保障水质安全。供水系统应设有备用水源、溢流装置及相关切换设施等，以保障水量安全。雨水、再生水等在整个处理、储存、输配等环节中要采取一定的安全防护和监（检）测控制措施。 （2）景观水体采用雨水、再生水时，在水景规划及设计阶段应将水景设计和水质安全保障措施结合起来考虑	查阅图纸、设计说明书及现场核实
6	通过技术经济比较，合理确定雨水集蓄、处理及利用方案	（1）采用了雨水入渗等技术设施。 （2）采用了雨水收集回用系统	查阅设计图纸及现场核实
7	绿化灌溉采取喷灌、微灌等节水高效灌溉方式	采用滴灌、微喷灌、渗灌、管灌、喷灌	现场核实
8	非饮用水采用再生水时，利用附近集中再生水厂的再生水，或通过技术经济比较，合理选择其他再生水水源和处理技术	优先选用市政再生水设置建筑中水设施时，采用地埋式或封闭式设施。建筑内污水处理选用经济、适用的成熟处理工艺及安全可靠的消毒技术	查阅规划设计图纸、设计说明书等

续表

序号	控制要点	实施细则	评价方法
9	按用途设置用水计量水表	对厨卫用水、绿化景观用水等分别统计用水量,以便统计各种用途的用水量和漏水量	审核设计图纸并现场核实
10	办公楼建筑非传统水源利用率不低于20%		查阅设计说明书以及运行数据报告(用水量记录报告)等

4. 节材与材料资源利用

节材与材料资源利用控制要点实施细则见表2-27。

表2-27　　　　　　　节材与材料资源利用控制要点实施细则

序号	控制要点	实施细则	评价方法
1	建筑材料中有害物质含量符合现行国家标准GB 18580～GB 18588和《建筑材料放射性核素限量》(GB 6566—2010)的要求	严禁使用国家及当地建设主管部门向社会公布限制、禁止使用的建筑材料及制品	查阅由具有资质的第三方检验机构出具的产品检验报告
2	建筑造型要素简约,无大量装饰性构件	在设计中减少没有功能作用的装饰性构件的大量应用	查阅设计图纸及现场核实
3	施工现场500km以内生产的建筑材料重量占建筑材料总重量的60%以上	工程决算材料清单中所显示的施工现场500km以内生产的建筑材料重量占建筑材料总重量的比例 $a>60\%$,得分则判定为达标	查阅工程决算材料清单(包含材料生产厂家的名称、地址)
4	现浇混凝土采用预拌混凝土	现场按设计要求现浇混凝土全部采用预拌混凝土	查阅施工单位提供的混凝土工程总用量清单及混凝土搅拌站提供的预拌混凝土供货单中预拌混凝土使用量
5	建筑结构材料合理采用高性能混凝土、高强度钢	钢筋混凝土主体结构使用HRB400级(或以上)钢筋作为主筋占主筋总量的70%以上;混凝土承重结构中采用强度等级为C50(或以上)混凝土用量占承重结构中混凝土总量的比例超过70%。 高耐久性的高性能混凝土(以具有资质的第三方检验机构出具的、有耐久性合格指标的混凝土检验报告单为依据)用量占混凝土总量的比例超过50%	查阅材料决算清单、施工记录以及混凝土检验报告(含耐久性指标)

序号	控制要点	实施细则	评价方法
6	将建筑施工、旧建筑拆除和场地清理时产生的固体废弃物分类处理,并将其中可再利用材料、可再循环材料回收和再利用	施工单位制订专项建筑施工废物管理计划,采取拆毁、废品折价处理和回收利用的措施(包括废物统计,提供废物回收、折价处理和再利用的费用等内容)。固废分类处理,并且可再利用、可循环材料的回收利用率 $b \geqslant 30\%$,同时满足以上要求,则判定该项达标	查阅建筑施工废弃物管理规划和施工现场废弃物回收利用记录
7	在建筑设计选材时考虑使用材料的可再循环使用性能。在保证安全和不污染环境的情况下,可再循环材料使用重量占所用建筑材料总重量的 10%以上	在选取购买建筑设计时考虑使用材料的可再循环使用性能,检查其性能检测报告。对材料进行统计,检查可再循环材料使用重量在总重量中的占比	查阅工程决算材料清单中有关材料的使用量
8	土建与装修工程一体化设计施工,不破坏和拆除已有的建筑构件及设施,避免重复装修	土建与装修工程一体化设计施工则判定该项达标	查阅施工监理方出具的土建与装修一体化证明材料,必要时应该核查施工图以及施工的实际工作量清单
9	办公类建筑室内采用灵活隔断,减少重新装修时的材料浪费和垃圾产生	可变换功能的室内空间,30%以上采用灵活隔断	现场核实
10	采用资源消耗和环境影响小的建筑结构体系	如钢结构、砌体结构、木结构等	查阅设计文件
11	可再利用建筑材料的使用率大于 5%	砌块、砖石、管道、板材、木地板、木制品(门窗)、钢材、钢筋、部分装饰材料等	查阅工程决算材料清单中有关材料的使用数量

5. 室内环境质量

室内环境质量控制要点实施细则见表 2-28。

表 2-28　　　　　　　　　　室内环境质量控制要点实施细则

序号	控制要点	实施细则	评价方法
1	采用集中空调的建筑,房间内的温度、湿度、风速等参数符合现行国家标准《公共建筑节能设计标准》GB 50189 中的设计计算要求	对于采用集中空调的建筑,严格控制房间内的温度、湿度、风速等参数,确保其测试值符合现行国家标准《公共建筑节能设计标准》(GB 50189—2015)中的设计要求	查阅建筑房间内温度、湿度和风速的现场检测报告

续表

序号	控制要点	实施细则	评价方法
2	建筑围护结构内部和表面无结露、发霉现象	（1）采取合理的保温隔热措施，减少围护结构热桥部位的传热损失，防止外墙和外窗等外围护结构内表面温度低于室内空气露点温度，避免表面结露和发霉。 （2）在室内使用辐射型空调末端时，需注意水温的控制；送入室内的新风应具有消除室内湿负荷的能力，或配有除湿机，避免表面结露	审核外围护结构结点构造图、热工计算书和系统设计资料，并现场观察
3	采用集中空调的建筑，新风量符合现行国家标准《公共建筑节能设计标准》(GB 50189—2015) 的设计要求	对于采用集中空调的建筑，严格控制其新风量，确保其测试值符合现行国家标准《公共建筑节能设计标准》(GB 50189—2015) 的设计要求	查阅设计说明及现场检测报告
4	室内游离甲醛、苯、氨、氡和 TVOC 等空气污染物浓度符合现行国家标准《民用建筑工程室内环境污染控制规范》(GB 50325—2010) 中的有关规定	严格监控室内游离甲醛、苯、氨、氡和 TVOC 等空气污染物浓度，确保其符合现行国家标准《民用建筑工程室内环境污染控制规范》(GB 50325—2010) 中的有关规定	查阅由具有资质的第三方检验机构出具的检测报告
5	办公建筑室内背景噪声符合现行国家标准《民用建筑隔声设计规范》(GB 50118—2010) 中室内允许噪声标准中的二级要求	《民用建筑隔声设计规范》(GB 50118—2010) 中对办公类建筑室内允许噪声级提出了标准要求	审核现场检测报告
6	建筑室内照度、统一眩光值、一般显色指数等指标满足现行国家标准《建筑照明设计标准》(GB 50034—2013) 中的有关要求	公共建筑的室内照度、统一眩光值、一般显色指数要满足《建筑照明设计标准》(GB 50034—2013) 中 5.2 节的有关规定	审核现场检测报告
7	建筑设计和构造设计有促进自然通风的措施	（1）建筑总平面布局和建筑朝向有利于夏季和过渡季节自然通风。 （2）建筑单体采用诱导气流方式，如导风墙和拔风井等，促进建筑内自然通风。 （3）采用数值模拟技术定量分析风压和热压作用在不同区域的通风效果，综合比较不同建筑设计及构造设计方案，确定最优自然通风系统设计方案	审核设计图纸和通风模拟报告
8	室内采用调节方便、可提高人员舒适性的空调末端	（1）主要功能房间采用能独立开启的空调末端。 （2）主要功能房间采用能进行温湿度调节的空调末端。 （3）主要功能房间采用能独立湿度调节的空调末端	审核设计图纸和现场核实
9	建筑平面布局和空间功能安排合理，减少相邻空间的噪声干扰以及外界噪声对室内的影响	（1）合理布置可能引起振动和噪声的设备，并采取有效的减振和隔声措施。 （2）噪声敏感的房间应远离室内外噪声源	审核设计图纸和现场考核

续表

序号	控制要点	实施细则	评价方法
10	办公类建筑 75％以上的主要功能空间室内采光系数满足现行国家标准《建筑采光设计标准》（GB 50033—2013）的要求	（1）80％以上主要功能空间采光系数满足国家标准，采光均匀度好，无眩光。 （2）75％以上主要功能空间采光系数满足国家标准	审核设计图纸和相关分析或检测报告
11	建筑入口和主要活动空间设有无障碍设施	（1）《城市道路与建筑物无障碍设计规范》（JGJ 50—2001）中规定的设计部位均设有无障碍设施。 （2）无障碍设计符合《城市道路与建筑物无障碍设计规范》（JGJ 50—2001）的要求	现场考核
12	采用可调节外遮阳，改善室内热环境	采用可调节外遮阳措施时需要考虑与建筑的一体化，并综合比较遮阳效果、自然采光和视觉影响等因素。外遮阳系统能根据太阳方位角和高度角进行自动调节，并同时采用增强自然采光等措施	审核设计资料和现场核实
13	设置室内空气质量监控系统，保证健康舒适的室内环境	在主要功能房间，利用传感器对室内主要位置的二氧化碳和空气污染物浓度进行数据采集，将所采集的有关信息传输至计算机或监控平台，进行数据存储、分析和统计，二氧化碳和污染物浓度超标时能实现实时报警；检测进、排风设备的工作状态，并与室内空气污染监控系统关联，实现自动通风调节	审核设计资料并现场核实
14	采用合理措施改善室内或地下空间的自然采光效果	采用反光板、棱镜玻璃窗等简单措施，还可以采用导光管、光纤等先进的自然采光技术将室外的自然光引入室内，改善室内照明质量和自然光利用效果，75％的室内空间采光系数大于 2％，应有防眩光措施	审核设计图纸并进行现场核实

6. 运营管理

运营管理控制要点实施细则见表 2-29。

表 2-29　　　　　　　　运营管理控制要点实施细则

序号	控制要点	实施细则	评价方法
1	制订并实施节能、节水等资源节约与绿化管理制度	（1）制订并实施包括节能管理模式、收费模式等节能管理制度。 （2）制订并实施包括梯级用水原则和节水方案等节水管理制度。 （3）制订并实施包括建筑、设备、系统的维护制度和耗材管理制度。 （4）制订并实施包括绿化用水的使用及计量、各种杀虫剂、除草剂、化肥、农药等化学药品的规范使用等绿化管理制度	查阅物业管理公司的管理文档、日常管理记录并现场考察

续表

序号	控制要点	实施细则	评价方法
2	建筑运行过程中无不达标废气、废水排放	对厨房、垃圾房、设备机房等易产生废水、废气之处，采用了先进的设备和材料或其他方式对排放进行处理，并结合排放管理手段，杜绝建筑运营过程中废水和废气的不达标排放	校对项目的环评报告并现场考察
3	分类收集和处理废弃物，且收集和处理过程中无二次污染	（1）根据建筑垃圾的来源、可否回用性质、处理难易度等进行分类，将其中可再利用或可再生的材料进行有效回收处理。 （2）收集和处理过程中不对环境造成二次污染	审核物业的废弃物管理措施并现场核实
4	建筑施工兼顾土方平衡和施工道路等设施在运营过程中的使用	（1）施工中挖出的弃土回填利用，基本满足土方量挖填平衡，或对邻近施工场地间的土方资源进行合理调配。 （2）收集和利用施工场地内土质良好的表面耕植土。 （3）施工道路和建成后运营道路保持延续性，考虑了临时设施在建筑运营中的应用	审核施工报告，并现场考察
5	物业管理部门通过 ISO 14001 环境管理体系认证	物业管理部门通过 ISO 14001 质量管理体系，得分则判定为达标	查看物业管理公司的资质证书
6	设备、管道的设置便于维修、改造和更换	（1）管井设置在公共部位。 （2）具有公共使用功能的设备和管道设置在公共部位。 （3）采用其他便于维修和改造的措施	查阅有关设备、管道的设计文件并现场核实
7	对空调通风系统按照国家标准《空调通风系统清洗规范》（GB 19210—2003）规定进行定期检查和清洗	（1）空调系统开启前，对系统的过滤器、表冷器、加热器、加湿器、冷凝水盘按照规定进行了全面检查、清洗或更换。 （2）通风空调系统运行过程中，进行定期卫生检查和部件清洁，并保留记录	审核物业管理措施和维护记录
8	建筑智能化系统定位合理，信息网络系统功能完善	（1）建筑智能化系统定位合理，设置合理完善的信息网络系统。 （2）建筑智能化系统功能完善，运行安全可靠	审查建筑信息网络系统设计文档及运行记录
9	建筑通风、空调、照明等设备自动监控系统技术合理，系统高效运营	（1）设置空调系统、通风设备、环境参数的定期自动监测和记录系统。 （2）空调通风系统设置根据负荷变化而调节的自动控制系统，且运行正常。 （3）公共区域照明系统设置自动调节系统且运行正常	查阅设备自控系统设计文档并现场核实
10	办公类建筑耗电、冷热量等实行计量收费	建筑物空调通风系统、照明系统、其他动力用能系统设置用能分项计量装置，并运行正常。 空调系统的冷热源、水泵风机输配系统等设置用能分项计量装置，并运行正常。 建筑物内不同区域设置用能分项计量装置，且根据计量结果进行收费	审核物业管理措施，并抽查物业管理合同

序号	控制要点	实施细则	评价方法
11	具有并实施资源管理激励机制，管理业绩与节约资源、提高经济效益挂钩	采用合同能源管理、绩效考核等方式，使得物业的经济效益与建筑用能效率、耗水量等直接挂钩。得分则判定该项达标	运行阶段审查业主和租用者以及管理企业之间的合同

四、创优资料的整理及制作

创优资料的整理及制作内容见表 2 - 30。

表 2 - 30 　　　　　　　　　　创优资料的整理及制作内容

序号	项目	内容
1	节地与室外环境	场地地形图、环境影响评价报告。 总平面规划设计图、设计说明书、绿化设计图。 日照模拟分析报告、热岛模拟预测分析报告。 施工过程控制文档（项目编写的环境保护计划书、实施记录文件、环境保护结果自评报告、当地环保或建设等管理部门对环境影响因子排放评价达标证明）。 场地环境噪声测评报告、风环境模拟预测分析和实测报告
2	节能与能源利用	建筑节能设计文件（含节能计算书、图纸、说明书）。 集中采暖与空调系统竣工图和设计说明书。 建筑照明设计文件及图纸。 可再生能源系统设计文件及图纸。 节能工程施工验收报告
3	节水与水资源利用	建筑给排水系统规划方案、竣工图和设计说明书。 非传统水源利用方案以及运行资料（包括可行性研究报告、设计、计算说明、运行实测报告等）
4	节材与材料资源利用	室内主要装饰装修材料的检测报告。 工程决算材料清单（材料种类、数量、重量）。 建筑施工废物管理规划文件、施工现场废弃物回收利用记录。 混凝土及建筑砂浆工程总用量清单、供货单中的预拌混凝土及商品砂浆采购使用量清单
5	室内环境质量	室内空气质量、声光热环境测试报告、新风量测试报告。 外围护结构节点构造图和热工计算书
6	运营管理	物业管理公司有关节约资源、保护环境的管理文件。 智能化系统验收报告。 ISO 14001 环境管理体系认证证书

注：上述要求的设计文件、图纸、技术书、竣工图等，只需提供与绿色建筑评价内容相关的资料。

第六节　境外总承包项目实施策划

境外项目除前面内容外，还受自然环境、所在国法律法规、物流、基础建设等条件等影响，存在较大不确定因素，而这些不确定性因素对项目的报价及实施有直接影响。因此，在项目实施策划阶段，应根据现场踏勘搜集的资料，按图 2-11 内容进行项目实施策划。

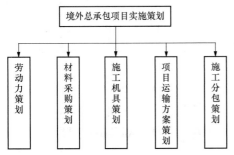

图 2-11　境外总承包项目实施策划

一、劳动力策划

1. 源选择

境外项目建设期所需劳动力来源分三类：第一类，来自项目所在国当地；第二类，来自中国国内；第三类，来自项目所在国和中国以外的第三方国家。劳动力来源的选择主要受项目所在国相关法律法规、国情、国民素质几大因素制约。

（1）对于本地劳动力不足，外来劳工政策比较宽松，当地劳动力成本较高的国家（如俄罗斯），首选中国工人，由施工分包商从国内带工人到项目所在地作业；在施工高峰期，可就近从第三方国家引入劳动力来进行补充。

（2）对于本地劳动力富余但素质比较低下，外来劳工政策比较严格的国家（如印度尼西亚、几内亚），一般工种首选当地工人，对于有特殊要求的工种（如筑炉工），则从国内施工单位引进经验丰富的工人到现场作业。

（3）对于有多种劳动力来源选择方案的，需进行劳动力方案比选，从成本、作业素质、管理难易度综合考虑。一般情况下，土建技术工种（钢筋工、木工、筑炉工、水电工、焊工等）和安装作业工种优先选择国内的工人，其他杂工在项目所在国就地招聘，并委托有经验的中国工头进行管理和培训（如具备条件）。

2. 劳动力进场计划

劳动力进场计划需根据项目规模、劳动力来源、项目网络计划来编制：项目规模；劳动力来源；项目网络计划。最终根据进场计划，编制项目劳动力柱状分布图。

二、材料采购策划

建设期所需要的材料来源渠道分为三类：第一类，在项目所在国采购；第二类，从中国国内采购，海运＋陆运运至施工现场；第三类，从项目所在国及中国以外的第三国就近采购，并运至项目现场。

材料来源的选择主要受以下因素的影响：

（1）设计标准的选择。

对于业主在招标文件或其他文件中明确使用非中国标准的项目，如项目所在国有较成熟的原材料市场，尽量考虑在就地采购基材（水泥、砂石、混凝土、钢筋等），以避免因材料选型不符合设计标准而导致项目无法交工的风险（如俄铝塔山项目）。

（2）项目所在国工业、贸易发达程度。

项目所在国工业和贸易发达，工业产品和原材料市场化程度较高的，尽量考虑就地采购基材；如项目所在国基础工业水平低，工业产品和原材料市场化程度低的，则应考虑就近从第三方采购，或者直接从中国国内采购后，运输至现场。

（3）项目所在国相关的法律法规及政策。

与材料来源相关的法律法规主要有两类：第一类，项目所在国进口、关税方面的法律法规；第二类，环保、资源类法律法规。在项目策划时，需根据相应的法规来制定材料供应计划，如对原材料进口有惩罚性关税措施的国家，应尽量考虑在当地采购。

三、施工机具策划

（1）来源选择。

建设期所需要的施工机具来源渠道分三类：第一类，在项目所在国租赁（或采购）；第二类，从中国国内租赁（或采购），海运＋陆运运至施工现场；第三类，从项目所在国及中国以外的第三国就近租赁（采购）并运至项目现场。

（2）施工机具清单。

对于选择从国内采购施工机具运输至现场的项目，还应该编制施工机具清单，清单中包含机具名称、型号、厂家、数量、体积、重量等参数，为项目物流策划及报价提供依据。

四、项目运输方案策划

（1）运输物品清单。

运输物品清单应包括三部分：从国内采购的设备、材料的数量、重量及体积；从国内采购的施工机具数量、重量及体积；从第三国引进的设备、材料数量、重量及体积。

（2）运输路线。

运输路线的选择需从三个方面考虑：国内集散地、出发港的选择；海上运输路线的选择；从港口到项目所在地物流路线的选择。

（3）物流分包策划。

确定所需要运输的物品清单（包括数量、重量、体积）；确定物流路线；邀请一定数量的物流公司来参与项目运输报价（包括价格和方案）；报价比选后，有倾向性地选择一家或两家物流公司合作，待项目启动后，将物流工作整体发包给合作物流公司。

五、施工分包策划

（1）国内分包商。

在项目所在国政策允许、业主招标文件没有明确要求使用国外分包单位的前提下，应尽量发包给国内分包商。在发包给国内分包单位时，应根据项目规模确定分包商数量，小项目直接发包给一家分包单位，大中型项目可选取 2～3 家分包单位，便于项目的运作和施工管理。同时，应按市场化运作的原则，根据分包单位的资质、单位自身实力、在项目所在地是否有相关业绩、以往合作情况，以及管理难易程度等因素，选取 3～4 家意向性合作单位，并在项目前期邀请这些单位配合项目策划及投标工作，待项目中标后，则按照相关制度，严格按照招标程序，选择进场施工的分包商。

（2）国外分包商。

在项目所在国相关政策不允许中国承包商或业主招标文件中明确要求使用当地分包商或第三国分包商的情况下，项目施工需发包给国外分包商。在选取国外分包商时，应充分考虑国外分包商的工人素质和装备水平。在选取分包商时，尽量征求业主方的意见，或者请业主提供部分与业主单位合作过的分包商，再进行评价、选择。如国外分包商的技术及装备水平普遍较低，则发包时尽量只将土建部分发给国外分包商，对于技术含量高的安装、筑炉等工作，可邀请国内分包商派人以总包方的名义到现场实施（需遵守项目所在国的法律）。

如确需将建安工程全部发包给国外分包商，项目部可通过国内分包商，聘用一批有经验的工人作为工头和技术指导人员，到现场协助，以保证现场安装、筑炉等工作的质量能满足设计要求。

第三章
EPC 工程总承包设计管理

第一节　总承包项目设计管理概述

一、EPC 总承包设计概念

所谓 EPC 项目设计，也就是将整个 EPC 项目分解成不同的任务，具体包括设计、采购、投标竞标、项目设置、操作流程、运作机制、项目管理协调、信息搜集及存储、加工处理等诸多环节。在项目的整个过程中，设计的过程是贯穿始终的，对费用、进度、质量控制和组织协调等方面均负有重要的责任。从项目开始到后期项目投产试运行，都离不开设计的支持和协作，设计管理是 EPC 项目管理的重要的组成部分。

二、EPC 总承包设计内容及流程

1.EPC 总承包设计内容

对项目产品而言，设计过程十分重要，该过程的重要作用在于对产品进行描述。在设计阶段完成的图纸很大程度上决定了之后的每个环节，具体包括采购施工以及投入运营，因此可以说，设计阶段主导了之后整个项目的发展。

在国际市场上，对于大型 EPC 项目，在设计阶段通常按照表 3-1 所述进行划分。

表 3-1　　　　　　　　　　EPC 项目设计阶段参与方的任务及作用

参与方	任务	作用
业主	可行性研究	项目立项和投资的依据
业主或总包商	概念设计、方案设计、初步设计	投标基础和基本技术方案
设备供货商	产品设计	定制产品
总包商	基础设计；施工图设计；现场服务设计；竣工图	完善方案；开展采购和施工；配合现场；把变更反映到图纸上

2.EPC 总承包设计流程

设计过程的管理工作流程可分为六个步骤，每个步骤的具体内容分别为：

（1）依据合同的内容确定详细的要求。

项目设计的具体要求需要有针对性地制订专门的工作手册，在手册中详细确定每一条设计要求、参数以及工作的程序，经过业主的审核之后予以发布。

（2）明确工作的具体内容并着手安排。

在 EPC 模式下，设计计划需要由各专业的设计人员和总体计划人员共同协商敲定项目的里程碑，图纸设计进度，通过审核的进度，计划中各个部门间的关系及计划的时间都必须

得到专业人员认可。设计计划必须符合现实情况，必须能够着手实施，否则很有可能导致计划与现实脱节，让参与人员觉得不管如何努力都无法完成计划，从而与设计的初衷相违背，或者无法完全发挥设计的作用。

（3）按照业主要求进行设计，并且向业主提供详细的资料、图纸等，不管是图纸还是文件，都必须按照相应的版次进行设计。

（4）对文件进行复核，确保其正确无误。

EPC 总承包企业内部的设计，要配合做好专门的审核工作，审核的模式可以有三种：第一种是内部进行的审核，一般可分为设计、核对及审核三级；第二种是在不同专业间开展的审核；第三种是如果条件允许，可以提交到业主方进行评审，这种评审对于设计准确达到业主要求也是至关重要的。

（5）形成最后的文件。

通过内部审核、业主审核，并且通过政府相关单位和部门审查的图纸和文件，可以作为最终设计文件进行提交。其中值得注意的一点是，EPC 合同的特点还规定业主审核及批准后的文件并不能减轻承包企业的责任，由此可见，无论资料及文件是否提交业主审核，最终责任承担方仍然是承包企业。

（6）对已经完成的工作进行评估。

项目设计工作流程图见图 3-1。

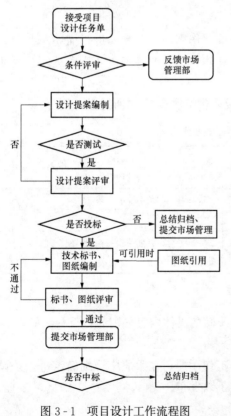

图 3-1　项目设计工作流程图

三、设计管理的概念

设计管理可以一般分为狭义设计管理和广义设计管理。狭义设计管理 DM（Design Management）即将设计活动作为企业运作中重要的一部分，在项目管理、界面管理和设计系统管理等产品系列发展的管理中，善于运用设计手段，贯彻设计导向的思维和行为，将战略或技术成果转化为产品或服务的过程。设计管理是企业迈向成功的必不可少的管理方法，企业要遵循设计的原则和策略在企业开发生产经营活动中对各部门工作进行指导、统筹安排，以实现设计目标，使产品增值。广义的设计管理可以上升到文化传播系统管理等宏观规划层次，其实质可理解为对信息空间的规划与管理，也即文化信息在一个系统内的生产与应用。

四、EPC 总承包设计管理内容

在 EPC 总承包工程全过程中，对于设计的管理需要贯穿始终，包括设计前期考察，方案制订，工艺谈判，设计中往来文件、设计施工图以及图纸的审查确认等内容，以及在采购、施工过程中的技术评阅，现场技术交底，设计澄清与变更，设计资料存档，竣工图的绘制等。如果按设计管理的角度出发，主要是对质量、进度、成本、策划、沟通、风险的设计管理以及对工程整体的投资、工期进度的影响进行全程管理。

五、EPC总承包设计管理的特点

EPC总承包设计管理是一个贯穿于整个项目管理始终的工作，由此决定了它有以下几个特点：

（1）客观性。

客观性是设计管理能够实现的基本要求，要求设计管理必须符合事物发展的基本规律。在设计管理活动过程中，管理者应具备各方面的综合管理知识，考虑客观条件，使自己的主观判断能自觉地符合客观因素，从而达到管理工作的科学性和客观性。从宏观层面上看，设计管理活动要受当地的政治、经济、法律、道德、社会习俗、建设法律法规等因素的制约；从微观层面上看，设计管理要以项目设计的具体特点和实现条件为基础，做到据实管理。

（2）动态性。

由于设计管理贯穿于整个项目，可能涉及对不确定性技术的影响，为增强要素间的群体效应，应对出现的问题，需要及时做出调整，采取相应措施，以平衡外界变化过程中各种因素的变化，使管理系统的运行处于动态平衡。

（3）均衡性。

设计管理的均衡性是一种协调、平衡的状态，其管理的目的是使处于动态变化下的管理对象和资源要素之间达到平衡，只有当管理要素和资源要素达到和谐有序时，工程项目的整体管理力度和管理功能才能得到充分发挥。因此，管理能否成立的关键在于设计管理中所制订的目标、计划是否具有可操作性。

（4）周密性。

设计管理的周密性是应对客观事物发展变化的必然要求。在实践过程中，主要表现在设计管理活动中留有较大的富有弹性的可调整空间，在复杂的项目管理过程中往往准备两套以上的实施方案和应急预案。因此，设计管理要想取得成功，不仅需要设计结果满足各方面的质量、安全、经济要求，还需要考虑到可能出现的问题，并准备预备方案。

六、EPC总承包设计管理的原则

（1）实现项目总体目标是设计管理工作的准绳。

EPC总承包工程项目设计中需要以项目总体目标的功能和技术、经济指标要求为准绳，实现各项具体工作的进度安排和合理交叉，相互衔接关系的确定，资源分配，质量标准制定，费用控制等，并用实现项目的总体目标来化解各项矛盾和冲突，协调之间的关系，实现项目的总体目标是设计管理的宗旨。

（2）设计组织和目标形成过程控制是设计整体管理工作的重点。

组织和目标的形成对设计整体管理的意义重大，科学合理的组织是沟通和协调的保障。设计管理的工作中沟通是设计整体管理工作的基本理念，通过沟通协调，可以统一参与各方对项目的认识和要求，从而统一行动纲领，由此设计管理的沟通、协调是以设计组织为基础的；其次，科学的设计组织有利于明确各项工作的顺序和衔接，加强各个部门的协作和配合；最后，高效的组织结构和团队能顺利及时解决项目执行中出现的新情况、新问题、新矛盾。因此设计组织和设计目标形成过程是实现沟通的根本保证，是设计整体管理工作的重点。

（3）使设计各项工作整体协调、有序运行。

在项目实施过程中，各项工作分工明确、界面清晰、层次分明、责任到人便于管理，做到事事有人负责，人人有事负责，应把一切工作纳入计划，尽可能不出现工作内容盲点，把矛盾和冲突消灭行动之前，搞好风险管理和进度管理，各项工作都要按计划运行，按时完成，不盲目赶工、盲目超前，尽量减少变更。

（4）设计整体管理工作要具有风险管理的思想。

设计管理是个复杂的长期的过程，需要各个阶段和各个领域都应有风险管理意识，并把风险管理作为设计管理的重要内容。设计主要的风险识别活动在项目早期，在设计管理阶段就应该完成风险管理计划。在设计管理中，应在风险因素识别和评估的基础上，把风险管理计划列为整个项目管理计划的一个重要组成部分，以保证计划的合理性和实现的可靠性。目前在我国设计管理的风险管理研究已经比较深入。

七、我国的总承包模式设计管理存在问题分析

（1）集成能力亟待提高。

集成本质上是为达到最优的集成效果对集成单元的优化组合。在 EPC 总承包模式下，设计管理的集成能力是指运用集成理论对设计内容进行整合优化，以达到节约投资、缩短工期的目的。随着设计管理所涵盖的内容增多，周期变长（如：全过程参与），对其提出了更高的要求，集成能力亟待提高。

（2）标准化过程控制还需探索。

研究认为，EPC 总承包的关键是依赖专业的分包和标准化过程控制。当前的设计流程标准化作业管理主要针对设计阶段，强调设计流程的规范化，是设计质量在制度上的保证。而 EPC 总承包设计管理标准化过程除了保证项目设计质量，还有哪些设计环节是项目成本控制的关键，哪些设计环节是项目利润来源的保证，这些涉及标准化过程控制的问题还需要进一步探索。

（3）投资控制有待加强。

由于我国现行的"五阶段投资控制模式"，项目各阶段的投资控制任务分别由投资咨询机构、设计机构、工程造价机构、工程监理机构和建设单位承担，涉及投资控制相关的执业资格主要有四个，即注册咨询师（投资）、注册造价师、注册监理师、投资建设项目管理师执业资格等，这些执业资格的职能交叉，分别对不同的行政主管部门负责。这种分段控制的管理模式不能满足项目全过程、一体化的投资控制要求，此外，从项目管理的角度来看，经济性是项目管理的价值体现，投资控制水平直接体现了设计管理水平，投资控制应该贯穿设计管理全过程。而现阶段投资控制还停留在"准"与"不准"的争论中，全过程投资控制意识还有待强化。

八、对策及建议

（1）提高设计集成能力，加强项目经理职业资格要求。

集成能力主要包括以下几方面：组织体系的集成；设计力量的集成；分包管理的集成；外部资源整合的集成等。

EPC 总承包模式设计管理应提高系统集成能力，实现设计、采购、施工的深度交叉，合理确定交叉的深度和交叉点，在确保周期合理的前提下，缩短建设工期。

EPC 总承包模式设计管理对项目经理职业资格提出更高要求，要求项目经理不仅要熟悉工程技术，而且要熟悉国际工程公司的组织体系，要熟悉设计管理、施工管理以及有关政策法规、合同和现代项目管理技术等多方面知识，并具备很强的判断力、分析决策能力与丰富的工作经验，同时还要注重对从业人员的职业操守、道德和信誉的考核。

（2）设计流程再造，提高设计过程控制能力。

研究表明，设计流程再造要以关键流程为突破口，通过对关键流程的改造，提升设计的过程控制能力。从流程管理的角度来看，EPC总承包模式使原本不属于设计管理的一些流程环节，如采购、施工分包等，成为设计管理重要的组成部分，也是设计管理价值增值潜力巨大的环节。因此，在EPC总承包模式下，设计管理需要重新界定和塑造设计的业务流程和管理流程，以达到通过流程来创造价值，增加价值的目的。

（3）引入全过程投资控制，保证设计经济性。

国外投资控制研究表明，建设项目全过程投资控制一般由唯一的执业主体来承担。在EPC总承包模式下，应由项目经理承担决策阶段、设计阶段、采购阶段、施工阶段等全过程投资控制的任务。全过程投资控制的主要内容一般包括：制订合理的投资控制目标；分解投资控制目标和工程量；动态监管由设计变更引发的投资变动情况，控制不合理变更；编制工程的上控价、核准工程量、审核工程取费等。在设计管理中引入全过程投资控制的理念与机制，保证设计的经济性，以推动EPC总承包的持续发展。

鉴于EPC总承包模式下的设计管理与传统模式下的设计管理在建设流程、设计内容、功能诉求等方面的差异，EPC总承包模式下设计管理容易受到传统模式的影响，而导致设计的主导作用不能充分发挥出来。由于EPC设计管理的多阶段性质，所以要加强项目经理的职业资格要求，明确责任主体，提高设计管理的集成能力，通过设计流程再造，提高设计管理的过程控制能力，同时要引入全过程投资控制，保证设计的经济性。

第二节　方案设计比选

一、设计方案比选概述

方案设计是工程设计的中心环节，方案本身已包含了工程总体布局、工程规模和结构形式。在后期的工程设计中，投资是否节约，造价能否控制，首先取决于方案是否优良，如规划设计阶段建筑物的排列组合，方案设计阶段结构的可行性合理性考虑。以往，设计单位对工程结构的设计优化通常是比较重视的，但对方案设计的优化却做得不够，投资估算也常是只在选定方案的基础上进行单一的造价分析计算。事实上，在确定方案阶段对成本重视不够所造成的投资浪费，是不能靠优化结构设计、正确编制工程概（估）预算等微观调节所能挽回的。

对一个建设项目而言，能够满足建设业主和顾客功能要求的方案很多，但每个方案的技术特点、全生命周期费用、实施难易程度等却不尽相同。设计方案的优选结果直接影响到工程项目的综合投资效果，尤其是对工程成本的影响更是显著。因此，选取符合实际、操作简便的设计方案优选方法就成为设计阶段成本控制的重要手段和方法。

设计方案是由多种设计影响因素、联系、矛盾关系组成，它表示对各种矛盾关系的一种判断和处理设想。最优化方案必须通过辩证逻辑思维的指导，采用某种数学模型进行量化分析，从而使各种矛盾关系达到最优的组合状态。好的设计方案必须处理好经济合理性和技术先进性的关系，兼顾项目全寿命周期成本及设计近期、远期的要求，同时要节约用地和能源。

二、建设项目方案比选的内容

方案比选是技术经济评价的重要方法之一，也是管理决策中的核心内容。在实际生产过程中，为了解决某一问题往往提出多个备选方案，然后经过技术经济分析、评价、论证，从中选出一个较优的方案。最初的方案比选往往比较简单、直观，这是因为受认识能力、客观条件的限制，所能提出的方案较少，涉及的因素不多，故评选准则多为单目标决策。后来，随着社会生产力的不断进步，人类认识能力的提高，使人们进行选择的范围与能动性越来越大，同时决策的后果对自然、社会影响的深度、广度也越来越明显，对工程项目实施后所产生的经济、社会、环境等方面的要求也越来越高，因此，方案选择逐渐由少量方案单一目标发展到多方案多目标的决策上来。

三、设计方案比选的评价指标

衡量一个设计方案的好坏要有一套评价标准，而评价标准要以评价指标作为基准。方案评价的因素很多，但在选择评价指标时，不一定要把所有的因素都考虑进去，应把主要的、能反映一个方案优劣的因素选择为评价因素，而把那些无关紧要的因素舍弃掉。方案评价因素确定以后，就要把这些因素量化成评价指标，并使用统一的尺度进行评价，但并非所有的评价因素都容易量化。成本和利润容易量化，但质量、风格、性能不易量化。

四、评价指标体系的建立

为了将多层次、多因素、多阶段、多目标的复杂评价决策问题用科学的计量方法进行量化，首先必须建立能够衡量方案优劣的标准，即建立设计方案多目标评价决策指标体系。该指标体系是决策者进行设计方案评价和选择的基础，因此它必须是科学的、客观的，并且能够尽可能全面地反映影响设计方案优劣的各种因素，同时也有利于采用一定的评价方法进行多目标评价。

1. 指标体系建立的原则

为了保证设计方案多目标评价决策的科学性、合理性，指标体系的设计应遵循以下原则：

（1）全面性与科学性原则。

评价指标体系中的各项指标概念要科学、确切，有精确的内涵和外延，计算范围要明确，不能含糊其词；指标体系应尽可能全面、合理地反映施工方案涉及的基本内容；建立指标体系应尽可能减少评价人员的主观性，增加客观性，为此要广泛征求专家意见；设立指标体系时，必须要有先进科学的理论做指导，这种理论能够反映设计方案的客观实际情况。

（2）系统优化原则。

系统优化原则要求设立指标的数量多少及指标体系的结构形式应以全面系统地反映设计方案多目标评价决策的评价指标为原则，从整体的角度来设立评价指标体系。指标体系必须层次结构合理、协调统一，比较全面地反映施工方案的基本内容。系统优化首先要求避免指标体系过于庞杂，使得评价难于实施，还要避免指标过少而忽略了一些重要因素，难于反映设计方案的基本内容，所以既不能顾此失彼，也不可包罗万象，尽可能以较少的指标构建一个合理的指标体系，达到指标体系整体功能最优的目的。其次要统筹兼顾当前与长远、整体与局部、定性与定量等方面的关系。

（3）定性分析与定量分析相结合的原则。

为了进行设计方案多目标评价决策，必须将反映设计方案特点的定性指标定量化、规范化，把不能直接测量的指标转化为具体可测的指标。

（4）可行性和可操作性原则。

设计方案多目标评价决策的指标体系必须含义明确、数据规范、繁简适中、计算简便易行。评价指标所规定的要求应符合建筑行业的实际情况，即所规定的要求要适当，既不能要求过高，也不能要求过低。为了实际应用方便，设立的指标必须具有可采集和可量化的特点，各项指标能够有效度量或统计，同时指标要有层次、有重点，定性指标可进行量化，定量指标可直接度量，这样才使评价工作简单、方便、节省时间和费用。

（5）灵活性原则。

设计方案多目标评价决策指标体系的结构应具有可修改性和可扩展性，针对不同的工程以及不同的设计要求，可对评价指标体系中的指标进行修改、添加和删除，依据不同的情况将评价指标进一步具体化。

（6）目标导向原则。

设计方案多目标评价决策指标体系必须能够全面地体现评价目标，能充分反映以目标为中心的基本原则，这就要求指标体系中各指标必须与目标保持一致。

2. 评价指标体系建立的基本方法

（1）个人判断法。

指当事人遇到问题时向其所聘请的个别专家、顾问征求解决问题的意见或者向个别专家进行咨询。

（2）专家会议法。

聘请知识面广的专家成立专家组，将当事人的问题通过专家组进行充分的分析讨论，以获得所求问题的结果。

（3）德尔菲法。

这是最常用的一种方法，由美国兰德公司首创。此法是采用匿名的通信方式用一系列简明的征询表向各位专家进行调查，通过有控制的反馈进行信息交换，最后汇总得出结果。

（4）头脑风暴法。

将专家及有代表性的相关人员请到一起，人员的选择领域要广，各抒己见，碰撞出智慧的火花，然后将有代表性建设性的意见汇总整理，得出结果。

3. 评价指标体系的建立

利用德尔菲法对专家咨询后，得出评价准则层为：全寿命周期成本和功能。其中，全寿命周期成本包括项目成本、环境成本和社会成本。项目成本即为建设项目全寿命周期资金成本，包括初始建造成本和未来成本。在实际应用中，我们将初始建造成本与未来成本分开考虑。因为，虽然将未来成本折为现值后得到的数值具有相当的参考作用，但是对于投资者及利益相关者来说，初始建造投入的成本为即刻兑现的成本，而未来成本的估算建立在对折现率、风险分析的基础之上，具有不确定性。

所以，在考虑全寿命周期资金成本的过程中，我们通过专家咨询的方式，将初始建造成本和未来成本分开考虑，权重也将不相同，希望得到的分析结果更接近实际，更有利于进行设计方案的比选。

环境成本主要包括施工污染成本、建筑材料污染成本和使用能源消耗成本，在此，我们认为使用能源消耗成本是附近居民使用该设计方案的过程中产生的能源消耗对环境造成的污染，如因汽车排放尾气造成的环境污染；社会成本主要包括占用耕地、噪声影响、搬迁和拆迁等。

功能分为技术功能、使用功能和外观功能。其中技术功能包括工艺成熟性、施工安全性和耐久性；使用功能包括方便快捷、安全性和通行能力，其中通行能力意味着车辆通行的效率，如会否造成交通拥堵；外观功能包括美观大方和与周围环境协调能力。

五、评价比选方法

建设项目方案比选的传统方法共包括三大类，具体见图 3-2。

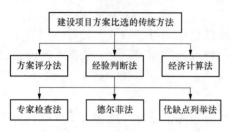

图 3-2　建设项目方案比选的传统方法

方案评分法是在经验判断的基础上发展起来的，这类方法是根据评价指标对方案的重要程度、贡献大小等进行打分，最后根据得分的多少判断方案的优劣。常用的方法有加法评分法、乘法评分法、综合价值系数法。其优点是把评价者对方案的判断用分数加以定量表示，这样比起笼统地用"很好、好、不好"等诸如此类的字眼评价要更为细致准确。这在一定程度上实现了定量与定性的结合。实际工作中，对于那些资料不全，指标难以量化，不便理论计算的方案选择来说，这种方法是十分方便的。

经验判断法是利用人们在所处领域的知识、经验和主观判断能力，靠直觉对方案进行评价。较常用的方法有专家检查法、德尔菲法、优缺点列举法。这类方法适用于因素错综复杂、对外界影响较大或具有战略性的方案比选，也适用于一些所给信息不充分、指标难以定量的方案决策中。这种方法的优点是实用性强、决策灵活；缺点是缺乏严格的科学论证，容易导致主观、片面的结果。

经济计算法可应用于较准确地计算各方案的经济效益的场合，如价值工程中的新产品开发方案、技术改造方案，可行性研究中的投资方案等。这类方法多以成本和效益为直接的评价指标，通过指标的大小来判断方案的优劣，是一种准确的方案比选法。

第三节　设计流程管理

一、建筑工程设计流程的知识

建筑设计流程管理是建筑设计企业管理水平的重要标志，也是企业文化管理规范化、制度化的基础。从设计师个人角度，对设计流程的理解和掌握程度，意味着职业素养和管理技巧的高低。

我国现代建筑设计企业，从设计流程管理的发展来看，可分为 3 个阶段：第一阶段为设计院流程工序控制；第二阶段以 ISO9000 为基础的质量管理体系；第三阶段是基于项目管理的设计流程。目前设计流程正在进行第三阶段的发展。

二、建筑设计流程管理

一般来说，一个符合国家基本建设程序的建设项目，有着以下几个阶段：前期设计、方案设计、初步设计、施工图设计、施工配合服务和工程总结。建筑设计流程管理在这几个阶段中贯穿始末。

1.建筑设计流程管理的基础

建筑设计流程管理首先要有一个规范、统一的制图标准。CAD 文件的规范化、标准化为协同设计工作提供基础，根据我国现行《房屋建筑 CAD 制图统一规则》《CAD 工程制图规则》《CAD 通用技术规范》等相关技术标准，结合各设计勘察企业 CAD 应用经验，同时考虑到"协同设计"要求和 CAD 文件管理与勘察设计项目管理信息化要求进行编制"CAD 制图标准统一规定（试行本）"。结合试行本中的规定，各专业根据专业自身应用经验撰写出相关绘图的图层标准模板文件，以便专业内不同人员有一个统一的制图范本，以达到对外输出的 CAD 图纸质量规范统一的目的。

2.建筑设计过程的流程

建筑设计流程管理在制图标准模板基础后，其次应该建立信息化、标准化的流程生产线。每个项目建筑设计就相当于一个产品，为使这个产品能快速、精确地生产出来，就需要在各个流程阶段完成各自的生产步骤，针对建筑设计就是要在设计前期、方案设计、初步设计、施工图设计、施工配合服务和工程总结各个阶段中完成相应的工作。

根据项目管理的界面，流程可分为对外和对内两部分，即面对顾客的流程和面对设计的流程。

（1）建筑设计过程中的对外流程。

在遵守国家和地方法律法规的前提下，设计企业应以满足顾客需求最大化、满意度最大化为目的而进行活动。顾客的利益应该以顾客的价值标准为参照，而非以自己的标准来判别。充分理解顾客需求，是圆满完成设计任务的前提，原则上，设计时应力争按正常流程进行设计，但在市场经济条件下，顾客往往不能按设计方的需要提出设计所需资料，此时设计企业应按照实际情况灵活掌握，帮助顾客创造条件，或者借助以往积累的经验和类似的案例作参考，为顾客提供多种选择，尽可能帮助顾客争取时间，减少对设计质量的影响。

与顾客保持有效的沟通是设计过程中的重要内容，设计师应选择适当的沟通方式与顾客有效沟通，不断地收集顾客反馈信息。与顾客沟通的主要内容有：向顾客发布拟实施的工程设计信息；有关合同、订单在实施过程中的询问、处理，包括工程设计有关要求的确定与更改；工程设计过程中及阶段设计完成后向顾客的通报，包括对顾客要求或意见的反馈信息，顾客投诉的处理信息。与顾客沟通的方式可以多种多样，主要有：用信函方式收集建设单位、施工单位、监理单位或政府主管部门对工程设计的评价信息，以便识别持续改进的机会；制订工程回访计划，实施工程回访；通过各种形式的会议交流（如设计交底会、现场技术协调会和顾客座谈会等），动态地理解顾客当前和未来的需求；顾客满意度调查，定期了解和测量顾客对所提供的设计服务需求和期望，寻求持续改进方向去满足顾客的要求，并争取能超过顾客的期望。

（2）建筑设计过程中的内部流程。

建筑过程设计流程视项目性质、规模、所在地区的不同各有区别。有了合理的设计程序，设计师知道在什么时候应该了解什么资料，应该与其他专业商讨什么问题，提供什么材料，才会使整个设计有序地进行，才能做到忙而不乱、事半功倍、提高质量、减少返工。设计流程如图 3-3。

1）设计前期阶段。设计企业应对承接项目进行分析和评估，即对项目进度、质量要求、需要的人力资源、项目风险、技术可行性和成本收益进行分析，对项目设计的总体构想和计划制订详细的设计进度计划表，标注出重要的控制节点，把项目各阶段过程中的具体工作责

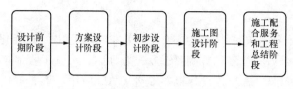

图3-3 设计流程图

任落实到每一个人。

2）方案设计阶段。方案阶段就要注重协调，在此阶段，应根据设计任务书的要求，收集相关资料，与顾客沟通，了解顾客对项目的意图和要求，了解基地的规划控制要求（技术指标）、交通部门对基地布置车道出入口要求和市政管线的布局，结合周边环境和交通，对工程基地、交通组织进行分析，对未明确的方面提出疑问。建筑师根据设计任务书的要求，按照规划管理技术规定（指标、建筑红线、间距及日照等）和消防要求及不同功能建筑的建设标准，结合项目特点进行总体基本功能布局，确定设计原则，明确定位，并制作工作模型。建筑师将初步设计资料提交结构、机电等专业，同时深化完善方案设计图纸，编写方案设计说明。完成方案设计后，应将设计依据性文件、文本和电子文件完成归档。

3）初步设计阶段。在初步设计阶段应针对建筑工程项目设计范围和时间的要求，确定项目进度、设计及验证人员、设计评审与验证等活动的安排，各专业负责人应根据项目特点，编写设计原则、技术措施、质量目标。项目经理应组织各专业负责人仔细准备和整理与项目相关的政策、法规、技术标准（地方标准）、方案审批文件、依据性文件、设计任务书、设计委托协议、设计合同、顾客提供的各类资料、勘察资料等。

4）施工图设计阶段。项目经理根据初步设计批复和各主管部门批复，召集专业负责人商定进度计划，建筑专业与结构专业及设备专业协调（结构布置、设备用房、管井），向各专业提交详细资料，与顾客、施工单位、项目主管部门、设备供应商、设计监理等沟通，对各类资料进行确认。在设计过程中，各专业有多次互提资料、拍图、调整，每次均应做到追踪和确认并留存记录。顾客常常会提出变更，如按照顾客要求进行重大变更，应重新评审设计，修改设计计划进度表，并重提资料。设计验证过程中，校审人员应根据校对、审核、审定的工作内容，对计算书、设计文件、设计图纸的标识、深度、内容进行校审并填写校审记录。设计人员应填写消防设计审核申报表和建筑节能设计主要参数汇编表等报审表格，完成验证的文件经设计及验证人员的签字和过程总负责人签字后交付审定人批准（文本、计算书），送交审图公司。通过审图公司审查后，应将设计依据性文件、文本、盖章蓝图和电子文件完成整理归档。

5）施工配合服务和工程总结阶段。在技术交底上，设计总负责人应介绍该项目的综合概况，设计人员与施工单位会审图纸，对施工会审提出的修改意见出修改图或通知单，设计人员应参加定期的现场协调会，在关键的施工工序中，要亲临现场进行指导和检查，施工配合中各类变更通知单和核定单要及时处理，参加隐蔽工程验收、竣工验收。工程竣工后，项目经理要将各类来往文件、变更通知、修改补充图、会议纪要、核定单、工程手册等整理归档，组织设计人员进行工程回访和工程项目专业总结，收集现场实景照片，申报优秀设计，这些资料就是一个工程实例知识的宝贵积累。

第四节　设计组织管理

一、设计组织概述

设计组织工作是指为了实现组织的共同目标而确定组织内各要素及其相互关系的活动过

程，也就是设计一种组织结构，并使之运转的过程。设计组织从它形成的角度看，基本上可分成两种基本类型，一类是企业内部的设计组织，另一类是独立的设计组织。独立的设计组织基本上是从个体设计师逐步发展起来的，规模以数人或数十人不等，组织结构较为简单，构成形式比较有弹性。项目设计组织结构框图如图3-4所示。

二、设计组织的基本要素

设计组织的基本要素包含：设计者、设计结构、设计目标、设计技术、环境。

（1）设计者。

设计者是设计组织的细胞，其主要作用包括：一是保持继续性，即是设计结构的再生产；二是追求变化，即是创新与改造。设计结构影响着行动，行动又构建着设计结构；设计可解释为设计者与设计结构之间的相互作用。设计者作为设计组织的基本要素之一，通过设计组织，克服对设计决策合理性的制约，从而实现合理性。

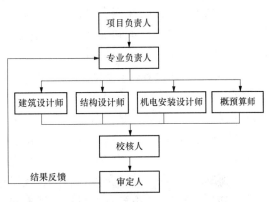

图3-4 项目设计组织结构框图

（2）设计结构。

设计结构是指设计组织中"设计者"的关系模式与规范化。在设计者群中建立设计规范即有组织地建构一系列的信条与原则，以指导设计者的行为。设计规范结构包含设计价值观、设计规章与角色期待等，设计价值观体现在设计组织的选择性行为中；设计规章则是组织成员应普遍遵从的原则，适用于规范设计组织行为；角色期待则是评价设计者的行为时，所采用的期望或评判标准。

（3）设计目标。

设计目标即设计所要完成的任务，其概念比较宽泛，其所指需根据具体情况而定。设计目标的象征功能包含对实体设计的采用、设计服务的过程、设计的体现等一切象征目标，对设计组织提升设计能力会产生重要的影响。设计者有设计目标，设计组织亦有设计目标，并不局限于单一个体。

（4）设计技术。

狭义的设计技术可以只包含硬件，例如：设计者进行设计生产活动的设备机械和工具等。广义的设计技术除了上述的硬件之外，尚包含设计者的技能和知识，甚至于其他相关设计需求的各种知识和技能。

（5）环境。

设计组织存在于特定的物质、科技、文化和社会环境中。没有一个设计组织是可以自给自足的。对于环境，从设计技术的角度可知，设计组织从环境中引进技术，从环境中获得输入的来源，并向环境输出。从设计者的角度看，设计者必须承担社会化和培训的责任。从设计目标看，环境反映了产品设计所期望的价值。设计组织受环境的影响，相对的也影响环境，设计组织与环境之间的关系较为复杂并相互依赖，在设计组织的要素中，各要素相互影响，也无法脱离其他要素独立存在。

三、设计组织结构

为了实现组织的任务和目的，管理者必须根据企业自身情况以及项目本身情况，制订出切实有效的组织结构形式。设计组织的结构是由各项专业的人员所组成，是将各设计师与产品开发者组成团队的方案，然而任何人员都有可能以一种或数种方式与其他人员产生关联，设计组织的关联性配合可以形成以功能、专案或两者兼具的诸种形式。彼此之间有时会互相重叠，如来自不同的部分进行着相同的专案，亦有可能一位设计师同时进行数个项目。

1. EPC 总承包项目设计组织结构模式

国际上有两种常用的设计组织模式，一种是矩阵型职能部门式（Matrix departmental）的设计组织机构；另一种是任务型（Task-force）的设计组织机构。

矩阵型职能部门式是最简单的矩阵型组织结构形式，优点是具有良好的经济性，同一设计工程师可以同时在数个不同的项目工作，保持了原有单位的设计工作程序，大大节省设计的人工时和设计成本，尤其是设计启动比较迅速。

矩阵型职能部门式设计组织机构的缺点有：一是在信息沟通过程中，项目的信息流动经过的门槛多，从项目经理到室主任，再到专业组组长，再到负责具体工作的专业工程师，信息流动不畅且易产生信息损耗；二是由于专业工程师在行政上受室主任的领导，因此项目经理的指挥有时不灵，设计人员贯彻项目经理的意志不坚决；三是专业之间相互影响，容易产生延误。

矩阵型职能部门式的设计组织特别适合以设计院为主体承担的 EPC 总承包项目，因为它不仅可以保留原设计单位的组织结构不变，而且可以最大限度地充分利用人力资源，降低设计人工成本，提高项目的效益。如果采用行政级别较高的院长或副院长担任项目经理，则可以充分减少其固有的组织缺点。

任务型设计组织机构不仅是国际工程承包界普遍接受的观点，而且也是发展趋势。通过分析近百个项目，发现成功的项目的主要特点有两个：一是项目具有任务型的项目组织机构，能把团队经验和努力全部致力于项目；二是能够有效实施项目执行计划并合理使用各种管理程序。

任务型组织机构是把项目设计的所有专业如工艺、机械、仪表、电气、土建、配管、通信、防腐等集中在一个办公地点，形成一个专门负责项目设计的设计团队，并可开展价值工程对设计进行优化，从项目设计开始直到项目机械竣工投产验收，设计机构的核心人员基本保持不变。

任务型设计组织机构的优点有：一是项目设计人员集中办公，业主成员、PMC 成员、设计各专业负责人一般安排在设计经理周围，管理层次少，信息流动直接、流畅；二是设计人员对项目经理负责，执行项目经理的决定迅速。

任务型设计组织机构的缺点有：一是因为设计人员一般是临时组织到项目中形成一个新的组织，短时间内难以形成有效的组织，执行项目的工作程序存在黏滞期，前期协调工作量大；二是由于设计人员脱离了原先的设计室，获得设计室的技术支持困难；三是不经济，由于只能做一个项目的工作，一旦某一专业工作滞后，则后续专业出现怠工，相互影响，工作效率降低，设计人工时消耗大，设计成本高。

此外，在国外工程公司的设计组织机构中或 EPC 总承包项目的设计组织机构中，普遍存在项目工程师岗位。项目工程师的作用主要是代行项目经理和设计经理的部分职责，指导协调各专业设计工作计划、专业与专业之间的信息流动设计与计划控制部门的衔接、设计与业主或其他承包商的设计接口、设计与采购的衔接、设计和施工工作的衔接，确保设计人员采用正确的项目参数，项目设计按照项目部的指导意见（如经济性、程序、规范和标准）实施。

项目工程师与设计控制部门的衔接主要是设计计划的完成情况汇总、设计图纸文件清单的更新、设计人工成本的控制。

项目工程师与采购控制部门的衔接主要是将各专业的采购技术文件表（ER）、设备材料表向采购部门发放，使采购部门能够开展询价工作。采购订单下达后，项目工程师参与厂家图纸的及时审批和返回、设备性能试验的检验、交货数量规格的确认，以及订单中设计变更的处理。

项目工程师与施工控制部门的衔接主要是向施工部门发放批准的施工图纸，同时需要经常带领设计专业人员到现场澄清、解释、指导复杂项目的施工工作。

2. 设计组织结构的特征

设计组织结构的特征往往取决于各种权变因素。我们将设计组织结构的特征分为"以人为本"的方式、机械式、有机式三种。

（1）"以人为本"的方式。

"以人为本"的选择方式包括：选拔适当的人并安排至适当的位置。在此考核的方式相对重要，可通过选拔、晋升、调动、职务安排等方式使设计组织成员之间建立妥当适合的关系；强调设计组织成员的变化可通过职务安排和教育训练、培训等途径达到；以产品设计特质选择较佳的设计组织结构为特征。

（2）机械式。

一种相当垂直的管理角度，实行一个上级主管的管理方式，其特点是标准化、正规化、集中化，在组织不断的扩张过程中，高层管理者为有效进行低层活动，必须藉由规则条例来进行组织管理。

（3）有机式。

恰与机械式特点相反，有机式组织具有低复杂性、低正规化和分权化等特点，是一种较为松散的组织形式，但能根据工作与职务需要迅速作出结构调整，员工具有职业化训练技巧并受过训练，能处理多种多样的问题。例如，对工业设计师或产品设计师分配一项设计任务，就无须告诉他需要多少规则和如何做事的程序。工业设计师或产品设计师对大多数的问题，都能够自行解决或通过征询同事意见后得到解决，是依靠职业标准来指导他的行为。有机式组织保持低程度的集权化，就是使工作人员能面对问题作出适当的反应，另一方面是保持低程度的集权化，并不期待高层经营管理者拥有做出必要决策所需的各种技能。

3. 设计组织结构的分类

设计组织结构指的是通过支持设计程序达到设计模型上目标位置所必需的组织结构。设计组织结构的分类如下：

（1）以产品分类。

这种组织结构根据主要产品的种类及其相关服务的特点设置部门，每个产品部门以全球或区域市场为着眼点，对所负责产品的生产经营活动进行管理和控制。产品类组织相对自我封闭，将不同功能区的个体暂时投入到一项具体的产品开发工作上。这种视角的优点是它允许更多关注每一个产品开发过程及环节，可以运用不太多努力的非正式协调来实现功能活动的互动。产品分类的组织方式可以用来鼓励改进，途径是分配给设计团队成员更多的责任，但这种组织易于重复昂贵的组织资源，也不利于集中控制。

在充满不确定因素的商业环境下，横向的协调视角要比传统的垂直控制链更适用。矩阵组织通过横向协调发挥专业人员的能力，同时保证组织单位的专业化并由此避免重复劳动。在矩阵组织里，设计管理者负责协调涉及产品开发工程不同功能专业区的代表。依据设计管理者在组织等级中的权力和地位，其管理者可以分为"中高阶"两类。中阶设计管理者是一个中层或低层管理者，尽管有知识，但在组织中没有地位和影响，在这种组织结构下，设计管理者对工程的工作人员保持着"线性权威"。负责协调工程活动的中阶设计管理者只能作为"员工"提出建议，高阶设计管理者是一个有知识有经验且级别高于中阶设计管理者的资深人士。在这种结构下，除了在长期的职业发展方面，产品开发工程的所有功能区的个体都接受高阶设计管理者的直接领导。

（2）以职能分类。

将类似或相关的专门人才集结于同一部门，发挥专业分工的效果，如生产、销售、设计与企划、研发与开发等，各职能部门的负责人有着共同的营运目标，相互协调发展。

职能类组织依照个体人员的工作、知识及其专业对个体人员进行分组，其优点为从专业化中取得优越性，每个职能组织的工作由一位资深管理者向最高管理层反映。职能区域的工作通过每个职能岗位制订详细的规则或举行会议解决功能间的争议。职能组织使组织资源的重复性降到最低。但是，这种形式的组织倾向于过分专业化，追求职能目标而看不到全局的最佳利益。

（3）以直线分类。

亦可称为简单型结构，组织的各级行政单位，从上到下进行垂直线型领导，各级主管对所属单位的所有事务负责；目前小型设计公司的组织仍以此方式为主，这种设计组织结构较为脆弱，面对其他类型的设计组织则无任何防御能力。当企业组织规模扩大后，设计任务繁重复杂时，此种结构的应变能力相对薄弱。

（4）以矩阵分类。

矩阵组织结构又称为复合组织结构或行列组织结构，是将专案结构与职能结构因素交织在一起，因此称为矩阵组织结构，并存在着双重指挥体系。

矩阵组织适用于同时进行多个产品生产线的大型复杂工程协调劳动，也适用于时间短、同时在不同阶段需要不同员工的设计工程。但是，这种矩阵组织经常要求人们同时服务于几个业主，矩阵组织成功执行的必要条件是合作以及建设性地解决冲突。

（5）以网络分类。

属于较新式的组织结构设计。一种只有很小的中心组织以合同为基础进行制造、分销、营销或其他关键业务的经营活动结构。网络结构是小型组织的一个可行性选择。综合上述，目前一般设计组织较多采用专案分类，为求组织效能的发挥则衍生出矩阵组织的结构，亦可称为专案型矩阵结构，结构的转变需考虑到公司的发展规模。目前有较多的企业在原组织状态不变的情况下，另设项目分类的组织，以专案取代临时性的设计项目，此种组织调度性高，唯有合作度低是其缺点。新发展出来的网络分类的组织形式，这是一种将职能分发外包出去的网络结构。

具体的产品定位要求具体的产品设计，一个普通的组织结构要同样有效地支持三种以上的设计程序是不可能的。从设计程序和产品设计组织的关系看，产品设计程序和组织结构之间存在着一对一的关系。也就是说，功能组织适合顺序产品开发程序；注重产品的组织适合并行产品开发程序；矩阵组织适合重叠设计程序。对于大多策略性问题来说，没有哪种组织能够适合管理一项设计任务的所有层次的复杂性和不确定性。

四、EPC总承包模式下的设计组织过程分析

EPC总承包项目的设计过程是创造项目产品的重要阶段，即详细具体地描述项目产品的阶段。设计阶段完成的设计图纸和文件是采购、施工的依据，在EPC总承包项目中设计起主导作用。

国内工程项目在基础设计或初步设计的基础上完成工艺流程审查和设计概算后，就能进行详细施工图设计，完成各专业施工详图设计，列明设备材料规格，从而宣告设计工作的基本结束。

对于国际大型EPC总承包项目，设计计算和流程图完成后，首先要进行方案可行性分析和功能审查，审查通过后才能进行详细设计。这些审查必须由相应资质的国际审核机构和专业人员完成，通过设计安全审查对工艺流程和设计方案提出修改意见。在进行专业设计时不仅要提供材料和设备的技术规格书，保证材料设备的订货需要，还要利用专用软件建立相应模型，模型审查合格后，工艺管线以及配套设施才具备施工详图出图条件。

对于工程管理过程中出现的设计条件的变化以及现场施工提出的技术变更，在履行设计变更手续后还要求以电子版的形式对设计文件进行升版，工程竣工时提交设计资料的最终版。工程后期设计管理主要完成操作手册编写、准备预试车和试车方案，编制备品备件清单，指导试车管理工作，真正实现工程"交钥匙"。

（1）项目设计组织工作的流程分析。

设计过程的组织管理工作流程分为六步：

第一步：根据合同，确定设计要求。通常项目的设计要求是通过设计手册的方式进行确定并正式发布的，设计手册中将设计各个专业的设计要求、设计参数、设计程序等进行确定，经业主批准后发布实施。

第二步：对需要完成的设计工作进行计划。设计计划有里程碑计划、图纸目录清单计划和三级详细设计计划。设计计划的编制由设计专业负责人与计划人员一起共同编制，计划的逻辑关系和计划时间需要设计人员的确认。设计计划必须是现实可行的，否则会"计划赶不上变化"，使设计人员产生懈怠情绪。

第三步：进行设计并提交图纸文件。设计图纸/文件要实行版次设计，版次的划分需要征求业主的意见。

第四步：检查审核设计提交文件的正确性。EPC承包商内部的设计审核有两种：一种是各专业内部的"设计—校对—审核"三级审核；另一种是跨专业之间的设计审核（如工艺与仪表专业之间、工艺与机械专业之间）。除此之外，业主或项目管理公司也会对设计图纸/文件的审查范围做出规定，并进行审核。

第五步：完成最终的设计提交件。最终的设计提交件是指经业主或项目管理公司批准的图纸文件。重要的一点是：往往EPC合同规定"业主的审核和批准并不能减轻EPC承包商对设计工作的正确性和完整性的责任",因此,设计的正确性的最终责任是 EPC 承包商。

第六步:评估已完成的实际工作。

(2)设计过程的组织管理工作流程如图 3-5 所示。

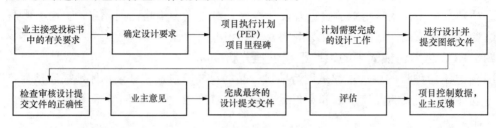

图 3-5　组织管理工作流程

五、EPC 总承包项目的设计组织问题研究

EPC 总承包项目的设计管理与纯粹的设计院的设计管理是截然不同的,EPC 总承包项目的特点决定了设计管理必须满足以下几个方面的要求:

(1)设计管理必须考虑 EPC 总承包项目的成本控制需要。

EPC 总承包的合同模式大多采用固定总价合同,给承包商留下的利润空间很小,同时几乎把所有的风险都放在了承包商一方。与此同时,业主对项目的成本控制非常严格,业主往往聘用高水平的项目管理公司对项目进行细致的过程管理。虽然设计费用在 EPC 总承包中的比重很小,一般不超过 5%,但 70%~80%的工程费用是通过设计所确定的工作量而消耗的,如果没有经业主批准的工程变更,工程量的变动或设计技术要求的提高将对 EPC 总承包工程效益产生很大影响。

为确保 EPC 总承包项目的总体效益,设计管理必须考虑 EPC 总承包项目的成本。在项目设计过程中,设计人员必须认真学习 EPC 合同中有关设计的要求,认真学习项目合同附件中的设计规范,把投标时估算的设计工作量作为施工图设计工作量的最高限额,将投标报价的工作量分解到各专业,明确限额设计目标按照批准的投资估算控制初步设计,按照批准的初步设计总概算控制施工图设计,同时各设计专业在保证达到使用功能的前提下,按照分配的投资限额控制设计,严格控制初步设计和施工图设计的不合理变更,保证总投资限额不被突破,从而达到控制工程投资的目的。严格按照合同文件中对设计的具体要求进行施工图设计,使限额设计贯穿于整个施工图设计之中,从设计源头控制各项工程费用保证实际设计工作量与投标时编制的工作量不出现大的差异,实现对设计规模、设计标准、工程数量和概预算指标等各方面的控制,达到对项目成本的控制与管理。

(2)设计工期的控制必须考虑 EPC 总承包项目整体工期的控制需要。

EPC 总承包模式的基本出发点在于促成设计、采购和施工三者之间的早期结合,其作业的逻辑关系是由设计到采购,再到施工,但并非只是将设计、采购、施工简单加法拼凑在一起。经验数据表明:采用 EPC 总承包模式的项目可以缩短建设周期四分之一左右。

在 EPC 总承包模式中,业主在项目进度安排和实施顺序上赋予了总承包商较大的权利和自由度,承包商可以根据项目的进度要求,平行交叉安排设计、采购、施工工作,实现设计、采购和施工三者之间的早期结合和平行作业。在项目实施过程中,设计工作是 EPC 总承包项目开展的第一项工作,同样,如果设计进度不能满足计划要求,则会影响设备材料的采购、供货进度和现场施工进度，引起连锁反应，给工程工期造成非常不利的影响。因此，设计工作需向采购和施工环节延伸，及时解决采购和施工环节中遇到和出现的各种问题，在总体设计基础上，进行合理设计优化和设计变更，在保证项目质量的前提下，加快进度。

要实现设计、采购和施工三个要素之间的早期结合和平行作业，EPC总承包商就必须具备很强的设计能力，使设计的工作成果能够尽早为采购工作的开展准备必要的输入条件，使采购工作可以往下进行，同时尽早地为先行施工的项目（如设备基础）准备设计图纸，使施工工作达到必要的开工条件，即业主批准的设计图纸和已经交货的设备材料。

（3）设计工作质量必须考虑EPC总承包项目质量的要求。

EPC总承包的合同模式大多是交钥匙合同，交钥匙合同规定：EPC总承包商负责全部设计、采购和施工，完成设施的单机试运行和联动试运行，完成设施的进料和出料并保证设施生产的产品满足性能要求，完成对业主操作人员的培训。在整个项目可以稳定生产、稳定运行后将项目交给业主，即"交钥匙"。由于项目实施环节众多，任何方面的质量疏漏都可能造成设施的投产困难、产品不合格、生产运行不稳定等。设计质量对采购、施工、试运行阶段有重要影响，是工程能否满足合同质量要求、能够投产运行的关键因素。如果设计阶段工作做不好，很难保证整个工程的质量。如果设计质量不能满足项目采购或施工的质量要求，则会使已经采购设备材料的重新订货，或使已施工完的工程重新返工，会引起质量的连锁反应，给工程实施造成非常不利的影响。

（4）设计工作范围必须考虑EPC总承包项目合同工作范围控制的要求。

设计工作范围对合同的工作范围有着直接的影响，设计必须对项目的规模、功能、工艺流程、设备材料选型、设计规范标准的选择等进行全面细致的分析、比较、控制，优选出在不超出合同技术要求、技术先进、经济合理的基础上既能满足业主功能和工艺要求，又能降低工程造价的技术方案，从源头控制项目的工作范围，使之严格控制在合同工作范围之内。业主超出合同范围的要求一般首先是通过对设计计算书、图纸和规范的审核而提出的，设计部门必须建立设计变更程序，对业主在设计审核过程中提出的意见进行认真分析，判断业主的意见是否超出合同工作范围。一旦确定业主的意见超出合同工作范围，则应立即进入变更工作程序向业主提出变更申请，这样可以有效阻止业主对承包商提出的一些不合理的设计要求，同时为工程结束后的索赔留下宝贵的物证材料。

六、设计人员人力资源管理

由于一切设计目标的具体实施都需通过设计人员进行，因此从某种意义上讲，设计人员的管理是设计管理中最重要的方面。国外，设计人员已经将概念转向为与整个企业各部门有机联系的协调师，从专业人员向企业总管理者或具备两者素质的人才方向发展。为此，设计人员需要当作能洞察未来变化、具有适应能力的规划者以及具备"经营管理""财务"等知识的工业设计师来培养，进行"经营学""经济学"等方面的教育训练。

企业的设计活动最终是通过设计师来实现的，设计师的组织管理显然就成为设计管理的最重要的工作之一。由于设计师习惯于接受一次性工作，但没有充分考虑到这些工作中所体现出来的内在联系；另外，他们也有可能追求一些新奇而不切实际的想法，并含蓄地坚持设计的"创造性"和"个性"。这样，企业的设计就很难保持一致的、连续的识别特性，给消费者或用户识别企业的产品和服务带来麻烦，从而影响企业的市场竞争力，解决这一问题的关键就在于采取措施对设计师进行有效的组织管理。设计师的组织一般有两种主要形式，一是依靠企业以外的自由设计师或设计事务所；二是建立企业内部的设计师队伍。下面将分别讨论这两种情形。

（1）设计事务所的组织与管理。

所谓设计事务所是指那些自己独立从事设计工作而不从属于某一特定企业的设计者们。对于许多中小企业来说，建立自己的设计师队伍在经济上是不合算的，因为难以吸引好的设计师到小企业来工作。因此，利用设计事务所为企业提供设计服务，也就是很自然的事情了。

对设计事务所的设计工作进行管理时，一方面要保证每位设计师设计的产品都与企业的目标相一致，不能因各自为政造成混乱；另一方面又要保证设计的连续性不会由于设计师的更换而使设计脱节。

为实现设计的协调，编制产品设计项目的任务书是很重要的。设计任务书不仅要提出产品功能要求，还要使设计师了解企业的情况，使设计工作与整个企业的视觉识别体系和企业特征联系起来。为此企业有必要制订一套统一的设计原则，作为每一位设计师共同遵守的规则，以保证设计的协调一致。这里，设计管理必须要在统一性和创造性之间作出某种平衡。如果对设计师设置过多限制，势必扼杀他们的创造性；如果对设计师放任各自的"个性"发挥，又会带来种种麻烦，使设计失去管理。如何把握住这种平衡是设计管理成功的一个关键。因此，在制订和实施设计标准时，应有一定程度的灵活性，在必要时可以适当变通。

为了保证设计的连续性，最好与经过选择的一些设计事务所建立较长期的稳定关系，这样可以使设计师对企业各方面有较深入的了解，积累经验，使设计更适合企业的生产技术和企业目标，并建立一贯的设计风格。

（2）驻厂设计师的组织与管理。

所谓驻厂设计师是与设计事务所相对而言的。驻厂设计师受雇于特定的企业，主要为本企业进行设计工作。驻厂设计师一般不是单独工作，而是由一定数量的设计师组成企业内部的设计部门，或者加入到产品开发部门，从事产品设计工作。目前许多国际性的大公司都有自己的设计部门，国内一些大型企业也设立了各自的工业设计机构。驻厂设计师一般对企业的各个方面都较熟悉，因而设计的产品能较好地适应企业在技术工艺等方面的要求，但应避免设计师因长期设计某一类型的产品而思维定式僵化，缺乏新观念的刺激，使设计模式化。因此，一些企业一方面鼓励设计师为别的企业进行设计工作，另一方面不定期地邀请企业外的设计师参与特定设计项目的开发，以引进新鲜的设计创意。

为了使驻厂设计师们能协调一致地工作，保证产品设计的连续性，需要从设计师的组织结构和设计管理两方面作出适当安排。一方面要保证设计小组与产品开发项目有关的各个方面直接有效地交流；另一方面也要建立起评价设计的基本原则或视觉造型方面的规范。

第五节　设计方案实施管理

EPC 项目的启动阶段一般是从项目合同基本落实但还没有最终签订的一段时间（技术商务澄清完毕至合同谈判签约前大约两到三个月的时间），或者是从签订项目合同后的前三个月的一段时间。由于 EPC 项目的特殊性，只要项目合同基本落实，项目应立即启动，越早越好。合同未签订前，虽然设计工作尚在组织，工作的方针和原则也还没有确定，但只要项目基本落实，设计经理就应该抓紧进行工作，工作的中心应该是推动项目的开展。项目基本落实的标志是业主要求和承包商进行商务合同的谈判工作，而不是合同签署。

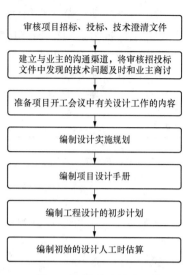

图 3-6　设计实施流程

项目启动阶段的设计工作主要是为了衔接投标阶段和设计实施阶段的有关信息，处理由于投标时间紧而没有完成的项目设计的准备工作，学习招标投标文件和技术标准、规范，充分了解业主的意图，收集以往同类工程设计资料，对设计实施方案进行多方比选，同时要理解和把握关键技术标准，收集市场信息，了解当地实际的技术、经济水平，进行必要的现场踏勘。设计实施流程如图 3-6 所示。

第六节　设计变更管理

设计变更的提出和执行由于涉及责任方的认定，很容易受到其他单位或部门的影响，出现执行难，效率低的问题，因为设计的变更而未能及时提出而影响设计或施工进度的情况屡有发生，因此，建立基本的设计变更管理流程是设计管理过程中必要工作。

一、设计变更的内涵

对于 EPC 工程总承包这样大型复杂的工程项目，变更的情况也是时有发生的，尤其是设计变更对设计审批的进度影响非常大。设计变更是指设计部门对原施工图纸和设计文件中所表达的设计标准状态的改变和修改。根据以上定义，设计变更仅包含由于设计工作本身的漏项、错误或其他原因而修改、补充原设计的技术资料。设计变更和现场签证两者的性质是截然不同的，凡属设计变更的，必须按设计变更处理，而不能以现场签证处理，设计变更是工程变更的一部分内容范畴，因而它也关系到进度、质量和投资控制。

在工程设计过程中，频繁的变更指令（Deviation Instruction）要求承包商重新处理并提交审批文件，耗费承包商大量的时间和精力。据统计，由于变更指令引起的设计返工是建筑项目中一项最主要的原因。

设计变更应尽量提前，变更发生得越早则损失越小，反之就越大。如在设计阶段变更，则只需修改图纸，其他费用尚未发生，损失有限；如果在采购阶段变更，不仅需要修改图纸，设备、材料还须重新采购；若在施工阶段变更上述费用外，已施工的工程还须拆除，势必造成重大变更损失。所以要加强设计变更管理，严格控制设计变更，尽可能把设计变更控制在设计阶段初期，设计变更费用一般应控制在建安工程总造价的 5% 以内，由设计变更产生的新增投资额不得超过基本预备费的三分之一。

由以下原因引起的变更可归结为设计变更：

（1）为了进一步完善项目的使用功能而对"业主要求"进行的改变；

（2）为了增加项目的某些功能而增加合同范围外的工作；

（3）由于标准规范、政策法令的变化引起的；

（4）不可抗力，根据 FIDIC 银皮书规定，除非承包商迅速向业主发出通知说明其难以取得所需货物或变更将对工程的安全性或履约保证产生不利影响，否则承包商应根据业主的变更指令修改其设计方案。

设计变更流程见表 3-2。

表 3-2　　　　　　　　　　　　　　设 计 变 更 流 程

编号	业务活动	操作部门	业务表单	描述
1	提出变更申请	执行部门、施工单位、EPC 承包商	非设计原因变更申请单	EPC 承包商（或其分包商）原因由 EPC 承包商提出
2	审核	监理单位	非设计原因变更申请单	
3	组织审核并落实投资估算及变更责任	生产技术部、项目部、工程管理部、工程计划部、采购部	非设计原因变更申请单	供应商原因引起的变更，由生产技术部负责组织，项目部、工程计划部、工程管理部、采购部参加审核
4	审核	审计部	非设计原因变更申请单	
5	审批	指挥部领导	非设计原因变更申请单	
6	编制设计变更通知单（含设计原因）	设计单位	设计变更通知单	
7	签字	生产技术部	设计变更通知单	
8	分发、归档	生产技术部	设计变更通知单	
9	执行、确认	项目部、监理单位	设计变更通知单	

二、设计变更的分类

1. 按提出时间划分

（1）可行性研究阶段（Feasibility study）。

项目开发的可行性研究就是对工程项目的经济合理性、技术先进性和建设可行性进行分析比较，以确定该项目是否值得投资，规模有多大，建设时间和投资应如何安排，采用哪种技术方案最合理等，以便为决策提供可靠的依据，这个阶段的工作对项目的开发成本，进度和质量具有决定性的影响。

（2）方案设计阶段（Conceptual design）。

建筑工程方案设计是依据设计任务书而编制的文件。主要由设计说明书、设计图纸、投资估算等三部分组成。方案设计阶段是根据规划指标编制的初始文件，是贯彻国家和地方有关工程建设政策和法令的基础文件，是建筑工程投资有关指标、定额和费用标准的规定。建筑工程设计方案对建设投资有着重要的影响，通过科学的建筑工程设计方案优化能够有效降低工程造价 10％左右，同时还能够对工程施工成本、施工质量起到促进作用。

方案设计是贯彻可行性研究目标的技术深化，进行项目技术和经济比较的基础文件。本阶段的主要任务就是在现有条件和要求下进行的不断调整和修改工作，这个时期发生的调整和修改是技术研究的主要手段，此时发生的修改和调整多数是不计费的。通过多方案设计的对比分析，投资方可以选择更适合自己目标和计划的设计。

（3）初步设计阶段（Technology design）。

设计文件确定了项目的建设规模，产品方案，工艺流程及主要设备选型及配置。项目开发的主要技术措施和经济发展已经具备了整体方案，详细和完善的技术深化有待在施工图设计阶段完成。如果投资方在本阶段进行修改和调整，不仅会增加部分的设计成本，还将为下一阶段的技术深化和现场实施进度带来重要影响。

（4）施工图设计阶段（Depth design）。

施工图设计是在初步设计的基础上进一步细化和完善的图纸设计，其更关注于项目的具体实施方法和细部构造措施，准确地表达出建筑物的外形轮廓、大小尺寸、结构构造和材料做法的图样，是房屋建筑施工的主要依据。在本阶段的设计变更视变更的内容和范围将会对设计成本和进度带来重要影响，所以对于施工图设计的修改要慎重决策。

（5）现场实施阶段（Site construction）。

现场实施阶段是指项目开始动工至竣工验收为止的时段。这个阶段的主要特点是施工周期长，资金投入较大，质量监控困难。在这个阶段的设计变更将对施工成本，进度和质量产生较大影响。

（6）竣工使用阶段（Acceptance）。

竣工验收后交付使用者，在使用者验房或日常使用中发现的设计缺陷遗漏，仍然需要按照技术规范和规程进行修改和调整。在这个阶段会遇到与项目设计构想中不一样的情景，有时是不满足具体使用者的改造装修，有时是设计时考虑不周全等等，设计修改和调整的幅度不大，对设计成本和周期基本无较大影响。

2. 按涉及专业划分

（1）规划（Planning）。

城市规划专业（以下简称规划）（Urban Planning）研究城市的战略发展、城市的合理布局和综合城市各项工程建设的综合部署，是一定时期内城市发展的蓝图，是城市管理的重要组成部分，是城市建设和管理的重要依据。对于在城市规划区内的房地产开发项目，必须遵守城市规划制定的各项技术经济指标。城市规划对地块功能结构的修改和调整，将对项目产生重大影响。如果在未取得建设工程规划许可证的情况下，图纸设计工作都将发生重大变化。

（2）建筑（Architecture）。

建筑学专业（以下简称建筑）是研究建筑物及其环境的学科，它旨在总结人类建筑活动的经验，用以指导建筑设计创作，构造某种造型和空间环境等。建筑学的内容通常包括工程技术和艺术创造两个方面。

建筑学服务的对象不仅是自然的人，而且也是社会的人；不仅要满足人们物质上的要求，而且要满足他们精神上的要求。因此社会经济的变化，政治、文化、宗教、生活习惯等等的变化，都密切影响着建筑技术和艺术。

作为项目设计的领衔专业，建筑设计的功能布局、交通流线、规模容量、防火抗震等级和防火保温要求等，对其他专业的设计内容和难度具有较强的影响力，对项目开发建设具有重要作用。

（3）结构（Structure）。

根据建筑设计图纸的要求来确定结构体系和主要材料；依据建筑平面布局和功能要求进行结构平面布置；根据建筑物等级和抗震要求初步选用材料类型、强度等级等；按照建筑设计提供的使用荷载结合环境荷载进行结构荷载计算及各种荷载作用下结构的内力分析，主要是满足建筑的安全坚固。在当前自然灾害频繁时期，结构的安全性显得尤为重要，结构专业的设计责任重大，涉及使用者的人身安全，其设计过程复杂，设计周期较长，任何涉及结构专业安全性的设计变更应当谨慎决策。

（4）电气（Electric）。

建筑电气设计分为强电设计和弱电设计，其中强电设计包括供电、照明；弱电设计包括电话、电视、消防和楼宇自控等。电气设计是根据建筑设计的内容和要求进行的，按照不同的建筑物规模、等级和功能配置相应的电气容量和设施。

（5）暖通（Ventilate）。

暖通空调设计专业是进行空气调节设计的，包括送风，采暖，制冷和排风。在高层建筑、高等住宅及地下车库的功能单元，需要进行专门设计，以满足技术规范需要。

（6）给排水（Mater）。

给排水专业主要分为给水，排水和消防水。根据建筑物的等级和功能要求，分别计算给水，排水和消防用水量，布置给排水管网和系统。

（7）景观（Landscape）。

景观设计是指在一定的地域范围内，运用园林艺术和工程技术手段，通过改造地形、种植植物、营造建筑和布置园路等途径创造美的自然环境和生活、游憩境域的过程。通过景观设计，使环境具有美学欣赏价值、日常使用的功能，并能保证生态可持续性发展。在一定程度上，体现了当时人类文明的发展程度和价值取向及设计者个人的审美观念。

由于景观设计更多地注重室外环境的改造和修整，其对建筑设计专业影响较小但是需要相关电气和给排水专业进行协调配合工作。景观设计的修改调整对项目设计的成本，进度和质量影响较小。

（8）装饰（Decorate）。

室内装饰设计是根据建筑物的使用性质、所处环境和相应的标准，运用物质技术手段和建筑美学原理，创造功能合理、舒适优美、满足人的物质和精神生活需要的室内环境，它是建筑物与人类之间、物质文明与精神文明之间起连接作用的纽带。其他专业的变更设计对装饰影响较小。

3. 按责任者划分

提出责任者的划分主要是为了区分设计变更的源头，分清设计变更的责任，区分各个部门各个专业的管理重点，总结项目管理经验，进行设计变更结算，是为了更好地进行设计变更控制。

（1）监督方（Supervisor）。

监督方通常是指城市规划、建设交通、房地产管理、安全生产及地方政府相关行政管理部门和行使部分质量监管行政职权的单位。由于项目的开发建设需要满足市政配套职能公司的要求，项目的竣工验收需要职能公司予以检测和认可，所以将与市政配套相关的电力、给水、排水、燃气、电信、环卫等具备公共服务公司纳入监督方。

（2）投资者（Client）。

投资者是为了取得未来时期的利润，对项目的开发建设投入资源的公司。投资者需要对整体项目的开发建设及竣工交房具备专业管理能力，其对整个项目的成本进度和质量负有完全的管理责任。投资者取得利润的多少直接与其资本实力、专业技术、管理能力相关。

（3）设计者（Designer）。

设计者是按照相关法律法规的要求，经过一定的法定程序，接受投资者的委托，对项目的开发建设进行专业设计的单位。设计者应当具备与项目性质规模功能相适应的专业资质，这是保证设计成本，进度和质量基本要求。

（4）施工者（Constructor）。

施工者是按照相关法律法规的要求，经过一定的法定程序，接受投资者的委托对项目的开发建设进行现场实施的单位。施工者要完成设计者的图纸设计向实物建成的过程，同样其也应当具备与项目性质规模功能相适应的专业资质。

三、设计变更的原因及分析

以下从外部因素和内部因素两个方面进行分析，旨在揭示设计变更的本质原因，为设计单位提高设计质量提供思路。

1. 外部因素分析

对于设计单位而言，外部因素是指企业以外的因素，包括顾客方、宏观环境和分包方、设备供货方等相关方，通常导致设计洽商的发生。外部因素分析能够督促设计单位审视自身面临的机遇和潜在的风险，利于及时调整运营战略，从而保证建设项目顺利进展。

（1）顾客需求变动是导致设计变更的最主要因素。

以顾客为关注焦点，是质量管理八项原则之首，也是企业发展应该践行的宗旨。顾客需求和期望的变化，轻则造成设计内容的更改变动，重则颠覆原有的设计思路和理念。某设计单位近5年工程设计洽商统计结果显示，由于顾客需求变动引起的设计洽商不仅数量最多，发生的费用也最高。因此，设计单位应重视与业主单位的前期沟通，尽量细化设计相关输入资料，特别是对于工程总承包项目，应建立顺畅的沟通渠道，争取在设计阶段解决主要分歧，最大程度降低变更费用。某设计单位近5年工程设计洽商数量统计见表3-3。

表3-3　　　　　　　某设计单位近5年工程设计洽商数量统计

年份变更原因	保产措施	测绘等外来资料错误	工程会议决定	顾客要求	设备或材料代用	施工及制造单位要求
2014年	2	6	82	318	1	6
2015年	8	9	183	718	3	13
2016年	3	5	103	182	3	5
2017年	1	6	80	195	5	40
2018年	8	30	355	465	2	23

某设计单位近5年工程设计洽谈费用统计见表3-4。

表 3-4　　　　　　　　　某设计单位近 5 年工程设计洽谈费用统计

年份变更原因	保产措施	测绘等外来资料错误	工程会议决定	顾客要求	设备或材料代用	施工及制造单位要求
2014 年	2.08	1.78	98.01	184.92	1.18	2.98
2015 年	21.04	9.28	247.75	681.42	1.17	16.86
2016 年	0.59	0	201.92	188.57	0	1.71
2017 年	0	2.83	12.44	185.18	0	31.37
2018 年	23.65	4.90	245.16	320.17	0	6.38

（2）分包单位、设备供货方等其他相关方是影响设计变更的重要因素。

设计工作是一个整体，虽然通常是由某一单位负责完成，但在实施过程中却可能涉及多个相关方。对于某些工程项目，由于设计单位在人力资源方面相对匮乏，或者在某些工艺环节技术相对薄弱，往往会将部分设计工作分包。在大型工程项目中，设备数量多且繁杂，各个设备的供应商都要与设计方进行对接。如此多的相关方介入到设计工作中，这就要求作为总承包方的设计单位关注与各分包方及设备供应商协同合作。如果一方或几方未按进度计划向其他相关方提供完整无误的技术资料，就会延误设计进度，进而导致工程拖期。同时，设计资料提出应特别注重提出资料的精准性，漏提、错提工艺参数不仅会造成设计产品的高返工率和设计过程的低效率，更对工程造价产生直接影响。

2. 内部因素影响

内部因素可以看作是企业自身的因素，主要包括人员素质、制度规范和管理水平等。内部因素既是设计质量统计分析的重点，也是减少设计变更的突破口。

（1）设计人员的综合素质是影响设计变更的关键因素。

首先，设计能力是设计人员应具备的最基本素质，也是设计变更的直接影响因素。相关专业知识匮乏、设计深度不够和图面表述不清晰是设计能力不足的主要表现，这些问题不仅会引发设计变更，影响工程造价，严重者可能导致工程事故。

其次，设计人员的经验和阅历是影响设计变更的重要因素。图纸设计经验和现场技术服务经验相辅相成，缺一不可。一方面，设计人员参与设计建设项目越多，越能有效关注影响图纸质量的关键点，从而降低图面错误率。另一方面，设计人员现场技术服务次数越多，对施工现场的需求把握越准确，对做好以后的设计工作具有重要的现实作用，从而有效减少设计变更。实践证明，加深设计人员对施工现场的熟悉程度，能够显著减少图纸中出现碰撞干涉类问题。

最后，设计人员意识的持续提升是减少设计变更的必要保证。所谓意识，主要包括设计人员的质量意识、责任心和职业化程度。质量意识淡薄，表现为对于设计失误造成的负面影响缺乏认知，这种情况引发的后果往往最为严重，需要通过较长期的培训加以提升；责任心缺失，通常表现为设计过程敷衍了事，对图面检查不屑一顾，职业化程度低，主要表现为图面文字叙述含糊不清、图表格式不统一和计量单位使用不规范等。

（2）企业制度不完善、设计流程不合理是造成设计变更的内在根源。

管理制度和程序文件规范了企业的运行准则，为组织有效运行和发展提供框架。设计单位应根据自身实际及时更新文件，规范管理，避免由于制度漏洞或流程不顺畅导致的设计变更。一些设计单位为保证工期，草率发图之后再组织各专业进行图纸会审的做法看似赢得了时间，实则埋下设计返工隐患。

（3）管理水平欠佳是导致设计变更的隐性因素。

设计单位的管理人员普遍为技术出身，缺乏相关的管理专业背景，加之设计任务繁重紧迫，岗位培训参与度较低，管理能力的缺失在一定程度上制约了设计质量的提升。一方面，设计经理编制进度计划不尽科学，设计人员无法合理安排自身工作，为保证工期只能草率交付成品图纸，通过后期补发大量设计变更保证设计质量。另一方面，设计部门领导质量意识不强，对本专业设计变更缺乏系统的整理分析。图纸设计中存在的共性问题无法得到有效沟通和解决，导致设计变更频发。

四、基于设计变更原因分析的改进建议

对于单纯的设计项目而言，设计单位仅需考虑设计更改造成的影响，设计洽商产生的相应费用由提出单位承担。对于总承包项目来说，作为承包方的设计单位则需要综合考虑设计更改和设计洽商，因为任何设计变更引起的工程造价变动都会对企业效益造成直接影响。为此，应把设计更改作为分析和改进的重点，同时有针对性地关注设计洽商。设计洽商主要通过加强外部沟通进行改善，而设计更改则需要从强化员工培训、完善企业制度和提升管理水平等方面进行改进。

（1）强化对外沟通能力，提升设计效率及精准度。

1）重视前期沟通，细化设计输入。

方案阶段是项目建设最关键的阶段，该阶段技术工作做得充分，对以后的施工图设计起着至关重要的作用。设计经理应在项目前期充分发挥纽带作用，通过与业主的反复沟通深入细化设计输入资料，并及时准确地转达给相关设计人员。只有充分了解业主需求，确保方案的可信度和准确性，才能从源头杜绝设计变更的产生。

2）完善沟通渠道，提升设计精准度。

为确保设计内容的准确性和适宜性，设计人员需要与相关人员进行沟通。无论是企业外部的业主单位、设备供货方和设计分包方，还是企业内部的相关专业人员和进驻施工现场的技术服务人员，任何环节沟通不顺畅或不及时都会直接影响设计进度，继而引发设计变更。企业应配备完善的基础设施，搭建通畅便捷的沟通渠道，确保设计人员能够通过互联网、长途电话、现场考察等多种形式及时获取所需信息，从而提升设计效率和精准度，降低设计变更的可能性。

3）以后续服务为支撑，动态反馈顾客信息。

设计成品的交付并不意味着设计工作的终结。顾客回访作为企业外部沟通的重要渠道，既能动态掌握顾客满意度，为设计工作查缺补漏，又能体现企业的服务意识和管理水平，塑造企业良好形象。企业只有及时获取反馈信息，不断总结经验教训，才能在以后的设计中精益求精，实现设计质量的持续改进。

（2）推进培训工作常态化，确保员工素质的全方位提升。

适宜有效的培训能够提升设计人员的专业能力和质量意识，为企业创造更高价值。一方面，应注重设计人员的专业技能培养。为保证培训效果，培训应深入浅出，形式多样。可以通过交流研讨、案例分析、培训讲座等形式营造学习氛围，提升员工的业务水平和设计经验。另一方面，应重视企业制度和体系文件的普及教育。为适应外部环境变化和企业运营需要，企业制度和体系需要不断更新调整。统一的培训能够从源头保证工作流程标准化，从而提高工作效率和设计质量。

（3）完善企业管理制度，简化设计工作流程。

适宜的制度是企业运行的有力支撑，能够提高企业管理效率和发展速度。管理部门应定期收集员工反馈意见，根据企业运行过程中暴露的问题对制度和流程进行优化梳理，例如对于先发图后会审的现象，应充分发挥质量部门的监督作用，并建立相应的考核机制，确保设计过程符合程序文件规定，针对审核人责任分散的问题，可以通过减少审核层级，或重新明确各级审核人的分工和权责，来避免工作内容和权责的交叉，需要注意的是，搭建体系的同时应注重资源配套。

（4）提升企业管理水平，推进质量监督管理。

为适应市场需要，设计单位的主营业务逐渐从单一的工程设计扩大为涵盖从工程咨询到售后服务的全流程服务。在这种形势下，如何及时转变管理思路，提升管理水平，是企业亟待解决的问题。首先，应建立激励机制，鼓励管理人员通过继续教育、考取资格证书等渠道自修管理学理论知识，提升管理意识。其次，企业应通过建立管理创新小组，组织交流研讨会等方式促进管理人员定期交流总结，分享管理经验，提升管理能力。最后，应妥善协调部门领导和设计经理之间的关系，明确职责分工，避免"多头"管理对设计工作造成的负面影响。同时，应充分发挥质量部门的作用。一方面，质量部门能够指导设计部门梳理工作流程，提高质量管理水平。另一方面，质量部门可以督促设计部门严谨制图，确保设计变更处于可控水平。需要注意的是，质量部门应保持一定的独立性，这不仅能够保证质量工作公正客观，更避免了设计部门对于质量部门的过度依赖。

五、变更控制原则、内容及结算

1. 变更控制原则

设计变更无论是由哪方提出，均应由监理部门会同建设单位、设计单位、施工单位协商，经过确认后由设计部门发出相应图纸或说明，并由监理工程师办理签发手续，下发到有关部门付诸实施。变更控制原则见表 3-5。

表 3-5 变更控制原则

原则	内容
符合国家规范	设计变更应是对原设计中不满足国家规范、法规的部分进行变更，使之满足国家相关规范、法规
保证使用功能	设计变更应是对原设计中不合理的部分进行变更，变更后应比原设计更合理、更满足使用功能
降低建造成本	在不影响使用功能、满足国家规范的前提下，变更方案应更加节约成本
保证建造工期	在不影响使用功能、满足国家规范的前提下，变更方案应更缩短施工周期

2. 变更内容

（1）原设计中不符合国家规范、法规的内容；

（2）原设计中某些施工工艺做法现场难以实现、改进后更加合理的内容；

（3）原设计中某些功能要求不能达到或违背销售承诺而需要进行改进的内容；

（4）原设计中存在的遗漏、缺陷等内容；

（5）由于某种需要公司提出的对原设计的更改内容；

（6）客户提出的变更。

六、设计变更的结算

设计变更的结算与设计变更的责任者密切相关。针对设计变更发生的不同原因、梳理设计变更的责任范围和大小以及相关的处理方法，是设计变更结算的主要依据。

1. 设计变更的实施结算

设计变更的发生时间是进行何种结算的重要依据。针对项目过程中发生的设计变更，必须明确设计变更发生的项目阶段。发生于项目现场实施前的变更只需要对图纸修改工作做出补偿，但对于发生于项目已经现场实施完后的修改，不仅仅对图纸进行补偿，还要对现场实施进行补偿。

项目设计管理者必须对设计变更的内容和范围进行认真评估。设计变更实施后，应注意以下两点：本变更是否已全部实施，若在设计图已经实施后，才发生变更，则应注意因牵扯到按原图施工的人工材料费及拆除费。若原设计图没有实施，则要扣除变更前部分内容的费用。若发生拆除，已拆除的材料、设备或已经加工好但未安装的成品、半成品均由监理人员负责组织建设单位回收，调减或取消项目也要签署设计变更，以便在结算时扣除。加强现场施工资料的收集和整理工作。施工单位在决算时需向建设单位或预算审核中心提供详尽的设计变更和现场签证的证明资料。这就要求现场施工人员必须对施工中发现的问题及时做好记录，写出详细情况，及时报送建设单位认可，作为追加合同预算的依据，保证项目获得预期效益。

2. 设计变更的责任结算

设计变更的发生是由于各种各样的原因，为了减少项目开发成本，督促项目各个参与方的工作，必须对产生设计变更的责任者做出责任结算。责任结算的对象在项目的各个阶段是不同的。

由于监督方具备相关的行政管理权，行使法律法规赋予的执法权，对于监督方提出的设计变更，投资方必须按照其要求进行修改调整，无法进行责任追究和赔偿。

对于投资方自身要求的设计变更，需要向设计者进行成本和时间补偿。

对于设计方设计变更责任，根据不同的情况需要具体分析，如果项目设计在图纸阶段，设计方通常无需进行相关赔偿；如果在现场施工阶段发现设计方的错误造成了一定的工程浪费，投资方需要向设计方进行索赔。

对于施工方引起或要求的设计变更，设计方有权要求投资方支付一定补偿费用，然后由投资方向施工方索赔。

七、设计变更的管理对策与方法

1. 技术管理方法

（1）加强前期研究工作，认真做好市场分析和技术准备。项目的开发建设处于变化的市场中，面临众多不确定的影响因素，只有通过多方调查和研究才能为项目发展确立明确可靠的设计计划和目标。建设单位要事先做好各种准备工作，包括地质勘察、资料数据的搜集整理等，在设计人员开始工作之前，要把完整、详细、准确的资料提供给设计院，在设计过程中不要频繁改动自己的条件要求。

（2）慎重选择设计单位，根据各个设计单位的基本情况，需要按照服务内容，技术能力，限时服务等来考核设计单位，不要盲目根据设计单位提供的业绩内容，人员数目，年经营收入及设计声望进行决策。根据目前的实际情况，设计单位的庞大并不代表其能为项目提供最大的技术支持，反而有可能专注于更大项目的工作，忽视公司项目的发展。

（3）投资方应当建设高效专业的管理团队。具备专业技术背景的管理人员往往能在项目设计阶段提早发现设计缺陷和遗漏，减少后期的设计变更数量，将会节约项目设计成本，加快设计进度，提高设计质量。在设计阶段进行投资控制非常重要，设计费用约占项目总成本的 1% 左右，但却影响着工程总造价的 60%～70%，进行建筑结构设计经济优化的核心是投资控制。

（4）做好设计与市政配套的技术协调。项目的开发建设需要与多个市政配套管理部门进行技术交流和协商，应当在项目设计前期，对以往项目经验进行梳理总结后，与市政部门进行沟通，询问当前的配套技术标准和要求，减少设计后期或者现场施工时市政配套管理部门提出新的要求和目标。

（5）重视设计方案和初步设计平衡。项目的开发建设不仅仅需要考虑宏观技术经济指标，还要重视技术的可实现性和实现成本的多少，所以在设计方案阶段需要平衡项目后期技术深化的要求，避免设计早期追求的功能复杂，规模宏大，空间气派的表观主义做法，使得在后期技术实现时造成成本剧增，无法实现时进行设计变更。

（6）加强设计流程管理，减少不必要的设计变更。公司的设计变更流程显得较为单薄，缺乏职能部门的监管，使得设计变更的实施和检验处于失控状态，为此需要在设计变更管理流程中增加监管和检验程序，以确定设计变更实施的合理性和有效性。

（7）设计变更有其特定的法定程序，也就是说，建设单位、施工单位、监理单位不得随便修改建设工程的设计文件，如确需修改的应由建设工程设计单位修改。这种法定程序的确定是与设计单位的法定责任相联系的。根据《建筑法》《建设工程勘察设计管理条例》《建设工程质量管理条例》《中华人民共和国注册建筑师条例》等法律、法规规定，建设工程设计单位必须依法进行建设工程设计，严格执行工程建设强制性标准，并对建设工程设计的质量负责。

2. 信息管理方法

（1）建立信息化平台，加强内部信息沟通。公司各个职能部门需要就项目的开发进度建立信息沟通机制，及时将各个部门的项目信息进行通报和协商，如设计管理部通报设计进度，设计变化和设计安排；工程管理部通报现场施工准备，机械设备安装，建筑材料订货时间；合约部通报项目目标成本，进度款项支付计划等，让各个职能部门了解项目的进度与计划。设计变更应尽量提前，变更发出得越早，对工程项目的投资和工期的影响也越小。如在设计阶段变更，则只需修改图纸，其他费用尚未发生，损失有限；如在设备采购阶段变更，不仅需要修改图纸，而且设备、材料还需重新采购；若在施工阶段变更，除上述费用外，已施工的工程还须拆除，势必造成重大变更损失。

（2）制订和完善专业设计沟通协调机制，加强设计过程中的沟通。设计管理者需要定期对设计方的工作内容，工作进度和工作质量进行检查和分析，及时将问题提交公司进行决策，便于设计方顺利开展工作，按时完成设计工作。设计变更的内容应全面考虑，若涉及多个专业，设计同施工单位的各专业技术人员应及时协调处理，以免出现设计变更，虽弥补了本专业的不足，却又造成其他专业的缺陷，尤其是设备专业的各种预埋件、预留洞的技术要求一定要及时反馈给土建专业。同样，土建专业的建筑平面功能发生的变更也应及时告知设备专业以做配合调整。

（3）建立设计信息岗位责任。设计管理者应当及时将项目设计的相关信息进行整理保存和分析，提供公司各个职能部门进行对比研究，使得其他部门能够根据设计进度安排部门的工作计划。工程设计变更（也称设计修改）在一些大型、复杂工程以及设计质量不高的工程建设过程中经常出现，涉及很多工序和专业的图纸，繁杂零散，管理难度大。设计变更档案和原设计文件具有同等效力，并与其组成一个完整的工程设计，管理好工程设计变更档案对建设单位和设计单位都十分重要。

3. 合同管理方法

（1）完善设计合同内容，事先约定设计变更的处理方法。加强设计合同的起草和制订工作，由设计管理部与合约部共同协商合同的具体条款，降低设计变更的成本，加快设计进度，设立设计缺陷或遗漏的赔偿条款，督促设计方积极进行设计工作，同时也可设立对设计方奖励机制，鼓励其高效保质地完成设计工作。

（2）严格进行设计合同交底。在签订设计合同后，合约部应当及时将相关信息通报各个职能部门，使得项目管理者熟知合同条款和注意事项，避免将来过多或无谓的索赔。

（3）建立合同实施保障体系。相关职能部门应当及时根据合同要求提供应付费用和技术标准，减少供设计方使用的失误和拖延。

（4）推行限额设计。通过对多年项目开发成本的研究总结，对于今后项目的目标成本提出计划，避免项目成本的过度支出，无法控制。能量化的指标一般给出技术指标或经济指标；不能量化的，给出定性描述，对主要的材料设备选型给出成本控制建议；对其中影响成本较大或容易造成成本流失的关键点作为设计阶段成本控制的重点。

4. 责任管理方法

（1）严格执行法律法规，符合基本建设程序。项目的开发建设应当符合法律法规的基本要求，过快过早地跨过相关程序，都将会给项目的设计变更带来重大影响。

（2）完善设计变更的程序及责任者。制订完整明确的设计变更工作责任图，使得各个职能部门明确工作内容与职责，积极推动项目开发建设顺利进行。

（3）建立项目参与者的奖惩机制。为了更好地鼓励积极按时高质完成项目任务的参与者，应当建立经济激励和惩罚措施，使外部经济驱动转化为内部责任驱动。对于施工过程中因设计问题引起的设计变更，要追究设计单位的责任，操作上可以设一个限值（如 10 万元），如因设计原因引起的变更每超过 10 万元，则应扣除设计费固定部分的 1%，考虑到设计变更不可避免，10 万元以下部分可以不考虑设计单位的赔偿责任，最大的赔偿金额也不超过设计费固定部分的 10%。这样，迫使设计单位重视施工阶段设计变更的时效性和经济性。由设计部门的错误或缺陷造成的变更费用，以及采取的补救措施，如返修、加固、拆除所发生的费用，由监理单位协助业主与设计部门协商是否索赔。

第七节　设计风险管理

所谓工程项目风险，就是根据工程项目目标及当前限定的条件，无法实现目标的可能性以及因此而导致的缺失与缺陷，指的是工程全过程中产生的一切有可能引起成本增加、工期延误、质量降低、功能无法实现的不确定性因素。

一、工程设计风险

对建筑工程而言，其设计风险与设计方、咨询方有着密切的关系，具体包括识别风险、评估风险、对风险进行控制等，上述过程持续不断。工程设计风险主要特点是：来源性更多、可预见性更弱以及可变性更大。

风险管理的基本流程图见图 3-7。

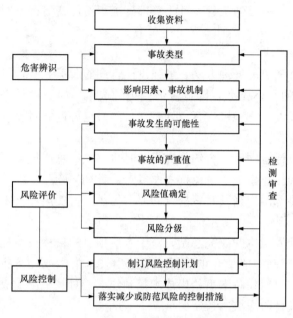

图 3-7　风险管理基本流程

相较其他工程项目而言，建筑工程更为系统且复杂，随着项目开展，风险也会不断变化，在管理建筑工程项目风险时，必须遵循下述原则：

（1）风险因素主要以防范为主，一经发现，应当在第一时间内采取有效的措施进行控制，避免因风险扩大而给承包企业造成更大损失。

（2）若识别出的风险因素确实无法规避，就必须考虑采取转移风险的途径。

（3）如确定会发生风险，但所引发的风险尚在设计单位可控制范围之内，则可采用自留的方式进行应对。对工程建设项目而言，最为重要的部分就是工程设计，其质量水平与工期和工程项目质量之间有着密切的关联。有资料表明，民用建筑工程事故的发生有 40.1% 源于设计的失误，由此可见，对建设工程项目而言，设计十分重要，各因素对工程事故的影响见表 3-6。

表 3-6　　　　　　　　　　　各因素对工程事故的影响

质量事故原因	设计引起	施工责任	材料原因	使用责任	其他
所占比例（%）	40.1	29.3	14.5	9.0	7.1

由表 3-6 中数据可知，项目质量事故减少的关键在于在施工前的筹划阶段和在设计阶段就将风险因素进行有效控制。由于建设项目系统而复杂，不仅施工时间长，并且涉及的主体也多，因此其风险会不断变化。同时，伴随工程进展，各种不确定因素也会日益明显，对整个项目建设而言，设计阶段属于前期准备阶段，因此其风险也更加不确定，所以设计阶段的风险管理，对整个项目而言意义重大。

二、EPC 工程总承包企业设计风险的识别工作

企业的风险管理体系需要有一定的系统性、逻辑性，根据项目管理手册中有关风险管理的指导内容，首先要进行风险的识别工作。开展风险识别工作，能够为相关方及时地提供关键信息，为风险评估提供更有力的依据，确保风险评估质量。毋庸置疑的是，如果不能准确理解风险的定义，就会导致风险进一步增加。EPC 技术风险分类见表 3-7。

表 3-7　　　　　　　　　　　　　　EPC 技术风险分类

风险分类	风险名称	风险影响	风险大小	对策/措施	风险管理部门
技术风险	设计风险	设计方案不满足业主及合同要求；设计错误；设计工作不精细、不及时、不到位等影响工程建设	中	严格执行相关设计管理规定；加强设计与工程建设管理的融合	设计部
	采购风险	采购产品的性能指标不能达到技术要求或质量不合格	低	严格按照设计的技术要求进行采购，加强监造及验收工作管理	采购部
	施工风险	施工技术方案不合理，导致不满足工程技术指标及质量要求	中	严格审查施工技术方案，严格执行施工技术要求及相关规程、规范	施工部

EPC 工程总承包企业设计风险识别的主要内容有：找到风险因素和风险形成的前提；表达风险的特征并评估其后果；完成已识别风险的分类。风险识别的过程可以多次进行，以确保识别出的风险因素的即时性、全面性。

1. EPC 设计风险识别原则

（1）全面性。在进行风险识别时，要尽量地将项目的所有环节以及项目包括的所有要素都考虑进来。

（2）针对性。类别不同的项目风险，识别的过程应有针对性。

（3）借鉴性。相同环境、同等类别、同等规模的项目，其风险因素有着很大程度上的可借鉴部分。

2. EPC 设计风险识别依据

以下列举了一些主要的识别 EPC 设计风险的依据：

（1）项目的前提、假设以及限制性因素。

对于 EPC 项目而言，有很多文件都是在一定的假设性前提下拟订的，比如建议书、可行性报告、设计文件等，既然是假设性的，因此在工程建设过程中这些前提有可能是不成立的。也就是说，EPC 项目的前提中蕴含一定的风险。

（2）项目开展过程中的各项计划和方案，和业主、总承包企业和其他利益相关者等的期望。

所有项目包括 EPC 工程总承包项目中都会有一些常见熟知的多发性风险类型，或许会给项目带来消极作用，因此在进行风险识别时，也要考虑到这些依据不同的工程总承包企业，所从事的核心领域有所不同，研究某一领域相类似的工程越多，越容易找到一些多发性的风险。

（3）过去的资料。

EPC 项目过去的资料能够使设计风险管理更具说服力，EPC 过去的资料所代表的是经验，或者是其他人在项目建设过程中总结的教训和成功之处。以往项目的设计修改单、设计联络函、深化设计确认函、材料进场检测报告、验收资料、事故处理记录、项目总结以及项目主要角色的口述心得等，都是获取风险因素最直接、最可靠的因素。

3. EPC 工程总承包企业设计风险识别方法

EPC 工程总承包企业设计风险识别方法详见表 3-8。

表 3 - 8   **EPC 工程总承包企业设计风险识别方法**

方法	基 本 描 述
专家调查法	从专家处进行咨询，逐一寻找项目中存在的风险，针对风险可能造成的后果进行分析和预估。这种方法的优势主要体现在无需统计数据就能进行定量的预估，其缺陷为过于主观
初始清单法	全面拟订初始的风险清单，尽量避免遗漏的方面。拟订这一清单后，根据工程各方面的情况开展风险识别工作，在这一过程中排除清单中错误的风险，并对已有的风险进行改正
风险调查法	这种方法的主要内容是提供详尽确定的风险清单。在建设工程中展开风险识别工作，通常要将两种或更多的方法结合在一起使用，而风险调查方法是必须采用的。同时，按照工程的进度，持续进行新风险的识别
故障树分析法	故障树分析法通过图例，对大的故障进行分解，从而得到各式各样的小故障，或者是针对导致故障的所有因素展开分析。一般情况下，当项目方经验比较欠缺时可以采用这种方法，针对投资风险进行逐一的分解，如果应用对象为大系统的话，采用这种方法极有可能会出现错误
流程图法	流程图法将项目完整的过程罗列出来，综合考虑工程项目本身的情况，逐步排查每项流程中存在的风险因素，以识别出项目所面临的所有风险
情景分析法	该方法假设某一现象在长时间内不会消失，构建出一个虚拟的未来环境，接着对可能发生的各种关联情况及趋势展开预测

4. 识别 EPC 工程总承包企业设计风险的流程

在具体进行风险识别工作时，由于必须针对全部潜在风险来源以及结果展开客观的调查，所以要从系统、持续、分类的角度出发，对风险后果程度进行客观的评价。风险识别的流程详见图 3 - 8。

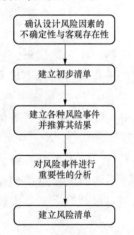

图 3 - 8   风险识别流程

三、风险评价指标体系建立的原则

在拟订 EPC 工程总承包企业风险评价指标体系的过程中，考虑到设计管理的风险评价十分复杂，构成该系统的不同指标彼此间存在广泛且深入的联系，所以，为了确保最终的指标是充分客观和准确的，同时让项目设计风险管理更为客观，指标要具有一定综合性，能反映和度量被评价对象优劣程度，指标内容明确、重点突出表意精准，避免重复性的指标，指标评价所需数据要方便采集，要同时满足精简和目的性的目标，指标要尽可能量化，如果是定性指标，必须选择有效的算法和工具进行处理，方便指标的评价。具体应当遵循以下几条原则：

（1）科学性原则。

在拟订设计风险管理指标时，首先必须从科学的角度出发，确保指标可以详细地揭示出 EPC 工程总承包项目面临的风险所具有的特点及其彼此间的联系，同时借鉴专家调查结果以及 EPC/交钥匙合同规定，把定性和定量指标融合在一起，然后利用风险等级评价工作。

（2）系统性原则。

EPC 工程总承包设计风险管理评价指标体系内的指标，彼此间并非形式上的堆砌，而是不同指标间彼此存在的关联，而且指标体系能够全方位地揭示出 EPC 工程总承包企业设计过程中全部潜在的风险。根据这一原则的要求，在进行项目风险识别上，要做到范围上全部涵盖，在具体的细分上尽量找到最为关键性的描述。前者指的是以项目风险因素为对象，展开全方位的管理分析，同时从不同的角度出发，完成风险的分解，以获取项目原始风险清单。后者指的是对风险清单中列出的风险进行分析，衡量风险的重要性程度，找到关键性的风险，作为后期风险评价和管理的重点对象。

（3）动态性原则。

随着设计工作不断推进，一部分不确定性在随之减小，同时一些新的不确定性可能出现。也就是说，在项目全过程周期中，设计风险不是一成不变的，如果发现项目环境发生变化，设计阶段开始失控，需要重新对设计风险进行识别与评价。在开展项目风险识别时，要针对项目所面对的环境以及所拥有的条件和项目范围的波动，对项目和项目要素所面临的确定的或潜在的项目风险开展动态的识别。

（4）针对性原则。

相同的指标体系并非适用于所有的评价项目，而一套指标体系不可能适用于所有的 EPC 项目，所以 EPC 总承包企业应该针对不同项目的特点，对于从事多项目的 EPC 总承包企业来说，一个可持续的方法是先建立一个基本的指标体系，然后建立指标完善体系。

（5）可操作性原则。

在确定指标体系时，要确保资料和数据的采集是完全可行的，并且要在最大程度上降低评价的复杂性，简化操作步骤，确保相关部门能够更好地配合执行评价方案。

（6）层次性原则。

最终确定的指标体系必须符合科学的层次性，按照一定准则创建不同的层次，属于相同层次的指标具有独立性，防止出现重复揭示问题的现象。我们可以将项目看作是非常复杂的系统，该系统所包含的不同风险因素彼此间存在广泛、深入、复杂的关联，比如主次关系、因果关系、同向变化关系等。在进行项目风险识别时，不能忽视不同风险彼此间的关联，明确界定不同项目风险的含义，在最大程度上防止产生重复、交叉的问题。

（7）先怀疑，后分析。

EPC 工程总承包企业设计风险识别中遇到问题，首先必须权衡其是否具有不确定的特点，并据此完成风险的确认以及剔除。确认和剔除都非常关键，尽早完成风险的确认和剔除，无法剔除且不能确认的风险，将其当作确认风险，有必要针对此类风险进行深入的分析。

四、EPC 工程总承包企业设计风险管理措施

1. 技术措施

（1）全面的准备工作。

完整、准确地理解业主的需求，对项目进行现场考察，了解实际情况，是设计风险管理以及整个项目管理的首要任务。EPC 项目的设计人员不仅要充分掌握项目所在地的地质、气候、相似项目等状况，也必须全面了解所在地的相关法规政策、行业规范、建筑设计惯例、通用的标准等。因此，EPC 总承包企业和所选定的设计分包单位（或设计团队）首先要做的是对招标文件和业主的需求进行分解，逐条核对予以消化，需要深入项目现场，全面掌握工程背景与形势条件，及时和业主进行交流沟通，把握业主对工程的实际想法与潜层期望，为后续的实施工程设计提供有效、充分的依据。总承包合同所约定的设计规范和标准和项目当地的地质、气候、文化因素、人员素质、经济发展水平、工业化程度以及施工工艺水平，对采购的确定、施工方案都产生一定影响。设计、采购、施工部门也要对规范和标准熟悉吃透，并结合项目管理和组织施工的特点，才能为后续推进工作铺平道路。

（2）注重设计技术审查工作。

在现今的环境下，EPC 工程通常有着规模大、合同额高、技术性强的特点，在项目正式施工之前必须组织专门人员认真做好设计文件审核工作，这样既可以降低施工进程中的返工率，节省时间，也降低了材料浪费率，节约项目成本，这一点符合我国的工程惯例，并且在我国项目建设有关的法律法规中有着确切的规定，也获得了项目管理各个方面的普遍认同。

在 EPC 模式下，承包方有条件对 EPC 工程展开全程监控，对设计材料展开审核的条件更加充足，设计材料审核并优化所带来的经济收益也是 EPC 工程项目利润的一个最为有效的组成部分。所以，EPC 承包单位应该给予设计材料审核工作足够的关注，既要审核设计技术的可行性，也要审核材料选择是否经济以及施工方式是否恰当，必要时引入经验丰富的设计监理严格把关。审核设计材料时必须注重与设计审批的相统一，注重对设计的全程审核。

2. 组织措施

（1）完善专业设计间的接口处理。

在大型的 EPC 项目中，设计工作除了主要设计单位进行外，经常存在众多专项深化设计单位后续参与的情况，于是 EPC 工程通常存在着不同设计单位之间的配合与衔接的问题。在 EPC 总承包模式下，总承包企业必须发挥出 EPC 总承包模式组在统筹管理上的优势，确保前后设计接口在主要技术参数、方案形式、主材选取上的一致性，并协调好各设计交接周期与施工进度之间互相耦合的问题，保证施工进行的流畅性，避免由设计接口的疏漏、延迟而造成的工程进度上的延误或者返工。

（2）加强设计过程中的协调工作。

在设计过程中，设计部门与其他参与方的良好的沟通与实时协调是非常重要的。EPC 总承包企业应委派专人负责，在设计实施过程中做好以下几点沟通协调工作：

1）人员之间的设计合作协调。如果是国内项目，设计人员需要在设计过程中频繁与计价、采购、施工部门进行协调，确保所设计方案的可实施性、经济性与时间周期上的优化性；遇到主导性较强的业主，还需要及时与业主沟通设计方案，得到业主的认可，确保方案不反复。涉及对外合作的 EPC 项目时，情况通常更为复杂，总承包企业经常对当地设计单位的能力水平、工作效率、图纸深度与质量不甚了解，因此类问题延误了后期采购与施工的进度，针对此状况，总承包公司可以采用自身的设计部门与当地设计分包单位进行联合设计的方式，及时沟通，主动发现问题，及时解决在此类合作设计模式中，总承包方应注意项目各配合方所存在的接口与范围划分的问题。这就要求总承包方在设计阶段对项目的设计风险进行有效地识别、评价，之后做好应对措施。

2）二次设计、设计分包进度协调。在 EPC 项目的施工准备阶段，总承包方应将二次设计、设计分包的周期严格纳入施工总进度管控的进度计划中，严格约束设计分包单位，对设计衔接的周期进行严格把控，各设计分包单位必须提交明确的设计分包进度计划，将此部分工作的不确定性降到最低。在项目的具体施工过程中，难免会出现各种意料之外的因素，例如深化设计单位会由于各种原因对原设计中的设计参数及材料选取进行更改，并由总承包企业在短时间内予以确认，总承包企业面临这种情况时，需要迅速进行正确判断，并采用有效的对策，并将调整内容及时通知到业主、主设计单位以及每个设计分包单位，确保工程各个参与方在信息上具有一致性并达成共识，避免反复。

3. 合同措施

（1）强化设计分包合同约束能力。

对备选设计分包单位有充分的了解，不能仅靠投标报价的高低简单地确定设计分包单位。对于涉外项目，EPC总承包企业应优先考虑工程所在国当地的设计单位，如果选择了对当地的设计理念、设计习惯以及当地规范标准不熟悉的单位，会增加设计图纸不能在施工中实现、经济性差，且不能顺利通过当地政府相关部门审批的风险。

设计分包合同的签署工作尤为重要。需要在签署的协议或合约中明确双方的权责与义务，确定工作范围、设计标准、进度节点，明确违约的责任，明确索赔的原则，明确利益改变的配比原则，建立起风险同担、效益同享的协作制度。对于关键性的设计规范及标准，在协议中要以科学、明晰的形式确立下来，如可将有关我国标准制作成表达性较强的示意图或者参数表当作附件签订，如此可规避以后发生的技术矛盾。

（2）按期执行物资采购合同。

采购部门需要及早介入到设计工作之中，要求设计部门尽早提出工程的装修档次、品牌选择范围清单、产品技术参数、特殊物资订货要求等内容，同时重新核对项目的总体成本控制以及进度计划，并告知上级。在此基础上，项目采购部门依据设计提供的文件尽早地展开市场调查和产品询价，将得出的结果反馈给相关设计者，在保证工程物资的功能性、合规性的基础上，在满足业主要求的基础上，选取最具经济性、适用性的产品材料，有效降低采购成本、工程成本。

五、预防风险管理策略

1. 对采购设计工作的管理策略

从设备采购技术文件的编制方面来考虑，设备采购技术文件应有设计人员写出详细的技术规格书，是对设备采购的范围、数量、用途、技术性能、分包商的技术责任以及维修服务等的内容的概括。国外大部分设计公司建立计算机信息管理平台方便信息交流。

从参加设备采购的技术谈判方面来讲，设计人员参与技术谈判，要求技术人员有全面的技术知识、头脑灵活、善于谈判并具有强烈的责任心，为了使采购更合理化。来往技术文件的审核与签署。一般由分包商将采购设备和材料的技术文件反馈给设计人员，设计人员进行审核和签署，然后再购买或者正式按图制造。设计工作人员还要及时参与设备到货验收和调试投产验收等项工作。

在设计阶段如何对风险加以防范，进而规避风险，可以从以下四个方面进行考虑：

（1）充分发挥设计的主导作用。

设计是工程的主导因素，决定工程造价。设计成果是采购和施工的依据，设计工作的质量影响着采购和施工的开展。

因此，EPC总承包项目要求设计需要考虑采购和施工、试运行等全过程，以及包括设备、材料采购和施工安装要求，能更好地实现设备、材料采购和施工的统筹安排，从而充分发挥设计的主导作用。

（2）贯彻设计全过程思想。

实现设计、采购、施工、试车进度的深度交叉。快速跟进法是在确保各阶段合理周期的前提下缩短建设工期合理交叉一种有效的进度管理方法，在发达国家已普遍采用。

设计、采购、施工等的深度交叉。虽然能带来缩短工期和经济效益机会，但同时也给承包商带来返工的风险，所以要注意交叉深度的确定和交叉点设计的合理性，特别是发生变更时的预备方案。

（3）提高设计质量，保证工程质量。

设计质量最终由工程质量来体现，设计环节直接影响到工程质量。为保证工程质量，需将采购也纳入设计程序范围，包括设计者对供货厂报价的技术评审，从而确保采购设备要符合设计要求，要使采购的设计图纸跟施工现场的设备相一致，避免造成返工或者延误工期。同时，在设计时需考虑试运行的要求，减少返工和浪费，提高设计质量。

（4）提高设计管理人员素质。

设计管理需要复合性人才，要求懂技术、会外语、通管理，因此总承包商需要加强设计管理人员的培训，提高设计管理人员的业务水平，提高总承包企业的设计管理水平和总体水平。

2. 对组织设计的管理策略

（1）建立适合项目特点的组织机构。

项目的组织结构可以分为直线制、职能制、直线职能结构、模拟分权结构、矩阵结构、事业部组织结构、委员会结构、控股型结构、网络型结构。集中矩阵结构还可以分为强矩阵制和弱矩阵等。EPC 总承包项目比较复杂，多采用矩阵制。

（2）建立工作效率高的管理团队。

高效的管理团队是项目成功实施的保障，以勘察设计单位为主体的 EPC 总承包应该注重管理能力的培养。

（3）设计单位为主导的组织形式。

设计单位作为主体时，由设计单位处于项目的主导地位，设计单位与施工单位、采购单位、试车单位之间，设计单位为主导地位，存在着合同关系，施工单位、采购单位、试车单位之间是协调关系，无合同关系。

第四章
EPC 工程总承包采购管理

第一节　采购体系精细化管理

一、精细化管理概念

精细化管理是一种理念，一种文化。它是源于发达国家（日本 20 世纪 50 年代）的一种企业管理理念，它是社会分工的精细化，以及服务质量的精细化对现代管理的必然要求，是建立在常规管理的基础上，并将常规管理引向深入的基本思想和管理模式，是一种以最大限度地减少管理所占用的资源和降低管理成本为主要目标的管理方式。对于精细化管理的理解，可以从以下几个方面理解：

（1）精细化管理既是一种科学的管理方法，也是一种管理的理念。精细化管理作为一种管理方法要求企业必须建立科学量化的标准和可操作、易执行的作业程序，以及基于作业程序的管理工具。精细化管理作为一种管理理念体现了组织对管理的完美追求，是组织严谨、认真、精益求精思想的贯彻。

（2）精细化管理不能脱离企业原有的管理单元和运行环节，是基于原有管理基础上的改进、提升和优化。

（3）精细化管理排斥人治，崇尚规则意识。规则包括程序和制度，它要求管理者实现从监督、控制为主的角色向服务、指导为主的角色转变，更多关注满足被服务者的需求。

（4）精细化的管理是一个全过程、全方位的管理体系，是一个企业管理理念树立的过程，因此推行精细化管理是一个循序渐进、厚积薄发的过程。

（5）实施精细化管理的目的是基于组织战略清晰化、内部管理规范化、资源效益最大化的基础上提出的，它是组织个体利益和整体利益、短期利益和长期利益的综合需要。

二、精细化管理操作方法

精细化管理的操作方法主要包括以下八种，即：细化、量化、流程化、标准化、严格化、协同化、实证化、精益化。精细化管理操作方法如图 4-1 所示。

1. 细化

谈到精细化管理，许多企业都有深刻的体会。习惯的做法是：制定详细的规章制度，提出细化的操作要求，让下属、员工去执行、去操作。结果大都收效甚微，执行不到位。很多制度、要求成了一纸空文，制度、要求是一套，实际做的又是一套。究其原因，主要是管理者将管理细化的重心放在被管理者身上，一旦下属执行不

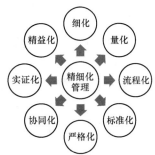

图 4-1　精细化管理操作方法示意

到位，便没有相应有效的细化的管理措施来控制。这样的精细化管理注定会失败。

精细化管理的主体和管理工作的重心，是管理者，而不是执行者、下属。精细化管理是通过上司管理工作的精细化来带动下属执行的精细化。下属工作不细，是因为你上司管理不细，下属执行不到位，是因为你上司管理不到位。

做细，就要制定实施细则和检查监控细则。要求下属、员工做细，上司、管理者的管理工作就要做细，包括布置工作任务要细、操作要领指导要细、工作质量标准要细、检查要细、考核要细、纠偏工作要细等。对执行管理的细化，一些常用而行之有效的方法有：横向细化、纵向细化、衔接细化、责任细化。

横向细化：是将一项工作或任务或一个部门的工作按合理的逻辑结构，分解为若干个组成部分。每个部分又可继续分解为若干个更小的部分，直到不能再分或不必再分为止。分解出来的每一部分，就是一个工作单元。

纵向细化：是从纵的方向按时间顺序将工作任务分解为各个组成部分，并且也是一直分解到不能再分或不必再分为止。

衔接细化：企业里各个人各个部门的工作，很少能独立进行的，大多都需要与别人、别的部门衔接配合的，而企业管理效率不高的重要原因之一，也就是各工作单元之间的衔接不好，造成结构性效率损耗。

责任细化：是指将各项工作或任务落实到具体的责任人或责任组织。使责任细化，以便执行不到位时追究责任人的责任。一般来说，责任细化的内容可以考虑以下因素：工作任务的内容、数量要求、质量要求、重点难点、关键环节（细节）、责任人、完成时限、检查人、检查时限、交接考核程序等。

细化管理并不推崇管理人员将一切管理工作都做到细微到极致，搞烦琐管理，而是要求其抓住核心细节，管好重点、关键的少数细节，密切监控易出问题的关键细节，不管一般细节，简化或忽略无关紧要的细节。根据80/20原理，一般的次要细节占多数，而重要的关键的细节只是少数，管理者只要抓住这少数细节管好就行了。占大多数的一般细节、次要细节，可以放心让下属做。

2. 量化

量化是精细化管理的一个重要方面，强调通过科学化的管理手段实现各项管理工作的数量化；量化是细化的另一侧面，是细化的深入，通过量化，达到更精确的细化；量化是实行严格管理的重要条件，没有精确量化的手段，严格管理，有效监控和纠偏，就缺乏有力的证据；量化是实行标准化管理的重要工作，许多质量标准、管理标准都必须通过量化来体现。

量化管理的方法，应用在企业工作的方方面面，如目标量化、布置任务量化、市场调研量化、计划工作量化、工作衔接量化、考核量化、奖惩机制量化等。量化管理的重点是管理人员，而非生产人员，其中最难的是考核。管理人员的定量考核之所以困难，就是因为考核的指标大多是模糊数量，如敬业、忠诚、积极、努力、认真、自私、能力、执行力等。对模糊数量的定量考核主要采用隶属度的方法，常用的有两种形式，即评分法和程度等级。

3. 流程化

流程化管理，是将任务或工作事项，沿纵向细分为若干个前后相连的工序单元，将作业过程细化为工序流程，然后进行分析、简化、改进、整合、优化。目前，许多企业只有少量的工作进行流程化管理，如文件收发程序、费用报销程序、物料领用流程、重要干部任命程序等。对这些少有的流程也缺乏有意识地分析改进，流程的沟通不足，与流程有关的各方并不全都清楚流程的各环节，甚至有的企业还没有指导员工的工作手册，岗位说明书，缺乏对员工进行工作流程培训。推行流程化管理主要包括如图4-2所示三个步骤。

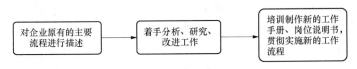

图4-2　流程化管理流程

（1）对企业原有的主要流程进行描述。流程描述主要有线性描述、责任矩阵描述、时间矩阵描述和空间流程描述四种方法。流程描述方法见表4-1。

表4-1　　　　　　　　　　　　　　　　　　流程描述方法

方法	内　　　容
线性描述	将工作、任务细分为若干个步骤，再用流动方向的线条将各个工作步骤按先后顺序连接起来
责任矩阵描述	在每个流程环节上都标出责任人，这种流程图的横坐标表示每一环节的责任部门或责任人，纵坐标表示流程的时间顺序
时间矩阵描述	在责任矩阵的右边增加一列，给出每个环节的作业时间
空间流程描述	在线性流程描述后，给出各个环节的实施地点，这种流程描述，多用于公共服务机构的流程描述

（2）对原有的运作流程进行描述之后，着手分析、研究、改进工作。在原有流程的分析研究的基础上，去除不必要的工作环节，简化流程；调整流程各工作环节的顺序和流程的空间布局，以使流程更具合理性；充分挖掘流程中的潜力环节，调整改进其操作方法，提高流程效率；明确流程中易于出错且难于管理的关键环节，通过设置监控点，密切观测其运作状态，随时予以调控纠偏。经过流程分析，发现原流程的问题，并逐一探讨原因，提出改进的建议和改进方法，从而提高流程的质量和效率。

（3）在分析、研究、改进的基础上，对相关人员的有效培训，制作新的工作手册、岗位说明书，贯彻实施新的工作流程。

4. 标准化

标准化是实行精细化管理的重要形式的要素之一。管理标准化是管理规范化的必要条件。标准化体现着严格的组织纪律性，它是克服管理随意性、无序性、粗放性的有效手段，是由人治管理走向法治管理的必要过程。

实行标准化管理，仍然需要从三方面着手。

制定标准：制定标准是要寻找一个合理的参照物或标杆，这个参照的标杆要与企业的发展阶段和实际相符，不宜过高或过低，标准太高，大家都做不到，反而养成执行不到位的坏习惯，同时标准的制定要尽可能地量化，就是对不能量化的因素，也应尽可能定出定性的标准。在有严密检查的前提下，标准定得越细，执行情况也越好。但是，如果监控机制跟不上，任何再细的标准都只会成为一纸空文。

格式化与规则化：管理人员应按固定程序办事，带头遵守企业的各项规章制度，并将这些行之有效的格式、规则以手册的形式予以固定下来。

统一化：实行统一化管理，可以由外到内分步进行，先做好视觉形象统一，再力求使对外宣传的口径统一，再做好文件格式统一，最后使内部管理和员工操作逐步统一。

5. 协同化

每个人，每个部门的执行工作，离不开其他人、其他部门的配合协作，也就是说，执行过程少不了要与其他人或部门的衔接，即协同化。协同化管理要求各个执行者，不仅要做好自己承接的工作单元，做好自己分内的工作，还要主动与其他工作单元衔接配合。工作单元之间的衔接，组成了多种链条，如产出链、物料供应链、质量链、财务链、成本链、信息链、决策指令管理链、执行链、服务链等。每个执行者都处在这些链条的某一环节，企业规模越大，这些链条越长。

协同化管理主要有以下四种方法，见表 4 - 2。

表 4 - 2 　　　　　　　　　　　　　协 同 化 管 理 方 法

方法	说　　　明
匹配法	对企业最主要的链条的每一个环节的上下两端，逐一实行匹配，从而使整个链条的各个环节都一一实行匹配优化
补位法	其他环节的人员主动去弥补异常环节的产出能力不足，或为其排障解难。要实行这种补位的方法，就要求管理层，平时就要向下属灌输补位意识，培养下属的一专多能，以便在需要时，能顺利地补位，并且管理者以身作则，为下属做出补位的榜样
短木板改善法	根据短木板理论、木桶理论，企业组织的各个链条的效能，取决于最慢的一环，而不是最快的一环。要提高各个链的运行质量和效率，就必须改善最慢、最差、最薄弱的环节
流程再造法	首先需要消除各个链条中非增值的活动；其次是简化流程，简化工作程序，减少沟通障碍，精简机构人员；最后利用计算机与信息技术，实现企业流程自动化

6. 严格化

严格化管理，即执行控制要严格有力。管理粗放，效率和效益低下的企业，大多不是决策失误的问题，通常是决策没问题，问题常出现在执行上。执行不力，说到底是控制无力，缺乏有效严格的控制。推行严格有效的控制，需要多层级的检查监督，覆盖各层面、各环节、各事项的全覆盖监控，全过程的控制，短间隔的总结清理，前瞻性和预警性的控制机制。

7. 实证化

实证化是一种思维方式和观念。实证化包含二层意思：一是求真。注重事实，尊重客观规律，实事求是，追求事实真相。二是务实。务实不务虚，实用，实践，脚踏实地，把工作落到实处。推行实证化，要求在选人用人上，摒弃单凭领导印象、个人好恶的提干方法，坚持公平、公开、公正的竞争；要求在管理措施上，管事凭效果，管人凭考核；要求在重大决策上，坚持充分的调查研究，谨防想当然决策，凭个人主观意志决策。

8. 精益化

精细化强调把管理做好、做精，精益求精。精细化要求后进企业要增强危机意识，寻找突破，死里逃生；精细化要求先进企业，永不满足现状，持续改进创新，挑战极限。精细化的实现，要求企业实行专业化经营，做专才能做精；要求企业有强烈的长效意识、品牌意识，通过长期不懈的努力，打造出具有竞争力的强势品牌；要求企业要有积极进取的发展观。

三、EPC模式下总承包商精细化管理体系内涵

EPC模式下总承包商精细化管理体系是指EPC总承包商依据EPC项目管理方针和EPC项目管理目标，以EPC总承包商企业文化为基础，在开展EPC总承包业务的设计阶段、采购阶段、施工阶段、试运行阶段的全过程中，引入精细化管理的理念、要素和操作方法，通过各种管理手段实现项目目标的体系集合，它是由具备各种管理功能的子体系构成的整体系统。

EPC模式下总承包商精细化管理体系应包括以下含义：

（1）应实现总承包商的EPC项目管理目标。

（2）应实施的是精细化管理。

（3）应实现总承包商全过程的集成管理。

（4）应充分运用现代工程项目管理的知识。

由上可知，EPC模式下总承包商精细化管理体系包括设计、采购、施工、试运行各阶段的精细化组织体系、精细化制度体系、精细化流程体系、精细化信息管理体系和精细化绩效评价体系。

四、EPC模式下总承包商精细化管理体系重要性分析

（1）精细化管理体系是解决EPC模式下总承包商管理问题的根本途径。

EPC总承包模式在我国经过30多年推广后，越来越多的勘察设计院所和大型施工单位开始向EPC总承包企业转型，但由于受计划经济时代的影响，在开展EPC总承包业务时仍然采用过去粗放式的管理模式，在多方面的原因下，出现了多个方面的管理问题。

近年来，EPC总承包商也在积极探索解决的办法，但始终没能从根本上解决自身的管理问题。究其原因，主要是由于未能从根本上转变自身的粗放式管理模式。然而，精细化管理体系的建立却能够从根本上转变粗放式管理模式，实现管理的精细精益化，实现EPC总承包模式对总承包商的管理要求，从而成为解决EPC模式下总承包商管理问题的根本途径。精细化的管理体系是一个全过程、全方位的管理体系，是一个企业管理理念树立的过程，能够实现组织战略清晰化，内部管理规范化和资源效益最大化；同时精细化管理体系能够兼顾组织的个体利益和整体利益、组织的近期利益与长远利益。

（2）精细化管理体系是提升EPC总承包企业核心竞争力的基本条件。

EPC总承包模式具有能够实现设计、采购、施工、试运行各阶段的深度交叉，缩短建设工期，提升项目的运作效率与整体效率，EPC总承包商能够获得较高利润等各方面的优点，在工程建设领域推行EPC总承包模式无疑是站在行业内顶端，实现了合理利润的最大化。

随着EPC总承包行业竞争的不断加剧，面对越来越多、越来越强的竞争对手，企业做强做大是一个必然的发展方向。EPC总承包企业的领先优势则要求企业必须保持和提升自身的核心竞争力。虽然保持和提升企业核心竞争力的因素有多个方面，但是企业自身管理体系的精细化却是提升EPC总承包企业核心竞争力的基本条件。

（3）精细化管理体系有利于规范。

EPC总承包商的管理行为，促进EPC模式的健康有序发展精细化管理体系的建立有利

于解决 EPC 总承包商管理中存在的各方面的问题，从而规范 EPC 总承包商的管理行为，提升 EPC 总承包商的利润，促进 EPC 模式在工程建设领域的健康有序发展。通过以上分析，用发展的眼光来审视，精细化管理是我国 EPC 总承包商现阶段必然的原则，精细化管理体系的建立对企业自身的发展有着重大的意义。

五、EPC 模式下总承包商精细化管理体系构建方法

精细化管理强调管理的系统化、专业化、数据化和信息化，而 EPC 模式的突出特点是充分发挥 EPC 总承包商在主体协调下实施项目的优越性，尽可能实行设计、采购、施工进度的深度交叉，为业主创造最大的效益。因此 EPC 模式下总承包商精细化管理体系构建涉及两个关键问题：一个是 EPC 模式下总承包商精细化管理工作范围的界定，它是体系构建的基础和关键；另一个是 EPC 模式下总承包商精细化管理过程的集成。本书就以上两个关键问题进行研究。

EPC 模式下总承包商精细化管理工作内容的确定是以总承包商的项目工作分解结构（Work Breakdown Structure，WBS）为基础，基于 WBS 的 EPC 模式下总承包商精细化管理工作范围的界定方法是 EPC 模式下总承包商精细化管理体系构建过程中核心方法之一。

项目工作分解结构（Work Breakdown Structure，WBS）是项目管理的一种重要工具。WBS 以项目的交付成果为导向，将项目完成项目可交付成果及其项目任务分解为较小的、易于管理和控制的若干个工作或工作单元，并由此定义了整个项目的工作范围。WBS 每向下分解一个层次，就意味着项目工作的定义深入了一步。WBS 的最底层通常为工作包（Work Package），工作包是 WBS 的最底层的元素，一般的工作包是最小的"可交付成果"。

EPC 模式下总承包商的项目管理工作不同于其他模式下承包商的管理工作。应用 WBS 准确控制其工作范围，是精细化管理的前提和基础。

1. 项目工作结构分解方法

在对项目工作结构进行分解过程中，人们需要根据项目具体情况和管理需求进行分解以确定项目工作范围。项目工作结构分解必须遵循"项目目标—项目产出物—项目工作"的思路，其过程的模型如图 4-3 所示。

图 4-3 项目分解过程模型图

（1）"项目目标—项目产出物"分解。

项目产出物是项目全生命周期内所形成的各类实物性和非实物性的产出物（如各种服务等）。根据项目目标分解给出项目产出物的分解方式可以采用多种方式进行，常用的方法包括按产品的物理结构分解、按产品或项目的功能分解、按照实施过程分解、按照项目的地域分布分解、按照项目的各个目标分解、按部门分解和按职能分解。

（2）"项目产出物—项目可交付物"分解。

项目的可交付物既包括项目产出物的各个组成部分，也包括为生成项目产出物所需的各种管理工作的成果等。根据项目产出物分解给出项目可交付物在分解中要坚持充分必要原则进行分解。

（3）"项目产出物或项目可交付物—项目的工作"分解。

"项目产出物或项目可交付物—项目的工作"分解的主要内容是根据项目产出物或项目可交付物的项目的具体情况和管理需求，分解得到项目的工作分解结构文件。分解中也要坚持充分必要的基本原则。

2. EPC 模式下总承包商项目管理工作分解结构

按照图 4-3 项目工作分解结构的编制过程模型，EPC 模式下总承包商精细化管理工作分解结构按以下几个流程进行。

（1）EPC 模式下"项目目标—项目产出物"分解。

"项目目标—项目产出物"分解方法有多种，每种方法有其各自的特点和适用性。EPC 总承包项目管理模式是一种"过程集成的现代管理理念"的项目管理模式，故本书 EPC 总承包项目产出物的分解方式采用以实施过程为主线的分解方式，即按设计管理、采购管理、施工管理、试运行管理的"四段式"程序完成对于项目产出物的分解。

（2）EPC 模式下"项目产出物—项目可交付物"分解。

EPC 模式下"项目产出物—项目可交付物"分解成果既包括 EPC 项目产出物的各个组成部分及其生成项目产出物所需的各种 EPC 管理工作的成果。根据充分必要原则，凡是构成 EPC 项目产出物的可交付物一样也不能少，而凡不是构成 EPC 项目产出物的项目可交付物的一样也不能多；凡是为生成 EPC 项目产出物所需的各种管理文档和其他交付物一样也不能少，凡不是为生成 EPC 项目产出物所需的各种管理文档和其他交付物一样也不能多。

例如 EPC 项目产出物之一的"设计管理"可分解为"设计准备""初步设计图纸""最终设计图纸""施工策划文件""材料、设备请购文件"五个项目可交付物。

（3）EPC 模式下"项目产出物或项目可交付物—项目的工作"分解。

EPC 模式下"项目产出物或项目可交付物—项目的工作"分解坚持充分必要的基本原则，即凡为生成项目产出物或项目可交付物所需的项目工作一个也不能少，凡不是为生成项目产出物或项目可交付物所需的项目工作一个也不能有。最终这一步骤将会给出 EPC 项目的工作分解结构文件，即由一系列项目工作所构成的一种层次性的 EPC 项目工作分解结构文件。

例如 EPC 项目可交付物之一的"初步验收"可分解为"初步验收申请""初步验收委员会组建"和"初步验收"三个项目工作。

值得注意的是，在 EPC 项目工作结构的逐层分解的过程中"项目产出物—项目可交付物"的分解和"项目产出物或项目可交付物—项目的工作"分解再交叉重叠进行的。

3. EPC 项目工作结构分解结果的分析和检验

EPC 项目工作结构分解结果的分析和检验主要内容是验证 EPC 项目工作分解结构的正确性和完整性，验证分解给出的 EPC 项目产出物的充分必要性，验证分解给出的每个项目工作包的充分必要性，界定分解得到的每个项目工作包的内容正确性。

4. 基于集成管理理论的 EPC 模式下总承包商精细化管理过程集成

EPC 模式下总承包商精细化管理是一项复杂的系统工程，在 EPC 项目的全生命周期内，各个阶段是相互影响的，从 EPC 项目的设计、采购、施工到试运行，各个阶段的活动密不可分，需要使各个阶段形成一个有机的整体来组织实施。而过程集成就是把 EPC 项目全生命周期内的各个阶段有机地集成起来，尽可能地交叉与并行，从整体的、集成的角度来优化各项管理工作，确保 EPC 项目的质量、成本、工期、安全等目标。EPC 模式下总承包商精细化管理体系构建离不开总承包商精细化管理过程集成，基于集成管理理论的 EPC 模式下总承包商精细化管理过程集成是 EPC 模式下总承包商精细化管理体系核心构建方法。

EPC 模式下总承包商精细化管理过程集成以过程建模技术建立的过程集成模型为基础，

通过构建过程集成模型，从而明确过程集成的方向和重点。

（1）项目集成管理理论。

项目集成管理是一个全新的现代项目管理知识专门领域。项目集成管理是一种基于项目全过程各项具体活动的管理、项目的各个专项（或要素）管理和项目全体相关利益主体的要求管理等，针对整个项目各方面的科学配置关系所开展的一种全面性的项目管理工作。项目集成管理内容包括项目全过程活动的集成管理、项目全部要素的集成管理和项目全团队的集成管理。

（2）项目生命周期的定义。

现有文献对项目生命周期的定义有多种。

美国项目管理学会（PMI）对项目生命周期的定义：项目生命周期由项目各阶段按照一定顺序所构成的整体，项目生命周期有多少个阶段和各阶段的名称都取决于组织开展项目管理的需要。

英国皇家特许测量师协会（Royal Institute of Charted Surveyors，RICS）指出项目全生命周期是包括整个项目的建造、使用和最终清理的全过程。项目全生命周期一般可划分为项目的建造阶段、运营阶段和清理阶段。由这个定义可以看出，项目全生命周期包括一般意义上的项目生命周期（即项目的建造周期）和项目产出物的生命周期（即项目产出物从投入到最终清除的生命周期）两个部分。这两个部分构成的项目全生命周期是广义上的项目全生命周期，一般意义上的生命周期为狭义的项目全生命周期。

（3）项目管理过程及其关系。

项目生命周期包含有两类基本过程：一类是项目业务过程，一类是项目管理过程。直接生成项目产出物的业务活动构成项目业务过程，在这一过程中所开展的项目管理活动构成项目管理过程。不同项目的业务管理过程是不同的，但每个项目和项目阶段都需要有相伴的管理过程。这种项目管理过程是由一系列项目管理子过程所构成的项目管理过程组，在每个项目管理的子过程中包含有一系列相互关联的项目管理活动。整个项目管理过程实际上是由各个项目阶段的管理过程组成的，按照 PIM 的《项目管理知识体系》（Project Management Body of Knowledge，PMBOK）每个项目阶段的管理过程都是由启动过程、规划过程、执行过程、监控过程和收尾过程五个项目管理的子过程共同构成的。

项目管理的各个子过程之间是相互关联的，它们之间的关系主要是一种前后接续和信息传递的关系。

1）项目管理各子过程之间的接续关系。

项目管理过程中各个管理子过程在时间上也并不完全是一种前后接续的关系，并不是一定要等一个项目管理子过程的完结以后另一个项目管理子过程才能开始，而是这些项目管理的子过程在项目管理中会有不同程度的时间交叉和重叠。

在一个项目管理过程中，启动过程是最先开始的，但在启动过程尚未结束之前规划过程就已经开始了。同样，监控过程是在启动过程开始之后才能开始，当时它先于执行过程开始。另外，项目管理的收尾过程是在执行过程尚未结束之前就开始，这意味着收尾过程中的许多文档准备工作可以提前开始，当执行过程完成以后所开展的结束性管理工作主要是一些移交性的工作。

2）项目管理各子过程之间的信息关系。

项目管理各子过程之间的信息关系主要表现在三个方面：

①两个项目管理子过程之间的信息输入与输出的关系，如起始过程输出给计划过程各种决策信息；

②两个项目管理子过程之间的信息反馈关系，如规划过程与监控过程之间的信息反馈关系；

③两个不同项目阶段之间的信息传递关系，如 EPC 项目设计阶段的结束过程同 EPC 项目采购阶段起始过程之间的信息传递关系。

（4）EPC 项目全生命期描述。

基于总承包商角度的 EPC 项目生命周期是狭义上的项目生命周期，是由 EPC 项目的设计阶段、采购阶段、施工阶段、试运行阶段按照一定的顺序所构成的统一整体。

1）基于总承包商角度的 EPC 项目全生命周期的项目阶段。

依据 EPC 总承包模式的内涵，现将基于承包商角度的 EPC 项目全生命周期划分为设计阶段、采购阶段、施工阶段、试运行阶段，如图 4 - 4 所示。

2）基于总承包商角度的 EPC 项目全生命周期的项目的时限分析。

一般项目全生命周期时限如图 4 - 5 所示。

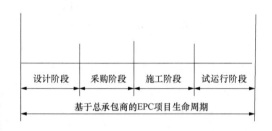

图 4 - 4　基于总承包商角度的 EPC 项目全生命周期划分

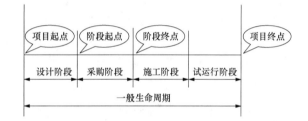

图 4 - 5　一般项目全生命周期时限

3）基于总承包商角度的 EPC 项目全生命周期的项目的任务。

基于承包商角度的 EPC 项目全生命周期的项目任务如图 4 - 6 所示。

4）基于总承包商角度的 EPC 项目全生命周期的项目可交付成果。

EPC 项目全生命周期的项目可交付成果如图 4 - 7 所示。

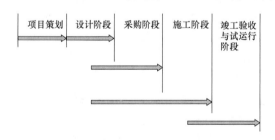

图 4 - 6　基于总承包商角度的 EPC 项目全
生命周期的项目的任务

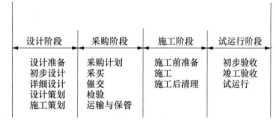

图 4 - 7　EPC 项目全生命周期的项目可
交付成果

第二节　采购供应商管理

供应商，可以是生产企业，也可以是流通企业。企业要维持正常生产，就必须要有一批可靠的供应商为企业提供各种各样的物资供应，因此供应商对企业的物资供应起着非常重要的作用。采购管理就是直接和供应商联系接触而从供应商那里获得各种物资，因此采购管理的一个重要工作，就是要搞好供应商管理。

供应商管理，就是包含调查供应商资质、评价供应商能力、选择供应商合作、维护供应商关系等一系列管理活动的集合，其目的在于强化供应商对企业生产经营的支持作用。

一、采购供应商管理的重要性及必要性

（1）采购供应商管理的重要性。所谓供应商管理就是对供应商了解、选择、开发、使用和控制等综合性的管理工作，具有供应商调查、开发、考核、选择、使用、控制等基本环节。其中，考察了解是基础，选择、开发、控制是手段，使用是目的。供应商管理的目的，就是要建立起一支稳定可靠的供应商队伍，为企业生产提供可靠的物资供应。

供应商管理的重要意义可以从战略和技术上进行综合考虑：降低商品采购成本；提高产品质量；降低库存；缩短交货期。

（2）采购供应商管理的必要性。供应商的特点是追求利益最大化。供应商和购买者是利益冲突的，供应商想要在购买者那里得到多一点、购买者希望向供应商少付出一点，为了达到自己的目的，有时甚至在物资商品的质量、数量上做文章，以劣充优、降低质量标准、减少数量，制造假冒伪劣产品坑害购买者。购买者为了防止伪劣质次产品入库，需要花费很多人力、物力加强物资检验，大大增加了物资采购检验的成本。对购买者来说，物资供应没有可靠的保证，产品质量没有保障，采购成本太高，这些都直接影响企业生产和成本效益。

相反，如果找到了一个好的供应商，不但物资供应稳定可靠、质优价廉，准时供货，而且双方关系融洽、相互支持、共同协调，这对采购管理以及企业的生产和成本效益都会有很多好处。

二、采购供应商管理基本环节

在采购过程中，供应商管理主要有如图 4-8 所示几个基本环节。

1. 供应商调查

要了解企业有哪些可供选择的供应商，各个供应商的基本情况如何，信用度如何，都需要在调查中得到结果。这样我们就能了解资源系统以及选择正式供应商的重要信息。

图 4-8　供应商管理的基本环节图

2. 供应商初选

对已经有合作关系的供应商和潜在的供应商进行比较分析，包括如市场信誉度、合作的意愿、财务状况、地理位置等一些基本因素，对供应商进行分类，以识别关键供应商。供应商分类为供应商的选择策略和关系维护提供了重要的参考依据，是整个供应商管理流程的起点。

一个大型的 EPC 工程所涉及的采购项目繁多，参与合作的供应企业可达数百家。面对如此庞大的供应网络，不同的供应商在行业地位、供应规模、产品重要性等方面均有所差异，一视同仁地发展同每个供应商的伙伴关系是不经济的，也是不现实的。因此，确保总承包商在采购定价与供应商关系维护中因地制宜、有所侧重，进而提升项目的采购效率，缩减采购成本，是供应商分类管理的主要目标。

（1）ABC分类法在供应商分类管理中的应用。

1）实施概述。

ABC分类法又称巴雷托分析法，是项目管理中一种常用的方法。它依据评价对象的某种特征，通过一定的评价标准将不同的评价对象按取值高低由大到小排列，并根据计算出的累计权重将其划分为A、B、C三个层次，依次表示重要、次要、一般三个等级。

在供应商管理中，ABC分类法的实施步骤如下：

①编制原始数据。根据项目采购清单、历史采购记录、交易市场行情等信息源，编制包含采购项目、采购数量等数据在内的原始表格，并根据加总得出的采购总价与总量计算各物资的价格和数量占比。

②合并物资。针对同一品类下的不同细目，在明确可由同一供应商供应的前提下，可将其合并以减轻后续计算的工作量，在单价处理上可采取汇总价格再除以主项产品数量的方法求得。

③物资排序。以采购资金占比为标准，将各项物资由高到低依次排序，并计算出累计采购金额占比。

④物资分类。根据排序结果，按照金额占比对采购数量占比：70%～80%、15%～20%、5%～10%的原则，将物资供应商分为A、B、C三个层级，即战略供应商、重要供应商、一般供应商。需要指出的是，根据项目情况及市场行情的变化，上述分级比例存在一定出入，实际操作中只需大致匹配即可。

2）供应商ABC分类法对供应商选择及关系管理的启示。

ABC分类法以资金和采购量为评价标准，将众多采购物资及其供应商分为三类，为供应商选择及关系维护中构建分层次差异化管理体系提供了重要参考。

①战略供应商（A类供应商）。

战略供应商是指那些采购数目不大，采购金额比重极高的关键物资供应商。在工程项目中，这种供应商主要集中在关键建材（如特种钢材）及关键设备（如中央空调系统）等物资的采购领域，不仅采购金额巨大，还往往伴随产品技术含量高、项目影响大等特点。基于此，在供应商选择过程中，针对该类供应商的价格策略是控制物资成本的关键所在，要及时全面掌握价格信息，倾注最多企业管理资源与时间精力用于该类供应商的市场调查、价格磋商与产品抽检中。在供应商关系管理中，此类供应单位是承包商构建战略伙伴关系的重点发展对象，要结合设计、采购、施工一体化优势，尽早启动战略供应商的遴选工作，推动供应商积极参与项目的结构设计或专业工程设计中，在物资供应过程中，实行精细化管理策略，实时跟踪物资供应链活动，发现情况，及时沟通。

②重要供应商（B类供应商）。

重要供应商的采购金额比重、采购量比重分别次于战略供应商，高于一般供应商，居于中间地位。该类供应商提供的项目物资在技术含量、项目重要性等方面往往具有较大差异性，在制订采购价格与供应商选择中应做到具体对象具体分析。针对技术含量较高的采购产品，可采取适当放宽采购价格，强调供应商品牌的稳健型选择策略。针对技术含量一般，采购风险较低的项目物资，可采取维持价格优势，积极开发新兴供应商的竞争型选择策略。在关系维护上，强调以项目建设为管理周期，明确售后服务与争议解决机制，同重要供应商构建务实有效的合作关系。

③一般供应商（C 类供应商）。

一般供应商在项目采购金额中占比最小，采购量比重最大。一般供应商所提供的项目物资主要为非关键物资，具有技术含量低、标准化程度高、采购烦琐等特点。从组织分工角度看，一般供应商的管理工作强调放权原则，主要由项目部基层采购人员负责，避免对企业的战略管理形成干扰。针对一般供应商的选择，应以市场化价格、质量标准为指导，采取简洁的评价流程，突出时效性。一般供应商的行业竞争较大，市场供应充足，与总承包商的合作关系多为短期形式，故针对其的管理工作应强调合同管理，以确保物资供应的及时性为主要目标，避免过多的资源投入。

综上所述，ABC 分类法通过一定划分标准，将众多项目供应商分为战略供应商（A 类供应商）、重要供应商（B 类供应商）、一般供应商（C 类供应商）三个层次，其基本原理在于通过降维分析简化供应商管理的工作量，具有操作简便、数据客观等优点。但同时，ABC 分类法采购金额、采购量为排序标准亦存在划分标准单一、结论局限性强、前期计算量较大等缺点。此外，不同类别的采购物资在计量单位上的差异性也导致其采购量占比的排序具有一定的争议性，故在工程实践中，ABC 分类法宜作为辅助分类方法，应用于具有相同或相近计量单位（如称重计量）的物资供应商之间的分类管理中。

（2）四分法在供应商分类管理中的应用。

为了克服 ABC 分类法在供应商分类中的排序标准单一问题，四分法应运而生。它通过构建由 X 轴与 Y 轴组成的二维坐标体系，将提供项目物资的供应商分为四个类别。根据研究对象与视角的不同，两条坐标轴所代表的评价指标有所差异，形成四种供应商类别亦随之变化，见图 4 - 9。

EPC 项目的供应商管理中，作为采购方的总承包商对供应商的分类标准众多，但总的来看，仍是着眼于项目物资的采购成本（短期利益）与采购物资项目建设的支撑程度（远期利益）两个基本因素。基于此，可借助四分法对项目物资的供应商进行分类，如图 4 - 10 所示。

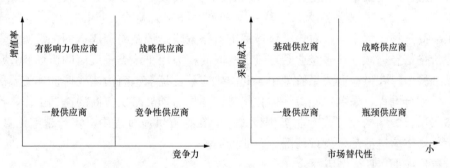

图 4 - 9　四种供应商类别变化　　　　图 4 - 10　基于四分法区别供应商

如图 4 - 11 所示，纵坐标采购成本表示总承包商用于购买该商品所支付成本费用，为了方便计算，并未将运输成本、损耗成本以及围绕订购工作的事务性支出等列入其中。横坐标市场替代性用以表征总承包商基于一定质量、价格、服务标准下，在采购市场上采购某项物资设备时所拥有的选择空间，其主要由产品的技术难度和市场竞争两方面组成，在实际操作中，可借助专家打分法予以确定，专家打分表见表 4 - 3。

表 4 - 3　　　　　　　　　　　　　　　　专家打分表

市场竞争技术难度	充分竞争	有限竞争	垄断竞争
低			
中			
高			

供应商四分法对供应商选择及关系管理的启示。借助四分法，以采购成本和采购可替代性为评价维度，将拟合作的项目供应商分为：战略供应商、基础供应商、瓶颈供应、一般供应商四种类别，为供应商选择及关系维护中构建分层次差异化管理体系提供了重要参考。

①战略供应商。

战略供应商的采购价格最高，在工程造价中占据较大比重，与此同时，受制于产品的技术难度或市场准入机制等因素的影响，战略供应商的市场替代程度较低。于总承包商而言，针对战略供应商物资的采购表现出选择空间小，采购风险高的特点。

②基础供应商。

基础供应商所提供的项目物资采购成本较高，但市场替代性较强，主要集中于水泥、木材等用量较大、技术含量不高的基础建材领域。于总承包商而言，此类物资的采购风险较低，但由于采购量较大，总成本偏高，是实施采购成本管控的关键所在。

③瓶颈型供应商。

瓶颈供应商物资的采购成本不高，但采购的可替代性很小，具有一定的垄断性。在工程项目中，该类物资通常采购量较低，但产品的技术含量或市场准入门槛较高，是决定项目质量与功能发挥的关键物资，如安装工程中某些特殊的机电、通风设施。

④一般供应商。

一般供应商与 ABC 分类法中的"C 类供应商"类似，是指那些采购成本低，市场可替代性高的产品供应商。工程项目中，该类物资的标准化程度较高，每一种物资的采购量与采购单价均不大，但合计种类繁多，其供应商数量通常占据项目供应商总数的 1/2 甚至 2/3。基于此，针对一般供应商的管理工作应重在减轻管理负担，提升管理效率。供应商选择过程中，要简化评价流程，借助标准化的指标体系快速甄别适应的供应商。针对企业下辖的多个EPC 项目，可采取分散采购的方式，缩短采购周期，降低管理层次。与此同时，还要关注市场价格变化，通过签订短期采购合同，及时淘汰缺乏价格优势的合作供应商，维持采购方的优势地位。

综上所述，随着四分法在传统制造业中供应商分类管理的成功实践，其在工程项目，特别是 EPC 项目采购与供应商管理中亦开始受到广泛青睐。相较于 ABC 分类法，四分法的二维评价体系较为全面丰富，供应商的分类结果更加细致，适用范围也更大。但同时，四分法的实施难度较大，其中的专家打分环节难免受主观因素干扰，影响分类结果的客观性。

在 EPC 项目中，ABC 分类法与四分法的实际应用，随待建项目的规模、复杂程度，以及总承包商的采购物资性质等因素的差异而有所取舍。一般而言，针对项目规模大、企业采购任务重、物资/设备技术含量高的供应商分类任务，宜选用四分法，反之，则凭借 ABC 分类法进行快速划分，以减轻企业的供应商管理负担。

当我们对研究的对象做好分类后，就需要对研究对象——供应商在采购环节所处位置和关联关系做出细致分解，对供应商做到全面认识。传统的"买家—供应商"关系只注重主要的供应商，缺乏对项目供应商的全盘管理和分级管理。不重视建立新的合作伙伴关系，导致对某些关键设备供应商的长期依赖，无法取得议价权，无形中提高了项目的整体采购成本的投入。

因此这种传统关系必须向更加合理的、平等互助的关系转化，平等关系中的供应商会作为当事者，更多参与到供应商关系的管理中，通过维护良好的合作关系，取得更多的合作机会，收获更大的效益。在这种买家和供应商合作型的关系中，双方的战略和运行能力是支持双方共同计划和共同努力解决问题的杠杆。这样一种战略型关系产生的结果是，各方分享利益并且不断参与一个或者更多战略性领域，比如科技、产品、市场等诸如此类。战略型供应商合作关系会使各企业中数量有限的重要供应商更有效地展开工作，这些供应商承担着重大的责任，对供应链管理做出重大贡献。

采购部门对供应商的管理一定要遵循"双赢"的合作理念，不单要用合同条款约束供应商，也要细致分析供应商的合理需求。在采购合同签订后，要及时将 EPC 业主方的新需求和设计部门的方案更改反馈给供应商，听取供应商在合作过程中的意见和建议，并帮助供应商协调与设计施工单位的合作关系，寻找突发问题的解决方案，对业绩突出、合作紧密的供应商，应给予更多的投标合作机会，通过一系列具体的、可执行的合作方式，充分调动供应商的合作积极性。同样，在选取供应商时，也要充分考虑供应商的综合实力，"软实力"和"硬实力"都要兼顾考虑，与真正有实力、信誉好的供应商建立长期稳定的合作关系。

3. 供应商开发

将一个现有的原型供应商转化成一个基本符合企业需要的供应商的过程，这是一个开发过程。在供应商调查和资源系统调查的基础上，还可能发现比较好的供应商，但是我们不一定能马上得到一个完全合乎企业要求的供应商，还需要我们在现有的基础上继续进一步加以开发，才能得到一个基本合乎企业需要的供应商。从供应商深入调查、供应商辅导、供应商改进、供应商考核等活动着手，开发合适的供应商。

4. 供应商评估考核

供应商评估与考核是一项很重要的工作。在供应商开发过程中需要评估；在供应商选择阶段也需要评估考核；在供应商使用阶段也需要评估考核。不过每个阶段评估考核的内容和形式并不完全相同。只有通过合理的评估和考核，才能对供应商进行更加全面的了解，才能对供应商的选择做好支撑工作。

5. 供应商选择

在供应商考核的基础上，按照自己的要求和预期，从中选择合适的供应商。EPC 项目供应商的评价选择旨在发掘契合项目建设与总承包企业经营发展需求的优质供应商。作为承接供应商分类管理的重点环节，供应商的评价选择将直接关系整个供应商管理活动的实施效果：

（1）选择合适的供应商是确保采购成本与采购质量得以有效控制的前提条件，是节省项目造价，优化项目质量的重要支撑；

（2）成功的供应商评价选择将有助于合同执行过程中，总承包商对供应商的关系管理，有效避免合约纠纷，营造良好的合作氛围；

（3）通过科学系统的评价指标，选择出那些具备优秀服务意识与产品技术实力的战略供应商将有利于总承包商在合作过程中提升视野格局，拓展业务范围。

EPC项目供应商选择评价的基本程序：规范合理的作业流程是供应商评价选择得以顺利实施的制度保障。相比于传统制造企业，EPC项目的供应商选择具有相应的模式特点。参考有关文献，本书将EPC项目供应商的选择流程划分为两个阶段：初步筛选阶段、综合评价阶段。

如图4-11所示为EPC项目供应商选择流程及其与供应商分类管理、供应商考核等环节之间的互动关系。其中，供应商分类管理通过对拟合作供应商类型的系统划分及对策提炼，对供应商评价选择施加正向影响：

其一，是根据供应商分类重要性，决定供应商评价选择的方法流程（如二阶段评价法、单阶段评价法、直接指定法）及资源投入，提升选择效率；

其二，是结合供应商所属类型，为评价指标的权重设定提供参考，推动评价考察的针对性、有效性。

在初步选择阶段，总承包商根据设计阶段形成工程量清单统计计算出项目采购清单，明确采购范围以及不同物资的采购形式。针对采取招投标方式的物资采购，要着手编制、发放标书，组建评标委员会，对通过资格审查的投标供应商进行评标作业，并拟定中标企业候选名单。在此基础上，供应商选择流程进入综合评价阶段，其实施步骤包括：

①设计评价指标体系。评价指标体系是组织供应商综合评价的核心要素，指标体系的科学与否直接决定了最终选出的供应商是否契合项目建设与总承包商的发展需求，因而评价指标的选取工作至关重要，相比初步筛选时的评标标准，综合评价所依据的指标体现应当更具针对性，以实现总承包商"优中选优"的最终目标。

②组建评价小组。评价小组的组建旨在为供应商综合评价提供最基本的组织保障。在人员组成上，既要考虑相关领域的专家学者，又要兼顾企业内部特别是项目部门设计、采购、施工环节的技术人员。

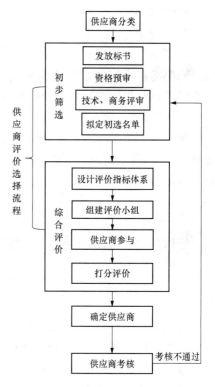

图4-11　EPC项目供应商选择
评价基本程序图

③供应商参与。相对初步筛选的基础考察，综合评价对供应商的考察更为细致深入，故要求供应商在信息提供、实地调查等方面给予全面配合，展示合作诚意。

④打分评价。打分评价是整个综合评价阶段的最终环节，在前述环节工作准备的基础上，借助制订的评价指标与合理的数据处理方法，将候选名单中的供应商逐项打分，并最终选出拟签订采购合同的中标企业。

综上所述，两阶段的供应商选择流程是基于工程项目招投标模式与发展同供应商的合作伙伴关系需求出发，所形成的合理选项，其优势在于：通过快速标准化的初步筛选工作，将数量繁多的供应商名单逐步简化，减少综合评价阶段的工作量，最大限度地兼顾供应商选择的评价质量与效率追求。但需要指出的是，两阶段的供应商评价流程模式只是 EPC 项目实施供应商选择的总体设计，针对不同类别的供应商，可进行相应的变化与改进，如针对标准化程度较高、技术含量与采购成本均较低的物资采购，可直接在初步筛选阶段及确定中标企业；针对某些采购金额不高，但市场垄断性较强的物资采购，则可越过初步筛选，直接进入小组评价阶段。

6. EPC 项目供应商评价指标体系构建

（1）评价指标的构建原则。

EPC 项目供应商选择的评价指标体系庞大，为了保证评价活动对供应商的考察真实有效，需对评价指标的选取设置一定的指导原则：

1）系统全面性。

为了能够对潜在供应商的评价选择做到全面、细致地考察分析。所选取的评价指标需涵盖供应商的信誉、素质、企业文化、质量控制、成本控制、科研能力、交货能力、柔性等可能影响供应链合作关系的方方面面。同时，应根据分层设计原则梳理指标体系，将具有相同指向性的评价指标置于同一个一级指标下，便于决策者对评价结果的快速分析。

2）针对性。

构建的评价指标体系要能够结合 EPC 模式特点，适应项目作业环境与总承包商的企业经营需求。指标数量的设置要宜适当精简，在突出重点的基础上，去除意义不大的冗余指标，减轻供应商综合评价的任务量，要注意指标之间的信息区隔，防止重复评价对选择结果的干扰。

3）科学可比性。

选取的评价指标应能够真实反映评价对象的生产经营情况与资金技术实力，确保考察结果与企业采购需求的一致性。与此同时，设计的评价指标还应具有行业普适性，既要保障各供应商在相同的评价环境中公平竞争，各展所长，又要能帮助其发现不足，提升行业竞争力。

4）静态评价与动态评价相结合。

作为采购方的总承包商与供应商的合作是伴随单个甚至多个项目开展的动态过程，这就要求设计的评价指标既要考虑供应物资当前的质量、价格水平，还应关注后续的配送服务、维修保养、改进建议等响应情况。对于战略供应商，还应从企业文化、财务状况等角度审视其发展前景，确保工程项目供应链的持续稳定。

5）EPC 项目供应商选择评价指标体系。

综合上述分析可知，总承包企业应用评价指标选择适任的项目供应商其核心诉求在于：其一，保障项目质量、工期目标顺利实现的同时，降低采购成本，拓展项目效益；其二，通过与优质供应商的务实合作，发挥供应链优势，增强总承包商在相关领域的竞争优势。

基于此，本书在参考相关文献，联系企业项目开展实践的基础上构建了评价指标体系。

（2）指标说明。

供应商综合评价指标体系从要素层出发分为：产品素质、企业素质、价格水平、售后保障、合作能力五个方面，其具体描述如下：

1）产品素质。

产品素质是总承包商选择供应商的首要考量，也是供应商参与竞争的立身之本。该指标涵盖参数性能、质量认证水平、抽检合格率三项组成。其中，参数性能表征采购物资、设备的主要性能指标，如建材的设计强度、防水等级、耐腐蚀性以及动力设备的平均能耗、极限负荷、使用寿命等。它是采购物资、设备合规性的重要体现，在此基础上，若某项物资的参数水平高于采购要求，则属于增值优势，在评价分数上应予以适当体现。

质量认证水平与抽检合格率旨在检验采购物资、设备的质量稳定性。质量认证水平主要考查企业在 ISO 9000 质量体系与 ISO 14000 环境管理系列标准等权威认证领域的通过情况，检视其生产管理能力与产品质量水平。抽检合格率则通过采购方实地抽检的形式对采购商品作最终的质量检查，其表达公式如下：

$$抽检合格率＝合格产品数量/抽检产品总量×100\%$$
$$抽检合格率＝合格批次/抽检总批次×100\%$$

2）企业素质。

供应商企业的综合素质对项目物资、设备的品质保障以及供应链合作的稳定性发挥着基础承载作用，因而是决定供应商选择的重要考察因素。在考虑相关数据的调查难度及其对供应链合作影响性的基础上，最终选定企业规模、行业声誉、资质等级等三项二级指标。

企业规模是衡量供应商综合实力的基本标准，主要通过对企业的注册资本、员工人数、产能规模等直观数据的比较分析，从而对企业的生产能力、盈利状况、技术水平形成初步了解。

行业声誉是外界对企业资信记录、交易活动、经营规范乃至产品质量等做出的客观评价，是供应商参与市场竞争的宝贵无形资产。对总承包商而言，受制于信息不对称的客观现实，针对产品质量、企业实力等客观数据评价仍难以全面考察拟合作企业及产品的方方面面，而同行业声誉良好的供应商达成战略伙伴关系则有助于降低合作的不确定性风险，确保采购安全。

资质等级主要是针对某些重要产品制造或服务行业，通过政府主管部门或行业协会牵头建立的一系列资质等级制度。对供应商而言，获得的资质等级越高意味着其具有更好的权威性。对总承包商而言，供应商的资质等级是其产品与服务质量的重要保证。

3）价格水平。

价格是采购双方形成博弈的核心因素，是总承包商控制采购成本，追求项目利润的重要指标，因而在供应商综合评价指标体系中占据相当权重。价格水平指标包括：

①产品报价。产品报价是构成采购成本的主要成分，亦是采购双方的竞争焦点。实践表明，工程项目的物料成本通常占据项目总成本的一半以上。对于采取固定总价合同的总承包商而言，寻求更低的采购报价，将不仅有助于降低项目成本，更是提升企业利润的主要手段。为此，总承包商宜时时关注重点物资的供需行情，并通过及时充分的询价准备，掌握采购物资的市场均价，据此对投标报价水平给予合理打分。

②优惠条件。针对大批量的工程物资采购，供应商通常选择给予一定的优惠条款，以提升竞争优势。于总承包商而言，针对项目采购数量，对供应商开出的优惠条件进行合理评价，亦是其客观审视采购价格水平的重要一环。

③付款方式。工程项目建设的阶段性特点，促使其采购项目的价格结算通常采取预付款、中间款、尾款的支付形式。于采购方而言，有利的付款方式主要体现在两个方面：其一是尽可能低的预付款比例，这有助于减轻其项目建设前期的资金压力，降低贷款金额以及由

此产生的资金使用成本；其二是保留一定的尾款用于质保承诺，这是供应商对销售物资质量信心的重要体现，亦是总承包企业掌握采购合作主动权，规避采购风险的有力措施。

4）售后保障。

售后保障指标用以评价供应商在产品交付后，围绕产品故障、安装调试等问题形成的服务保障体系。相比产品质量，售后保障作为供应商参与市场竞争的重要无形资产，同样受到采购方的高度关注。

基于 EPC 项目特点，组成售后保障一级指标的核心要素包括质保时限、质保范围、响应速度、人员培训四个方面。其中，质保时限与质保范围构成了供应商对其产品售后质量保障的基本体系，质保时限的长短，质保范围的大小，不仅直接体现了产品的出厂质量水平，更是采购方衡量供应方企业实力、管理水平与合作诚意的重要指针。

指标响应速度旨在考查指供应商在产品故障排除、更新升级、信息咨询等方面的服务效率。于供应商而言，高效的响应速度能够切实保障工程进度，免除项目投产使用的后顾之忧。针对有过往合作经营的供应商，总承包商可根据历次合作考核统计数据为依据给出评价，针对初次合作供应商，则可根据投标文件或其他供应商承诺文件中的相关数据酌情打分；某些大型设备、施工机具的安装使用技术复杂，同时与其他专业工程形成交叉作业，需要相互配合。

基于此，上述设备、施工机具的供应商在交付产品的同时需要对总承包商进行人员培训。指标人员培训的设置旨在考查供应商对相关人员的培训工作是否科学合理，主要包括：培训制度合理性、师资配置合理性以及讲解态度等方面。此外，针对具有合作记录的供应商，亦可从培训效果着手进行考察。

5）合作能力。

基于工程项目供应链理念，采购企业与重点供应商之间的合作关系趋于长期稳定，双方的利益分歧被共同追求的供应链整体利益有效弥合。在此背景下，总承包商在挑选合作的供应商时，有必要基于构建战略伙伴关系的深层次需求，考察供应商的合作能力。

①沟通协作能力。沟通协作是交易双方维持合作关系稳定向前发展的基础素质。在 EPC 项目中，供应商的沟通协作能力主要体现如下三个层面：

其一是针对集团统一采购的项目产品，产品供应商要处理好与 EPC 企业以及与下辖各个项目部之间的产品交接、安装调试、故障排除、价款结算等环节的工作关系；

其二是基于 EPC 模式设计、采购、施工一体化特点，适时参与项目，根据项目需求，合作开发；

其三是针对可能面临的不确定性事件，供应商的应急处置、争议协商能力。

②备货周期。EPC 项目普遍规模较大，"三材"等基础建材物资的消耗量巨大，供应商供货呈现出分阶段分批次的特点。缩短备货周期，确保供应商对承包商发出的每一批次的进货指令能够快速反应并落实，将有助于推进项目进度，避免窝工等不经济现象的出现。基于此，不同供应商之间在备货周期上的差异理应成为总承包商选择供应商时的评价标准之一。

③信息共享深度。信息共享深度体现了交易双方的合作水平。供应链背景下，采购双方的信息交流不再局限于产品价格信息与质量信息，而是向着需求订制、企业文化等更深层次的信息交流发展，以期消除信息不对称下的相互猜疑。总承包商可根据投标企业信息化建设水平，予以承诺的信息共享范围以及过往合作记录等对其信息共享深度酌情打分。

（3）EPC项目供应商综合评价指标使用说明。

综上所述，通过构建基于产品素质、企业素质、价格水平、售后保障、合作能力五个方面的综合评价指标体系，为供应商选择提供了理论依据。在供应商的实际选择过程中，上述指标体系的使用亦须遵循相应规则：

1）根据供应商类型，灵活选择相关指标及权重。

供应商综合评价指标的建立旨在全面考察供应商及其产品与总承包商开展 EPC 项目的契合度。实际应用中，评价者可根据考察供应商的类型借助专家打分、模糊综合评价、层次分析等定量方法灵活确定各指标权重，如：针对基础建材等技术含量较低的项目采购，可在评价中适当降低信息共享深度等指标的权重，而诸如人员培训等指标则可以直接剔除。

2）综合考核数据与其他数据、资料，共同形成打分依据。

构建的评价指标体系中，响应速度、备货周期、交货准时率等可从历次合作的绩效考核里提取相关数据，进行打分判断，从而保证评价结果的客观性、可靠性。针对初次合作，暂无历史数据加以考察的供应商，则可通过前期调研、投标文件承诺、参考行业同期水平等方式予以打分判断。此时，由于数据预测所带来的不确定性可视为总承包商在谋求拓展供应商合作伙伴时所面临的机会成本。

3）定性与定量指标的量纲一致性处理。

供应商综合评价采取里克特量表方式进行打分，即：1～5 分由低到高表示投标供应商在各项指标上的得分水平。在构建的评价指标体系中，既有人员培训、沟通协作能力、信息共享深度等定性指标，同时含有抽检合格率、交货准时率、备货周期等定量指标。

4）关键指标的一票否决制。

构建综合评价指标体系，旨在通过全方位的打分评价选出得分最高的投标供应商。但是，某些情况下，针对个别关键性指标，总承包商往往需要设置一定标准，将低于此标准的候选供应商一票否决。结合工程实际，该标准的设置方法有两种：

其一是由该领域专家或行业内实践经验丰富的从业人员事前设置最低标准。该方法适用于质量保障范围等基础保障性指标，以宁缺毋滥的态度筑牢项目采购的质量关。

其二是通过入围供应商的该项指标值确定最低标准，实行末位淘汰制。该方法适用于事前难以测定相关标准值而又决定全局的指标，其优点是促进供应商竞争，维持对相关指标的高标准要求，缺点则是设置的标准值受制于入选企业的整体水平，具有一定的风险性，且过于侧重单项指标的相对优势，容易导致评价结果缺乏全面性。

三、EPC 模式总承包企业的供应商管理特点

相比传统建设模式，EPC 模式下总承包商的项目采购乃至供应商管理亦呈现出如下特点：

（1）管理活动的周期增长。传统模式下，总承包商的供应商管理活动集中体现于中标后的项目施工准备与施工阶段。在 EPC 模式下，并行工程的引入推动总承包商在项目设计过程中要考虑与之配套的采购、施工作业。基于此，在项目设计阶段，通过前期的商务接洽，深入交流双方需求，既能详细考察采购物资，规避质量问题，又能为后续订单的备料发货预留充分时间，确保物资供应及时有效，防止出现采购纠纷。

（2）采购种类多、金额大。工程项目实施过程中，采购成本往往占比最高，是决定项目总成本的关键因素。借助《EPC 合同》，业主方将原属于自身的部分采购职能让渡于总承包商，后者的采购任务显著加大。与此同时，EPC 模式普遍应用于大型基础设施工程建设中，据统计，其大型设备的采购费用一般占到采购总成本的 30％以上。这些都使总承包商面临的资金压力、管理的供应商数量以及物资采购的种类数量等急剧增长。

（3）信息共享更为及时有效。传统建设模式下，总承包商对项目设计介入有限，是基于现成的设计图纸被动地编制施工计划及其采购计划。在 EPC 模式下，通过对项目设计环节的自主承担，总承包商得以及时掌握更多项目信息，并将其分享给合作的供应商。与此同时，作为战略合作伙伴的关键供应商亦能尽早介入项目设计，结合自身优势，提出切实可行的项目建议，在保障后续物资供应安全的基础上，推动供应链资源的有效整合。值得注意的是，上述优势的实现，亦对供应商的合作沟通能力提出了更高要求，这就使得总承包商在甄选合作伙伴时，应更加注重对上述指标的考察。

四、选择采购供应商的考虑因素

在选择采购供应商的时候，应该综合考虑众多因素，其中比较主要的因素有：

（1）产品质量。质量是重中之重，只有好的质量才能带来好的生产，因此，对于供应商的质量，我们应该严格把关，做到挑选的供应商都能提供好的质量，这样我们的采购才能有最好的成效。

（2）供应能力。供应能力是直接影响生产计划，生产进行的重要因素，因此，好的供应能力是保证生产顺利进行的因素，为了我们的生产活动，能及时有效地开展，对于供应商的供应能力我们应该更加关注。

（3）价格。采购的过程中，能以低价采购到优质商品，是采购者们追求的共同目的。价格的因素直接关系到生产的成本。在追求价格的同时，我们要注意性价比的权衡，对于好的商品，价格优质最好，但是不能为了一味地追求低价而降低其他标准，要找到一个好的平衡，才是采购者最应该把握的。

（4）地理位置。地理位置的好坏是相对而言的，对于采购而言，地理位置好坏也会有一定的影响。

（5）售后服务。售后服务是保证采购过程顺利完成的最后一个环节，好的售后服务可以免去很多不必要的麻烦。

五、EPC 项目供应商伙伴关系管理策略

与重点供应商构建持续有效的合作伙伴关系，既是核心企业实施供应商管理的基本追求，也是将供应链优势运用于企业生产的前提保障。目前，有些大型公司基于供应商分类原理，对战略供应商、基础供应商、瓶颈供应商、一般供应商形成了差异化管理的总体思路。从供应商关系管理的角度出发，要切实做好有关工作，还应注意以下几点：

（1）深化供应商开发，夯实彼此合作基础。

由于受制于工程项目建设的特殊性，总承包商与供应商的合作呈现出间断性与不确定性特点。基于此，深化供应商开发尤为重要。

其一，是要拓展重点采购领域供应商的地域范围。结合总承包商承接工程项目的主要业务活动范围，可在热门城市、地区同重点采购领域的供应商通过签订采购意向协议或期权认购合同，建立务实合作关系，增强项目供应链网络的覆盖范围，在降低项目采购的物流成本的同时，也为将来企业发展壮大后的繁重项目量预留合作空间。

其二，是深化项目产品的合作开发，提升合作深度。总承包商在项目实施过程中，可充分发挥 EPC 模式优势，在项目设计阶段即可向业主提供合理建议，在结构设计、设备选型等方面保持与构建的供应商网络的兼容性。依托供应链优势向业主提供整体化的解决方案，丰富与伙伴供应商的合作机会，增强企业在工程市场上的竞争力。

（2）加强沟通协调，妥善管控分歧。

构建合作伙伴关系能够加强彼此信息交流，减缓利益冲突，而更为畅通的信息交流机制与利益协调机制则会巩固合作关系二者相辅相成，相互促进。在机制层面，采购双方在订立合同时应完善争议处理条款，明确纠纷矛盾的处理、仲裁办法，合作过程中双方应授权相关人员定期交流，对于可能出现的意见分歧要及时反映，及时沟通，及时解决，并履行相关签字手续，留存备案。对于多次合作的伙伴供应商，应积极营造互信氛围，在此基础上，注重企业价值层面的相互交融，协调彼此的利益取向，从根本上解决目标冲突对彼此合作关系的恶性损耗。

在技术层面，要依托互联网优势，着力打造信息交流平台，为供应商沟通管理提供技术支持。通过构建数据库，将有过合作历史的重点供应商纳入企业信息管理范畴。针对供应商的合作表现，应及时进行动态评价，将评价结果导入企业信息平台，作为供应商评级、关系维护、纠纷处理的历史依据。此外，亦可将部分信息反馈给伙伴供应商，帮助其进一步理解购方要求，提升产品质量，完善售后服务。

（3）合理运用激励手段，调动供应商参与积极性。

合作伙伴关系的建立，将采购双方的合作关系由显性的合同交易关系上升至隐性的利益约束及共享中来，在调动供应商积极性上，具有天然的优势，然而，出于"理性人"的利己倾向，以及信息不对称的现实环境，供应商仍有可能做出损害总承包商利益的短视行为。对于总承包商而言，合理运用激励手段，调动供应商的参与积极性至关重要。

基于 EPC 项目特点，总承包商的激励措施包括：

1）价格激励。价格激励作为最主要的显性激励手段，对供应商参与积极性的提振效应显而易见。在工程实际中，总承包商通过适当提高采购预算，选取资质良好，产品优秀的供应商，其本质就是将价格激励运用于供应商选择中。

2）订单激励。针对采购量较大的基础建材等物资，总承包商可采取分阶段采购的办法，视合作情况决定是否将后续订单继续交由当前合作供应商。与此同时，在订立合同方面，可通过需求柔性合同（Flexibility quantity contract）以及时间柔性合同（Time－flexible contract）等方式预留弹性空间，便于激励措施的实施。

3）支付激励。灵活运用支付方式，亦可达到对供应商的激励作用。实际操作中，定金比例、尾款支付时效性等因素都会对供应商的资金链形成影响，进而约束其合作表现。

4）商誉激励。商誉激励无需采购方支付额外资金成本，是利用采购方自身的行业地位、信息渠道优势等对供应商产生激励效应的相关措施，如：将信用良好的合作供应商推荐给同业友商等。将物质激励与商誉激励相结合，往往具有事半功倍的效果。

为了创造出一种良好的供应商关系局面，克服传统的供应商关系观念，我们有必要非常注重供应商的管理工作，通过多个方面持续努力，去了解、选择、开发供应商，合理使用和控制供应商，并且对供应商进行切实有效的激励措施，建立起一支可靠的供应商队伍，为企业生产提供稳定可靠的物资供应保障。搞好供应商管理也是我们搞好采购管理所必须具备的基础工作。只有建立起一个好的供应商队伍，我们的各种采购工作才能比较顺利进行。

第三节 采购成本控制管理

一、采购成本的概念及其组成分析

根据工程项目成本的基本概念，结合 EPC 工程总承包项目自身的行业特征，具体地讲，EPC 工程总承包项目成本是指项目实施过程中所耗费的设计、采购、施工和试运行费用，EPC 工程总承包项目总成本主要由设计成本、采购成本和施工成本构成。尽管各阶段成本对项目总成本的影响程度各异，但是从资源分配的角度考虑，各主要成本所占的比例与其在总造价中的作用不一定是成正比的。经过大量的实践经验表明，项目的主要成本构成比例为：设计成本 3%～5%，采购成本 50%～65%，施工成本 30%～45%。

采购总成本是构成工程实体的材料、设备以及工程项目有关各采购标的物的成交价格及在采购业务活动中发生的费用总和，是承包商与货物采购有关的各项活动共同影响结果。其包括采购费用分摊到每台设备、每批材料上所有支出的各种费用总和，主要由采购直接成本（采购价格）和间接成本（采购作业成本、维持成本、质量成本等）构成（图 4 - 12）。

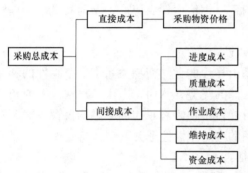

图 4 - 12 采购总成本组成图

在整个项目中采购成本一般占总成本的 70% 左右，根据 GARTNER 的调查表明，采购成本每降低 1%，相当于企业的销售额提高 10%～15%。因此，从某种意义上说项目成本控制成功与否的关键决定于采购阶段的成本控制。采购阶段的成本控制主要指设备和材料通过招标的方式选择合格的供货商，并包含了整个获取方式和过程。

二、项目采购成本管理的主要内容

项目采购工作一般由以下步骤组成。采购计划和采购进度计划的制订拟选供货商对供货商进行监造，确保合同的正常执行。

（1）编制采购计划和采购进度计划。

在项目的初始阶段为了有效地避免风险、减小损失需要编制项目采购计划和采购进度计划。这样的目的在于确定采购货物的数量和进度使资源得到合理的配置取得最佳的经济效益。

（2）编制询价计划。

记录项目对产品、服务或成果的需求，寻找潜在的供应商。

（3）询价、招投标。

供货商的选择往往是通过招投标的方式和可能的供货商进行合同谈判，进而签订供货合同、确定合格的供货商。所以，首先要获取供应商适当的信息、报价、投标书或建议书。

（4）供方选择。

通过审核所有建议书和报价后，在潜在的供应商中进行选择，并和选中的供应商谈判最终合同。

（5）合同管理及收尾。

对供货提供的设备进行监造，确保合同的正常执行，同时把此次采购信息建立档案保留下来，这样可以给决策者提供信息以便改进方法。

三、EPC项目采购成本的影响因素

（1）市场环境因素。

一般采购成本受到地域、行业和淡旺季等外部因素的决定性影响，而外部市场环境因素又是多方面的，大致可以分为国际环境、政治法律因素、国家产业政策、周边国家产业政策、经济因素、技术因素和文化因素等方面，当采购遇到这些因素时就会给项目的进度、目标实现带来潜在风险，因此会增加采购成本，必须慎重对待。

（2）业主方因素。

在EPC工程项目采购过程中，业主方一般都规定了供货商短名单，有时候对于某些设备的合格供货商仅指定了1～2家，由此实际增加了采购工作的难度及成本。如果短名单中的供货商无法满足项目材料技术规范要求的，则需要项目总承包商提交备选供货商资质、业绩等相关资料报批，业主审核通过后才能进行采购，但往往业主方审批周期很长，因此造成采购迟迟无法开展而延误采购时机导致采购成本增加。

（3）供应商因素。

采购工程所需的材料、设备过程中，选择供应商的方式通常包括招标方式选择供应商，询价方式选择供应商，直接订购方式选择供应商和其他选择供应商的方式，例如：竞争性谈判采购、多阶段议标采购、指导性价格采购、关联价格采购（内部转移价格采购），这些采购方式本身并没有优劣之分，只是具有不同的适用性，一般是根据采购实际情况来进行选择最适合的采购方式。

目前国内大宗材料或设备采购大都选用招标的方式来进行询价，虽然这种采购模式可以实质影响供货厂家之间由于竞争而降低价格，但现场开标费用、评标费用、专家费用等都是需要计入成本的费用。如果是采用其他询价议价、谈判等方式来进行采购，一则可以降低厂家价格，二则可以直接省掉一笔可观费用成本。

（4）设备检验试验因素。

一般供货厂家在签订供货合同后，会按照采购设备数量、型号、技术要求开始备料以进行生产。从工厂备料开始到设备交货验收阶段，设备生产工艺、制造质量的监督、试验和验收检验等都需要对供货商进行全面管理，以确保所购产品的质量要求。由此产生的监造费用、试验费用和检验费用等都是影响采购成本的因素。

检验工作的核心是确保材料或设备的质量符合采购合同规定的要求，以避免由于质量问题影响工程的施工建设进度。依据项目机构人员配备的具体情况，由专业的检验人员做好设备材料制造过程中的监制、检验和验收工作。

（5）设备运输因素。

运输是指所采购设备材料经检验合格后，从出厂到抵达施工现场的过程。运输工作中需要注意控制运输的费用、安全性、运抵现场的时间，以经济的方式保证物资顺利到达现场。目前运输也是物资采购过程中一个受外部环境影响最大的环节，不同的运输方式会对价格、运抵时间造成较大的影响。因此在运输工作开始前制定具体的运输工作计划即装车、陆运到现场的全部过程，包括准备工作、运输时间、运输方式和运输路线的确定，对于大型设备要注意选择从港口到施工现场的运输路线。

如果合同没有具体规定还要选择合适的保险公司，选择购买合适的保险种类，一般国内内陆运输和海洋运输的保险公司可以选择国内的保险公司来操作，而且根据经验越是信誉好的规模大的保险公司，其保费的费率收取越高，反而一些规模小或知名度不高的保险公司为了拓宽业务渠道、拉拢客户资源，其保费的收取也会相应低廉。

（6）采购员因素。

在 EPC 项目设备采购过程当中，由于设计与采购是分离的，采购员作为商务人员不能像设计部的技术人员那样对设备的技术参数、图纸、规格型号了如指掌，而通常与供货厂家的对接工作往往都是由采购员完成的。面对供货厂家提出的技术问题不能及时反馈，需要向技术部或者项目现场进行核实才能给予答复，这无疑会给供货厂家留有采购人员不够专业、综合素质低的印象，更会造成设计请购和实际采购物品的严重不符。由于采购人员对设备的技术理解层面不够，不能对其即将采购设备材料的供应市场进行事先分析，不能制订出适合该类采购物资市场的采购战略，这无形中减弱了对该设备采购的谈判能力，因此也会导致采购成本的实际增加。

（7）其他影响因素。

由于不可预见、不能避免并不能克服的客观情况，包括自然灾害（地震、沙尘暴、雨季等）、战争、社会异常事件（罢工、骚乱）、经济危机等等不可抗力而造成不能修复或者毁灭性的破坏导致损失，或者由于国家法定节假日因素而导致工作周期延长，都会对采购工作及采购成本造成影响，其中欧美国家的圣诞节及 7～8 月暑期长假、阿拉伯国家的斋月、我国春节等对供货商的生产进度影响最为严重。

四、EPC 总承包采购的特点

（1）项目采购的对象较为复杂。

项目采购对象较为复杂，有工程类采购，也有服务类采购，而且所采购的物资种类比较多，有材料采购，也有设备采购。例如华北院所承担的项目中，有污水厂项目，供热项目，道路项目，垃圾焚烧项目等，每个项目所需要采购的设备也都不同。项目采购在时间、质量、数量、价格、合同责任、流程等方面都有极其复杂的内部联系，一个项目的所有采购环节之间必须相互协调，环环相扣，形成一个严密统一的体系，才能使采购工作良好运作。

（2）项目采购过程较为复杂。

一般来说项目采购的过程较为复杂。为了保证采购任务顺利完成，项目目标顺利实现，需要有全面而复杂的招标过程，合同的签订和履行过程，严格的付款程序，以及复杂的催交、运输和检验程序为整个采购服务。其中任何一个环节都需要严格化、程序化地把控，不能出现问题，否则将会对整个项目，甚至整个企业造成不利的影响。

（3）项目采购是动态过程。

由于采购计划是项目总体计划的一部分，会随着项目的范围、技术要求、总体的实施计划和环境的变化而改变，并且项目采购计划中对各个时间结点的安排是无法提供准确时间的，因此项目采购被视为是一个动态过程。不仅如此，项目采购很容易受到外部环境的影响，例如因为分包商、市场价格、自然条件等诸多外界原因所造成的工期延误等，因此项目采购存在很多风险性，且这些风险并不是能完全控制的。

由于项目采购的上述特点，无论是采购类型的复杂性，采购过程的复杂性，还是项目采购的风险性，都为项目采购成本管理造成一定的困难。因此，对于任何一个企业来说，必须有严谨的成本管理程序进行全程掌控，这样才能使采购工作更好地服务于项目，从而高效、高质量地完成采购目标。

五、采购成本计划的编制

采购计划是保证工程建设在合理工期内完成的重要工作。整个项目的设备采购计划应该在符合工程工期要求及保证施工进度的前提下，同设计部门反复研究共同确定的，以项目总承包合同、项目总进度计划、设计进度、施工进度以及业主方提供的采购设备材料的资金计划等为依据，方能保证采购计划编制的合理性、可行性和最优化。

项目采购计划是项目总体计划在采购方面的深化和补充，是采购工作的具体而详细的指导性任务文件。总体采购是对采购工作的宏观管理监控，要遵循四大采购原则：进度保证原则、成本控制原则、质量控制原则和符合合同标准的原则。采购的总体计划通常包括设备或材料采购范围、采购程序、采购进度与整体项目执行进度的衔接、采购成本和费用的控制目标、业主方对采购管理的特殊规定和采购设备的技术审批等。

总承包企业采购部门和项目部采购组一般根据总承包合同、项目总进度计划、请购文件、企业有关采购管理程序和制度等编制采购计划。采购计划的主要内容应包括采购材料、设备的明细表、采购的进度安排、估价表、采购的资金使用计划、采购进度、质量、费用控制的要求措施等。

采购计划编制过程的主要方面包括：

（1）依据设计部门提交的请购文件和相关技术文件，清楚了解所需采购材料设备的各种类目、性能、规格、质量、数量要求，并选用国际通用的标准和规格。

（2）对材料设备市场进行广泛的调查和分析，掌握拟采购材料设备的国内外最新行情，了解材料设备的来源、价格、性能参数及其可靠性。如果建设项目的施工地点比较分散，其所需设备材料的供货地点应在充分考虑供货能力、运输条件、仓储条件和采购成本后，就近选择和分散布置。

（3）根据采购材料设备本身的特点及供应情况，选用集中采购、分散采购模式或混合采购模式，确定具体采购方式以及采购资金的安排。

（4）在编制采购进度计划时，由于诸因素影响而不能满足施工进度计划的要求时，应及时逐项提出，交项目控制经理和相关部门进行协调，在确保总进度计划的前提下，合理地调整局部计划。在采购进度计划执行过程中，如果执行的实际情况已经完全偏离既定计划而导致进度完全改变，那么应该由项目经理向业主方汇报与之协商，原有计划进度应根据批准后的更新计划进行调整。

EPC 工程项目成本控制是一项综合性很强的指标，它涉及项目设计成本、采购成本以及施工成本，成本控制贯穿于项目执行的始终，这就要求项目总承包商对形成项目成本的全过程都要有成本控制的意识。

六、EPC 项目采购成本控制

EPC 项目中的采购成本控制的重点就是对设备材料采购成本的控制，严格物资采购管理，实行适时、适量、适质、适地、适价的采购原则。当然，在实际的采购过程中，很难能够做得面面俱到。如果过分强调价格，可能质量就不能被确保；过分强调供货地点，可能价格又不是最合适的。所以，在采购过程中，应从全局出发，综合考量，准确把握产品的技术规范、质量要求，以及供货厂家的资质评审等级，以最终达到在适当的时候以适当的价格从适当的供货厂家采购适合的产品进行供货的目的。

成本控制的原则是成本管理的基础和核心，在具体进行项目的成本控制时，必须遵循以下 5 大基本原则：

（1）全面性控制原则。

EPC 工程项目成本中的全面性一方面是指人员的全面性，另一方面是过程的连续性。它要求全体参与项目执行的人员以个体为单位来控制每一个体工作环节的成本控制，且成本控制的意识要从项目立项至项目竣工移交为止不间断地执行。

（2）成本最小原则。

实施项目成本控制的最终目的，就是通过采取各种有效途径降低项目成本，实现效益最大化。

（3）坚持效益优先原则。

即正确处理好安全、质量、工期、成本四大目标之间的关系，在确保安全、质量、工期的前提下，通过挖掘各种降低成本的潜力，达到合理最低成本水平，努力追求经济效益和社会效益的统一。

（4）可控性原则。

所谓可控性原则是指成本主体能对耗费进行预见、计量和控制。

（5）协调原则。

进行成本控制同时要考虑其他控制过程，要与进度控制、质量控制、安全控制相协调，如果只片面地严格控制成本，可能会导致进度或质量方面出现问题，而造成事倍功半的结果，最终只能是加大成本。

七、采购的基本流程

EPC 总承包的采购工作按照采购时间节点可以大致分为三个阶段，分别是采购前期、采购中期和采购后期。

（1）采购前期是指项目在和业主签订总包合同后的采购工作部署阶段。首先需要项目经理指定该项目的采购经理全权负责设备采购的所有工作，采购经理再从采购部人员中选择负责该项目的每个采购环节的项目人员，一般包括三名采购工程师，一名催交工程师，一名运输工程师，一名检验工程师和一名综合管理工程师，并且明确他们的工作职责。然后是制订采购计划。采购计划应包括所采购的设备的进行分包清单，人员的分工，采购进度的计划，以及总包合同中对于设备的特殊要求和技术标准等。这样做可以使采购工作更加具有明确性、条理性，是采购工作的指导方针。

（2）采购中期是从设备招标阶段到合同签订阶段，包括设备的询价，供应商的选择，招标和评标过程，在确定中标人后签订设备采购合同。可以说这个阶段是关系到采购成本控制和采购风险控制的阶段。首先需要按照供应商评定和管理流程来选择合适的供应商进行询价并参与设备投标，然后执行严谨的招标和评标流程，在满足业主对设备质量和技术要求的前提下，确定中标供应商。最后合同审批流程，根据法律签订采购合同能最大程度地降低采购成本和采购风险，使采购工作能够顺利进行得到保障。

（3）采购后期包括付款、设备的催交、设备的运输、设备的检验，以及整个项目采购过程文件的整理与归档。其中催交、运输和检验各个环节是采购设备能否按时保质保量地到达指定现场的关键，需要按照流程按部就班并做好记录。然后是付款审批，需按照合同规定的付款方式付款和审批。待整个采购工作结束后，按照采购计划，将采购过程文件妥善保管并归档，用于体系检查和后期的资料查询。

目前大多数企业在总承包和采购管理方面经验和能力的缺乏与不足，使得制订的采购流程相对简单，并且缺乏完善性和易操作性，不能为采购人员提供工作方针，也无法保证项目采购工作的连续性，采购人员操作起来比较模糊，往往在制度中添加个人的直觉和经验，没有规范性，不能达到采购的预定目标。

采购工作的每一个流程都关系到整个采购工作是否顺利完成的关键，一个环节的失误就会对整个采购产生难以估计的影响，从而对项目的目标实现造成影响。目前的采购流程比较简单，不符合现代企业快速发展的需要，因此需要对采购流程不断地改进和完善，使采购工作中的每一个环节都能串联起来，明确每一个程序实施的要点，形成一个整体，环环相扣，步步为营，能够高效率、低成本、低风险地完成项目采购工作，从而提高采购水平，增强企业的竞争力。

八、采购流程的重要性

随着企业对成本意识的提高，采购流程管理已经成为企业的重要组成部分，采购部门也成为企业的核心部门之一。在国际 500 强企业中，有超过 70% 的企业的采购成本占到其销售成本的 40%～70% 这是一个相当高的比例，也从侧面说明采购的重要性及降低采购成本就能提高销售利润。因此，大多数国际化企业认识到这点后，加强了并研究对采购流程管理的方法。在这种趋势下，国内企业的采购流程同样得到更多的重视，也把采购部门当作一个承上启下的部门，对企业利润的提高，产品质量的保证，技术的开发都起着至关重要的作用。

众所周知，成本是企业的命脉。对内来说，改进采购流程不仅可以降低采购成本，促进工作效率，提高企业管理水平，增强企业的竞争力，还能对企业的销售、技术、生产和售后等环节提供保障，从而使企业达到良性循环，提高资金利用率；对外来说，通过采购流程中的供应商评定流程，可以和供应商良好的协作关系，不仅可以降低采购成本，建立属于企业自己的供应链，还能获得更多的市场信息，使企业在信息化的市场上处于有利地位。

在 EPC 总承包项目中，采购流程与项目目标息息相关。由于在 EPC 总承包项目中，设备和材料采购所占的比例比较大，对采购物资的技术要求，进度要求，价格要求，质量要求都很严格，其中一项不能满足的话就将对整个项目进度和目标造成严重的影响。因此完善的采购流程是保证采购设备能够完全符合项目要求前提，也是保证项目工程利润最大化的关键，也为企业今后能在 EPC 总承包道路越走越远发挥着重要作用。

第四节　采购风险管理

一、采购风险管理基本理论

1. 风险的含义与特点

风险是指某一事件发生后组织承受损失的可能性，或者用于描述与预期状况产生偏离的程度。企业如果能够全面、及时地掌握风险的特点，就可以对症下药地构建或调整企业的风险控制体系，来提升管理效率，将风险可能带来的不利影响降到最低。掌握并控制风险，与企业经济效益的增长，有着紧密的联系。总结风险特征如下：

（1）客观性。

风险是客观存在的，不以人的意志为转移。由于具有客观性，就需要企业及时采取规避、接受或者利用的方式正确面对风险。

（2）不确定性。

不确定性是风险的本质，由于事物具有复杂性与相互关联性，风险会随着事物的发展前进过程中产生新的类型。有可能一个细小的异变就会带来连锁反应，产生牵一发而动全身的后果，所以，风险很难被全方面地认知和控制。

（3）可测性。

虽然风险的本质是不确定，但并非代表对客观事物变化情况毫不知情，而是指对风险的测评是不确定的。对风险的测量过程，就是企业对风险评估的过程，根据搜集到的以往的大量资料，利用定性或定量的方法可测量类似事例发生的概率及其带来的损失程度，并且可以通过构建风险评估模型，成为风险测评的基础。

（4）发展性。

随着我国社会进步和发展，风险也在不断地改造与发展，尤其是随着高新科学技术的发展和应用，风险的发展性的步伐也不断加快。风险会因时间、空间因素的不断变化而发展变化。

2. 工程采购风险的含义

工程采购风险通常指在实施工程项目设备、物料的采购过程里潜在不确定的发生导致采购的实际结果与工程项目对采购活动的预期不一致且造成工程项目其他环节产生损失的可能性。工程采购活动的特点是规模大、采购范围广、涉及物料种类多，而且一般供应时间比较长。前期采购某一细小环节的纰漏，往往会影响整个工程任务的顺利完成。由于采购在工程项目的不可忽视的影响，对工程项目中实施必要的采购风险管理就变得尤为重要。

3. 工程风险管理的含义

风险管理是指如何在项目或者企业一个肯定有风险的工程环境里把风险减至最低的管理过程。工程项目的风险管理者采用多种方式，通过对风险进行识别、分析、评估、实施、预防等手段，预防和化解风险的手段及措施，进而减少风险所带来的经济损失和工期损失。风险管理作为一门新兴管理学科，在具有自身的独特功能的基础上，涵盖管理学的协调、计划、组织、指挥、控制等职能。

工程采购风险管理是对工程采购活动中可能出现的意外事件提前进行识别、分析和评估，并根据风险评估的结果制订相应的风险预防和处理措施，以此达到减少潜在的不确定事件对工程项目造成意外损害，以较为科学的风险管控措施使采购效果到达工程项目的要求。国内外工程项目的实践证实了对工程采购风险的有效管控能明显降低整个工程项目的风险。近年来，越来越多的工程公司把更多的精力着手致力于这一领域的研究和管理。

4. 工程风险管理的目标

风险管理的目标在于风险管理者通过控制意外事故风险损失，达到最佳风险控制效果和减少风险带来的最小损失，以最小成本获取最大安全保障和盈利，通过项目实施创造较高的社会与经济效益。

二、工程采购风险的分类

工程采购风险一般划分为外因风险和内因风险两大类。

1. 外因风险

外因风险是工程采购施行中工程采购主体自身无法避免的工程采购过程以外因素造成的

风险。一般包括：

（1）质量风险。在工程项目中的供应商由于实际生产能力的不足或是为了追求本企业利润的最大化而提供的物资标准未能达到工程合同中规定的要求，出现工程采购质量风险。

（2）交期延误风险。供应商在配合工程进度计划所组织的生产管理等方面能力欠缺或工作失误，使得预定交期晚于合同所规定的时间，采购方未能按计划进度验收到供应商提供的物资，工程采购因此产生了延期的风险。

（3）价格风险。工程采购中价格风险主要有以下两种情况：

1）供应商组建"投标联盟"操纵投标环境，与其他投标人或招投标机构串通抬高投标价格；

2）采购方迫于市场环境的变化，在认为价格适宜的情况下大量采购囤积工程项目所需物资，但不久该种物资却出现市场价格下跌，从而带来工程采购风险。

（4）意外风险。工程物资采购过程中，由于自然灾害等影响，例如地震、暴风雪、洪水等和意外事故如火灾、区域断水断电等事故造成的风险就称之为意外风险。这些意外风险往往带有不可预知的因素，所以也容易给工程项目造成无法预估的经济损失。

（5）合同风险。合同风险是工程采购风险中最需要关注和控制的风险之一，主要表现为来自供应商的合同履约风险。某些中标供应商往往利用工程采购里不严谨条款要求，设、埋合同陷阱甚至进行合同欺诈，最终使得采购方蒙受损失。合同风险问题较为突出。由于工程项目复杂而且又多变的环境，也经常容易发生签订合同之后供应商拒不执行合同要求并且故意拖延交期，以各种理由借口提出合同变更等情况。这些问题都会提高合同履行的风险，导致工程采购合同的履约率降低。

2. 内因风险

内因风险是指工程采购主体自身因素和工程采购管理内部因素所引发的风险。一般包括：

（1）工程采购计划风险。工程采购前期一般都要求编制采购进度和采购预算。首先，市场实际走势情况和调查预测存在偏差会从宏观方面影响到工程采购计划与预算的正确性和适应性。其次，服务于工程项目上的计划管理技术不一定适当和科学。计划管理工作不严格容易造成工程物资需求计划编制出现问题。不科学的计划编制往往导致设计频繁变更造成工程采购计划频繁调整，直接影响到合同顺利执行。当采购目标发生较大偏离时，采购计划风险自然产生。

（2）工程采购责任风险。此类风险主要源于物资采购途中，采购方技能的欠缺，未能确切理解业主单位的意图或未按公司标准的采购程序进行规范采购等。例如：未能遵守工程招投标采购流程和技术商务双分离的原则选择中标单位；出现采购活动的徇私舞弊、工程采购过程不公平等问题；在执行采购合同时，由于本身的能力欠缺或责任心不强，对合同风险管理不严格等。

（3）运输风险。一个工程项目实施过程中，往往涉及多品种的物资设备。这些工程物资设备常常具有数量多、交货期长、运输距离远、非标设备较多、受不同国家与地区的政府的各类监管等特征。设备物资的运输方式也多种多样，有公路、铁路、船运、空运等。受到这些外界因素的影响和相互作用，在运输途中经常出现各种风险损失，比如：到货期延误，货物运输破损等。

（4）存货风险。该风险的主要来源是存货因市场价格变动、技术进步等原因而导致存货价值递减。如果采购方没能正确预估市场变化的风险，那么囤积的贬值物资不但易造成库存积压，而且影响资金的使用效率，从而发生潜在的亏损。

三、风险识别方法

对风险做出识别是进行风险控制的第一步。当公司能够系统地掌握潜在的风险时，就可以去评估风险有可能带来的损失，并根据企业自身需要，选择适宜的方法应对风险。风险识别的方法主要有：德尔菲法、流程图分析法、头脑风暴法、情景分析法、财务状况分析法等。

（1）德尔菲法。

德尔菲法又名专家意见法，它的应用前提是专家们不会见面，主要由四个部分组成：首先，由询问人确定好需要征询的专家人员，并向专家们指出关于征询的问题；其次，对专家们给出的意见进行数据的整理和统计，在专家们的意见基础上进行总结归纳，之后再将总结反馈给专家们；最后，经过与前面几次相同的问题征询，再总结，再反馈，最终根据专家们趋于一致的预测意见，总结出的预测结论必须是能够适应工程项目物资采购市场未来发展趋势的。

（2）流程图分析法。

流程图分析法是根据企业业务流程分步骤绘制图表，然后对每一个步骤、每一个因素进行分析，从中发现潜在风险，并找出导致风险发生的可能因素，评测某个风险发生时会造成的损失以及会对整个企业带来的不利影响的程度。使用流程图法，可以通过梳理工作流程，较为清晰地凸显出企业作业的薄弱点与关键点，结合企业的现存问题与相关历史资料，识别企业的风险种类。

（3）头脑风暴法。

头脑风暴法又称自由思考法，其可以分为两类：一是直接头脑风暴法，主要指组建一个小组，让大家开始集体讨论，鼓励大家尽可能地把自己的意见和想法都表达出来，从而促使形成更多的风险问题或意见，成员是由熟悉采购风险工作的职员和采购知识丰富的学者专家组成；二是质疑头脑风暴法，在进行风险识别时主要是对直接头脑风暴法提出的每一个想法和建议，进行质疑分析，明确核心的风险，同时排除掉不符合实际情况的风险的一种方法。

（4）情景分析法。

情景分析法它主要被应用在两个方面：分析环境和形成决策。因为情景分析法能够在企业所面临各种长期风险和短期风险的时候，把企业的各种威胁因素和企业外部的机遇因素可能发生的方式与企业的现实情况连接上，在基于假定的某种现象或某种趋势将会持续下去的情况下，能够预测出所预测的对象可能引发的后果或可能产生的情况的一种分析方法。

（5）财务状况分析法。

财务状况分析法是根据企业主要的财务报表对企业的财务状况深入研究，从财务指标中发现问题的一种方法。在使用财务状况风险法进行风险识别时，其优点是分析的数据资料准确、客观且外部人员易懂，但财务状况分析法的局限性也非常大，表现在三个方面：第一，从财务状况的角度仅仅能够得到量化的风险，对于由非货币形式你带来的问题，如操作中的不规范、人员素质和管理决策等问题无法识别；第二，若没有合适的财务资料则无法得出正确的分析结论；第三，得出的数据不能反映公司的全貌，部分财务数据仅能被专业财务人员所利用。

从风险识别方法上来看，使用单一的方法远远是不够的，因为各种方法的侧重不同，仅使用一种方法对风险的分析都较为片面，必须将多种风险识别方法相互融通、综合运用。

四、适用于工程项目的采购风险管控方法介绍

工程项目采购风险管控是运用科学的数据处理方法对项目采购中所存在的不确定因子进行合理地分析，并尽可能地降低不确定因子对项目采购所造成的潜在负面影响。通过上述章节的论述容易发现，运用合理的供应商选择方式能明显增强筛选供应商的科学性和周密性，进而大大降低采购风险。当国内外学者开始对采购风险管控进行研究以来，各种定性定量分析方法都以各种形式运用于对供应商的选择的论题中，例如：决策树法、网络分析法、层次分析法（AHP）、CVAR 风险计量法、随机过程理论分析、模拟综合评估法、风险概率分析等方法。下面仅简要介绍主要研究方法。

1. 平衡计分卡

平衡计分卡（Balanced Score Card，简称 BSC）于 20 世纪 90 年代由 Kaplan 和 Norton 创造，极大地拓宽了业绩评估理论的空间。平衡记分卡是一个根据企业组织的战略要求而精心设计的指标体系。平衡记分卡具有 4 个维度：客户维度、内部业务流程维度、学习与成长维度和财务维度。这 4 个维度之间是相互关联的，学习是基础，客户是目的，业务流程是工具，而财务是最终的结果。平衡记分卡弥补了传统绩效评估体系仅仅重视财务指标而忽略非财务指标的不足，它能够帮助企业在关注财务结果的同时，更关注企业未来发展所必须具备的能力和无形资产等。

平衡记分卡能够帮助企业将抽象的、难以量化的供应链管理战略目标转化为具体的、可衡量的指标，再从平衡记分卡的 4 个维度帮助企业将物流计划的子目标转化成具体的可衡量的指标，并为这些指标设定目标。随后，平衡记分卡的使用者就能够决定进行哪些活动以达到这些已设定的目标。在整个平衡记分卡运行起来之后，仍需要运用其结果对物流计划进行评估，检验现有的物流计划是否真正有利于供应链管理总体战略目标的实现，同时对物流计划做出必要的调整，从而能够更好地实现供应链管理的战略目标。

2. 层次分析法

层次分析法（Analytic Hierarchy Process；简称 AHP）是一种被广泛应用于处理比较复杂又比较模糊的决策问题的方法。该方法尤其适用于不容易完全定量分析的目标。在研究复杂系统的决策时，首先需要对描述目标各因素间相对重要度做出正确的评估，然后再对各因素相对重要性进行估测（即权数）以反映重要性的差异。层次分析法与其他评估与选择方法相比较主要有以下突出的优势。

首先，层次分析法提供了一种结构严谨的层次思维框架，把研究对象按分解、比较、评判、综合分析的思维逻辑进行剖析。层次分析法的每个因素在各个层次里对最终结果的影响都是可量化的，而每一层的权重设置又都会直接或间接影响到最终结果，所以层次分析法并不会割断每个因素对论证结果的影响。这种方法对于多准则、多目标的供应商综合评估非常适用。

其次，层次分析法是一种简单易用的决策工具。它不像有些决策理论方法注重复杂的数学推导与演算，也不过分依赖于个体主观判断。层次分析法把定性与定量的方式系统化地结合起来，使得推理与决策过程数学化、直观化。这样的结果比较便于决策人员的正确理解与合理判断。

最后，层次分析法减少了传统评估方法中确定权重时的主观成分，使得评价结果更具有客观公正的特征，增强了评判结果的可信度。

案例：××公司工程项目物资采购风险管理状况

1. ××公司简介

××公司始建于 1953 年，具有特级资质（房屋建筑工程施工总承包）、一级资质（市政公用工程施工总承包、钢结构工程、建筑装修装饰工程）、二级资质（石油化工工程施工总承包）、甲级资质（工程设计建筑行业）等。公司注册资本 4.8 亿元，下设 29 个职能部门、15 个土建公司、5 个全资子公司。目前，公司在册职工 2300 多人，其中大专以上学历占57.39%，达到 1320 人；高级职称 88 人，中级职称 348 人，一、二级注册建造师 317 人；人员配备齐全、合理，人才梯队建设充满活力，各类人才储备达到行业较高水平。在完善人员和机构配置的同时，公司还不断完善质量管理体系、环境管理体系、职业健康管理体系，积极推进标准化、信息化建设，成功导入并实施卓越绩效管理模式，建立和应用了各类信息管理系统，在很大程度上增强了公司的管理水平，使其工程建设经营事业蒸蒸日上。

2. 物资采购组织机构及其职责概述

××公司的物资采购组织设立了工程项目物资采购中心、物资管理部、子公司及其直属项目部物资采购部门、项目部物资采购部门，其中工程项目物资采购中心主要负责物资集中采购的具体工作，物资管理部主要负责物资采购中心的日常工作。该公司工程项目物资采购相关职能部门及其职责如下：

（1）物资采购管理部：主要负责公司物资集中采购体系的建立，强化公司所掌握的优势资源，为公司配备专业人员，及时完善公司服务并有效保障公司网络有效运行；负责公司物资集中采购相关信息的发布与收集；负责公司工程项目物资采购招标文件的编制并提供招标采购服务；负责公司与供应商友好合作关系的维护，保证公司所采购到的物资在质量、价格和服务三个方面均能够达到正常建设经营的目标；负责并协助开展供应商的选择与评价工作。

（2）物资采购中心：负责公司物资集中采购管理办法等规章制度的制定和完善；负责对公司物资采购中心的业务进行指导；负责对物资信息化网络平台的运行进行管理；负责物资合格供应商的选定并及时公布《物资合格供应商名册》，组织供应商评价工作的开展；负责审批公司物资集中采购计划及方案。

子公司及其直属项目部物资采购部门：负责对物资集中采购管理办法等规章制度的编制和完善；参与公司合格供应商选择与评价工作；子公司负责供应商评价，公布《物资合格供应商名册》；负责上报物资集中采购计划；参与公司物资集中采购工作。

（3）项目部物资采购部门：负责上级物资集中采购管理规章制度的具体实施工作；负责对物资采购技术规格书等资料进行审核和汇总，并按时报送给上一级物资部门；负责物资供应商评级资料的收集、整理并向上级部门进行物资供应商的推荐工作；负责项目物资集中采购信息的编制、报送工作。

3. 物资采购的流程

使建设企业工程项目顺利进行的重要保障之一就是做好企业的工程项目物资采购工作。为了降低工程项目整体的成本、提高工程项目物资采购质量，科学地进行物资采购管理工作具有积极意义。目前在建设企业已经将降低建设成本的空间转变为降低物流成本和采购成本，因为要想直接降低建设成本已经越来越难了。××公司各类工程项目每年的物资采购额约8亿元左右，只要公司的工程项目物资采购成本能够降低百分之一，就会为公司节约近800万元左右的资金，所以降低工程项目物资采购成本，对××公司来说是很重要的。

不同的工程项目物资采购方式不同、不同的物资种类，其采购流程也存在着较大的差异性。具体到各个部门，项目物资采购、供应模式各具特点。虽然其采购流程有着不同，但归结起来，××公司工程项目物资采购基本流程由以下几个关键步骤组成：

首先，项目部门要根据工程建设实际情况制定工程物资采购计划（物资采购清单），采购部门根据所提交上来的物资采购计划并结合物资的库存情况，对采购计划是否通过进行严格的审核工作。

其次，审核通过之后采购部门会根据物资的种类和数量选择恰当、符合企业实际情况的采购的方式，通过相关部门领导审核签字后，选择合适的供应商并签订采购经济合同或协议；当物资交付现场后，要对物资进行验收，验收合格的物资进行编制入库，形成入库单，不合格产品退回直达验收合格。

最后形成开支报告，比照采购结算审核，进行财务结算和付款。

4.××公司工程项目物资采购风险管理现状及存在的问题

（1）物资采购风险识别现状。

采购审计可以协助物资采购部门发现未知或虽知但未能及时解决的问题，可以保证采购和付款业务规范有序进行，在一定程度上能够防止和揭露错误或舞弊。××公司的工程项目物资采购风险识别现状主要包含两个方面：

一是依靠审计业务以及咨询公司的相关业务等力量来识别工程项目物资采购风险；例如：审计时对采购金额较大的经济合同、协议（内外部）的签订（含物资、设备采购）履约情况进行审计监督；对工程材料采购的执行情况进行专项审计；对施工项目工程成本和效益进行审计监督，根据审计结果，对其所产生的经济效益和经营状况做出评价。

因为××公司工程项目物资采购的金额较大，例如公司在2015年上半年的工程项目物资采购按照协议约定价格进行，采购商品的合同金额分别高达3.14亿元、1.68亿元、2.3亿元等。2015年的这几项采购金额较大，涉及人员较多，审计部门也不时能够收到匿名举报采购贪污信件，在经过审计之后，发现了较多风险触发点，因此对于牵涉金额较大的经济合同或所签订的协议，通过审计的方式来识别公司的采购风险因素是很有必要的。

二是公司的采购相关工作人员根据《公司采购制度评价报告》《公司内部控制基本规范》以及配套指引中的各项规定和其他的内部控制监管要求，结合公司自身的采购制度和从往采购活动中总结出来的采购经验，对公司的采购风险管理的有效性进行测评，并按照风险导向原则确定，应该纳入公司风险评价范围内的采购风险因素。

（2）物资采购风险识别存在的问题。

××公司虽然已经形成了较为完善的风险管理框架书面文件，但实践工作仍处于摸索阶段，并没有对物资采购的采购付款环节、管理供应环节、物资验收环节所面临的采购风险进行定期、全面的风险识别工作，也没有专门针对采购活动中所出现的风险归门别类，进行总结管理，不能给以后的采购作业借鉴先前采购风险管理的经验。

采购付款环节：××公司没有严格审查采购付款所需具备的条件，应该采取哪种付款方式，对付款金额是否严格控制的标准或范围。例如：××公司在 2015 年 12 月开始的总部会议室视频设备改造项目，因为该项目开始得较为匆忙，很多前期准备工作没有做好，导致该项目在结束时出现了很多问题，最为严重的问题是，有一笔高达 400 多万采购款项没有到达该收到款项的供应商手中，而且该笔资金不知去向，事后才发现该笔资金在拨付过程中所提供的手续资料、请款流程、均不齐全而且有很多虚假的资料，高达 400 多万的付款金额没有严格的审批控制标准和领导签字等，风险管理较为混乱，才给了有些人可乘之机，给公司的资产造成了一定的损失。

物资供应环节：××公司缺乏对采购合同履行情况的有效跟踪，包括合同履行的事前跟踪、过程及事后跟踪；公司还忽视了对所采购的物资是否应该投保，对所采购的物资如何选择恰当的运输方式等。例如：公司在 2011 年 12 月份开展建设的某项目，金额很大，耗时 3 年完工，工程项目建设当中在物资供应环节与供应商之间的合作出现了很多事故，期间因为××公司的采购人员对采购合同的履行情况没有进行有效的跟踪，致使工程项目开工时，很多需要的项目物资并没有运输到位，有些项目物资需要在外地采购，因为没有选择合理的运输方式，加之没有考虑到天气原因，所需物资没有及时运输到工程项目施工现场，致使工期延误，给公司的声誉与财产造成了一定的损失。

物资验收环节：××公司对所采购的工程项目物资的验收缺乏明确的制度标准；验收程序不规范，导致验收人员对验收过程中存在的异常情况，不知道该如何处理的情况时有发生，最终造成的后果是账实不符，账上有的库存没有，库存盘点出来的账上没有。

例如：该公司 2012 年开展的复城国际建设项目，涉及的工程物资种类繁多，因为公司的物资验收没有明确的制度标准，验收程序也不规范，所以验收人员对多种物资采取同样的验收标准和验收程序，复城国际建设项目在建设中期进度检查过程中发现，有些储存在仓库中的物资，在财务账目中并没有列出；有些在财务账目中列出的物资，在仓库中并不存在等现象，因此复城国际建设项目的二次采购工程，又耗费了公司的人力、物力资源，所以物资验收环节做得好与不好，对于企业的物资采购风险管理产生着重要的影响。

由于以上这些问题出现后没有及时得到处理和反馈，致使这些环节的采购风险没有被识别出来，从而给使企业的物资采购带来巨大的损失。

(3) ××公司工程项目物资采购风险的识别。

据上文中对××公司工程项目物资采购风险识别现状的描述，××公司目前虽通过内部控制和审计工作识别采购业务中的高风险领域，但其识别的采购风险较为宽泛，缺少对具体采购业务风险的识别分析，在此基础上，公司采购部主管邀请了熟悉公司物资采购工作的相关人员，成立了采购风险识别小组，对公司工程项目物资采购风险进行了识别调查。通过对公司未来的采购发展做出种种设想，形成关于公司未来采购不确定情况的各种可能的看法，对收集到的调查结果进行汇总，提炼以保证工程质量，满足公司各部门的合理需求为前提，以节约采购成本，规范采购行为为目标，运用问卷调查法和头脑风暴法，识别出目前××公司工程项目物资采购业务所面临的主要风险。

××公司的采购业务主要面临五类风险：物资供应风险、物资成本风险、物资管理风险。

1) 物资供应风险：主要包括物资供应时间风险、物资规格风险、物资数量风险。

在项目物资的供应过程中，由于产能、技术等原因使供应商的交货日期迟于项目采购合同所要求的日期，给采购工作带来延期交货的风险，使得施工人员无法保证工程进度的正常进行或按期完工；一些供应商对工程所需物资的要求理解存在偏差，或由于工作人员疏忽对工程施工所需物资估计不足或估计过多，使得物资采购需求计划编制不准确，最终导致供应商生产的物资在数量或规格等方面不符合施工要求而影响施工质量。例如：××公司在2013年开展的万科台湖工程，工程金额2.3亿元，签订的某个重要供应商在招标过程中夸大了实际的产能和技术，××公司对供应商的资格审查也不到位，使得在中标后，相应工程项目所需的物资不能及时供应到达建设施工场内，还有其他部分物资的规格和数量与合同中的约定产生了差异，致使工程中间几度停工，给××公司和施工人员都造成了一定的经济损失，使××公司的预算金额增加了300多万元。因为施工过程中充满变数，时常发生会发生变更设计或施工的意外情况，如果没有充分考虑意外情况下所需物资的变动，意外情况发生时，所购物资无法满足工程项目的需要，会严重影响工程进度，增加工程项目成本。因此××公司要适度地管控工程项目所需物资的供应风险。

2）物资成本风险：包括物资采购价格风险、物资运输成本风险、物资仓储成本风险。

材料价格波动、人工劳动成本的上升、供应商本身的成本控制能力，都在一定程度上影响着××公司工程项目物资采购价格；××公司工程项目物资采购有一些物资由于其特殊性，需要公司从港口、机场，或者车站将商品运回并支付运输费用，再另外运送到施工现场并检验，各个环节都会增加物流成本；有些物资的生产周期较长，为了应对这种情况，××公司有些工程项目的物资采购需要预留一定的库存，进而造成仓储成本增加；关于违约责任有些采购合同中表述不清，给供应商机会，在产能有限时，优先完成违约责任明确的物资生产，从而推迟了物资交货时间；在交货时间地点不清楚时，选择对自己有利的时间和地点，以达到节约成本的目的，这些都会增加××公司的采购成本。

例如：××公司2014年在某地的项目建设过程中，就很不幸地遇到了原材料和人工成本同时上升的问题，而××公司提前又没有估计到此类问题，还从其他城市预定了很多物资，使得采购物资的运输成本也大大增加，实际采购费用超过预算采购费用计划的15%，供应商生产的物资成本也剧烈上升，物资采购成本上升成为了此地项目建设过程中的最大难题，最终××公司在此地的项目建设中不仅没有实现盈利，反而形成了营业利润的负增长。

3）物资管理风险：包括评标过程风险、评标价格风险、合同内容风险、合同履行风险。

在评标过程中，××公司没有把评标人员集中在一起，切断一切对外联系，所以会出现泄密的风险，给投标方接触评标人的机会，使投标过程走于形式，不能发挥投标的作用，影响中标结果；××公司采购部门没有对所需采购的项目物资进行价格估算，在招标时没有底价，会出现以牺牲技术、质量为代价，盲目以价格作为选择供应商的唯一标准。

由于供应商操纵投标环境，在投标前相互串通，有意抬高价格，也可能会使项目物资采购蒙受损失；合同履行期间，××公司没有人员跟踪物资生产进度和质量，出现物资生产拖后不能及时交货、生产出来的物资质量有瑕疵，但是由于工程施工的需要，不能拖延，不得不使用有瑕疵的物资。每一个合同履行完毕，公司应该对合同履行情况进行评价和记录，避免在以后过程中相同的问题重复出现，对供应商进行正确的评价，当供货方出现违约时就不会面临非常被动的局面。

例如：××公司在2013年的某个项目出现了标底泄露事件，该项目所需采购的重要工程项目物资预算金额被泄露，在评标过程中出现了几家有实力的供应商有意抬高标的价格，恶意串通价格，使得整个评标过程变成了一种"形式"，严重影响了中标结果，使得评标的作用并没有展现的机会。在该项目中××公司的采购人员并没有对合同的履行过程进行严格的跟踪调查，追踪物资是否及时送入场内，在合同履行完毕时也没有对供应商的行为进行恰当的评价和记录，使得××公司的合同履行风险不能够及时地被风险管理者们发现，从而控制所带来的损失。

5. 物资采购风险应对现状及存在的问题

(1) 目前××公司工程项目物资采购风险的应对现状：

第一是优化招投标工作制度，规范招投标程序，降低采购成本，保障物资质量；××公司针对需要招标进行采购的工程项目物资，制定了一定的招标制度和招标程序，对于这些制度和程序正在不断地完善和修订当中，这些程序和制度也在一定程度上能够控制和防范××公司的工程项目物资的采购风险。

第二是推行采购流程或程序标准化，采用标准化的采购技术合同和商务合同格式，做到物资采购管理制度和业务流程标准化，保障物资需求计划的准确性，提高物资采购的效率，降低采购物资仓储成本增加的风险。

第三是通过建立物料编码系统，防止因为物资规格相似产生物资重复采购问题；××公司工程项目物资种类繁多，有些产品规格的差异很细微，所以建立物料编码系统，可以有效地减少或避免因为人为原因产生的重复采购问题，造成××公司的采购成本增加的风险。

第四是开发和应用了物资采购信息系统，部分物资采购通过网上提交需求计划，方便汇总和审核，降低了人工汇总时漏掉需求的问题，通过数据库管理供应商，简化了供应商资质的审核程序，增加了采购效率。

第五是推行电子商务，通过电子平台购买公司所需的部分物资，减少采购人员与供应商串通，拿回扣等现象，降低人为操纵价格的风险。

(2) 物资采购风险应对存在的问题。

××公司目前在物资采购风险应对措施上存在的问题包括以下几个方面：

一是××公司风险管理仅按照经营流程、规章制度管理，未进行不定时、突击性的检查，对工程项目物资采购风险未进行系统的测量和评价，在分析采购风险时也仅采用定性的分析方法，缺乏对财务数据资料的定量分析。财务数据资料虽然是历史数据，但是通过对财务数据的分析，公司能够通过过去的类似项目或者规模定位与××公司相似的企业的采购成本构成分析，判断本次的物资实际采购成本偏离预算成本的程度在什么水平上，以此来分析，应该从哪方面着手来控制和防范采购风险。

二是××公司目前已经存在了一定的风险意识，××公司内部也制定了一些风险应对控制措施，公司制定的《内部控制手册》也对相关的业务风险进行了提示，但从××公司整体看来，风险管理仍处于探索阶段，还没有制定出系统化的风险应对制度，也没有设计出程序化的风险应对方法，相关风险应对制度并没有形成一个体系，风险应对的执行工作也存在一定的缺陷，其风险管理仅停留在制度建设上面，风险管理报告工作也才刚开始试点。

6. ××公司工程项目物资采购风险管理的改进

为了更好地做好××公司物资采购的风险管理工作，对其风险识别方面的现状及存在的问题，主要从以下三个方面进行改进，提高采购效率，降低采购风险，努力使××公司的工程项目物资采购业务更加标准化和科学化。

（1）采购付款环节风险识别改进。

对企业的物资供应商来说，最关心的问题就是采购付款。若供应商与企业在货款的支付上双方没有达成共识，可能会恶化双方关系，为企业工程项目物资采购带来诸多的风险和困难。××公司的采购付款环节会极大地影响其采购环境和采购风险，付款审批的合理性、审查票据的合法和真实性、付款方式的合规性、预付款和定金管理的合理性等因素都是其风险识别的重要方面，因此有必要从以下几点对此环节的风险识别进行改进：

第一：××公司应该严格审查采购发票等票据是否真实合法，这些事项应该安排财务部专职人员负责，审查发票填制的内容是否与发票种类相符、判断采购款项是否应予支付、发票加盖的印章是否与票据的种类相符等。

第二：××公司应当重视采购付款的过程控制和跟踪管理。在工程项目物资采购业务中，××公司作为付款人要注意5份单据（付款申请单、物资入库单、项目物资采购合同、物资检验单、采购发票）中的重要商业信息与供应商必须一致，以防采购付款出现异常情况，××公司可以暂时拒绝向供应商付款，防止公司资金或信用受损的情况发生，给公司的正常建设经营带来巨大的风险。

第三：××公司选择的付款方式一定要结合公司建设经营的实际，并遵从国家支付结算的规定，切实按照合同规定执行，保证公司资金安全，防止因为付款方式不当带来的风险；采购价款结算均应该通过银行转账，价款不足规定转账起点金额的除外。

第四：××公司采购涉及大额的定金或长期的预付款项，应对其进行定期追踪检查管理：检查款项占用是否合理，检查是否存在不可收回的风险等情况，对预付款项存在疑问的，应及时采取措施尽快调查分析。

（2）管理供应环节风险识别改进。

××公司的物资管理供应，主要是公司在与供应商签订好物资采购合同之后，该如何选择适当的物资运输方式及工具，应该建立怎样的程序去评价供应商，应该制定怎样的程序去跟踪采购合同事项的履行等，以达到实时掌握物资采购供应过程的目标。没有很好地对采购物资的管理供应环节进行把控，可能会产生公司效率或信用受损的风险，因此，只有切实执行管理供应过程的工作，才能系统地提升××公司的风险识别功能。主要从这几方面落实：

第一：在履行采购合同过程中，常常会出现许多不确定因素，导致供应方或需求方不得不变更采购合同，因此，合同追踪应该依据主要条款及时保存好相关数据，及时报告可能影响工程进度的异常状况，使得需求物资能够及时供应，保证工程施工能够正常进行。

第二：根据所采购的物资特点以及工程建设进度等因素，恰当选择运输方式和工具，办理相关运输投保事宜等。

第三：对影响工程项目进度的重要物资或需要进行监造的物资，公司应该择优确定合作伙伴，签订合同，落实责任人。在合同执行过程中应建立巡视、点检或监造程序并向有关技术等部门实时通报履行情况。

第四：为确保采购责任源头的可追溯性，公司不仅应该实行采购登记制度，而且还应该对其进行信息化管理，实现采购全过程的信息化登记管理制度。

（3）××公司工程项目物资采购风险评价的改进。

基于层次分析法对××公司工程项目物资采购风险评价：

进行一系列专门的分析计算，得出结论比起物资供应和管理风险，××公司工程项目物资采购更加应该重视成本风险、供应商风险和采购人员风险的发生，而这些风险中的物资采购价格、物资仓储成本、信息沟通、采购人员技术、供应商资质等风险，更应该获得××公司风险管理足够的重视。对这些风险，在物资采购时要重点考虑，不仅要考虑到风险发生的可能性，还应考虑风险发生之后可能带来的影响，从而提前做好应对和防范风险的工作。

本案例对××公司工程项目物资在采购过程中可能出现的问题进行了研究和分析，但不可能对××公司面临的所有风险都一一进行详尽的研究。而且由于运用的是企业过去的相关历史数据，因此，在进行××公司工程项目物资采购风险管理数据的搜集上，可能会发生偏离现实情况的可能。加之，本人对项目物资采购风险管理的相关研究还存在一定局限，同时研究工程项目物资采购风险管理理论的时间也很短，研究采用的方法和风险管理技术仍有诸多限制，今后也许对企业的采购风险进行风险识别、风险衡量以及风险管理，可以采用更加先进的采购风险理论，且由于各个工程项目所在地区的环境不同，可能在工程项目物资采购工作中存在较多的风险影响因素，加之又仅接触部分采购管理工作，时间紧迫，详尽的资料比较缺乏，可能存在漏掉不太可能发生的二级风险影响因素的现象。最后，对于工程项目物资采购风险评估的结果以及采购风险管理的方法可以在多大程度上改善公司的建设经营、产生多大的经济效益，仍然需要在实践中来检验。

第五章
EPC 工程总承包施工管理

EPC 工程总承包施工部组织机构如图 5-1 所示。

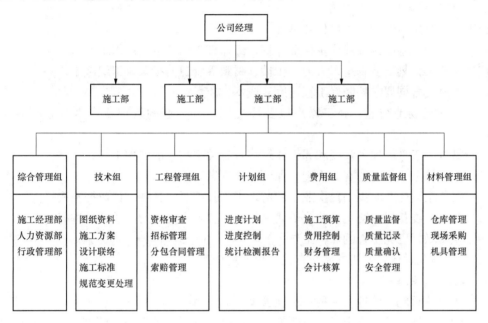

图 5-1　EPC 工程总承包施工部组织结构

第一节　EPC 工程总承包施工管理概述

一、工程项目的内涵及特征

1. 工程项目的内涵

工程项目是指以工程建设为载体的项目，是作为被管理对象的一次性工程建设任务。它以建筑物或构筑物为目标产出物。建筑物是满足人们生产、生活需要的场所，即房屋。构筑物是不具有建筑面积特征，不能在其上活动、生活的路桥、隧道、水坝、线路、电站等土木产出物。工程项目是最为常见、最典型的项目类型。

2. 工程项目的特征

（1）以形成固定资产为特定目标。在形成固定资产的过程中要受到许多约束条件，主要包括时间约束、资源约束和功能性约束。

（2）工程项目的建设需要遵循必要的建设程序和经过特定的建设过程。

（3）工程项目的建设周期长，投入资金大。一项工程项目的建设少则需要几百万元，多则需要数亿元的资金投入。

（4）工程项目建设活动具有特殊性，表现为资金投入的一次性、建设地点的固定性、设计任务的一次性、施工任务的一次性、机械设备的流动性、生产力的流动性、面临的不确定因素多，因而风险性较大。

二、工程项目施工管理的内涵

工程项目施工管理是指施工方按照合同约定完成特定的施工任务，在工程项目施工阶段对项目建设有关活动进行计划、组织、协调、控制的过程。

三、工程项目施工管理的任务及特点

1. 工程项目施工管理的任务

施工方项目施工管理的主要任务是：

（1）制订施工组织设计或质量保证计划，经监理工程师审定后组织实施；

（2）按施工计划，认真组织人力、机械、材料等资源的投入，组织施工；

（3）按施工合同要求控制好工程进度、成本、质量；

（4）对施工场地交通、施工噪声以及环境保护等方面的管理要严格遵守有关部门的规定；

（5）做好施工现场地下管线和邻近建筑物及有关文物等的保护工作；

（6）按环境卫生管理的有关规定，保证施工现场清洁；

（7）按规定程序及时主动提供业主和监理工程师需要的各种统计数据报表；

（8）及时向委托方提交竣工验收申请报告，对验收中发现的问题及时进行改进；

（9）认真做好已完工程的保护工作；

（10）完整及时地向委托方移交有关工程资料档案。

2. 工程项目施工管理的特点

（1）工程项目施工管理是一种一次性管理。

项目的单件性特性，决定了项目管理的一次性特点。在项目施工管理过程中一旦出现失误，很难纠正，损失严重。工程项目永久性特征及项目施工管理的一次性特征，决定了施工项目管理的一次性成功是关键。

（2）工程项目施工管理是一种施工全过程的综合性管理。

工程项目施工管理涉及包括施工准备、建筑安装及竣工验收等多个过程。在整个过程中同时又包含进度、质量、成本、安全等方面的管理。因此工程项目施工管理是全过程的综合管理。

（3）工程项目施工管理是一种约束性强的控制管理。

工程项目施工管理的一次性特征，其明确的目标（成本低、进度快、质量好）、限定的时间和资源消耗、既定的功能要求和质量标准，决定了约束条件的约束强度比其他管理更高。因此，工程项目施工管理是约束性强的管理。项目管理者如何在一定时间内，在不超过这些条件的前提下，充分利用这些条件，去完成既定任务，达到预期目标，这是工程项目施工过程管理的重要特点。

四、EPC 施工管理的特点

EPC 施工管理能与设计、采购密切配合确保工程项目的整体利益最大化，使项目得以顺利进行。

　　EPC 施工管理一个最大的特点就是程序化管理，所有施工均以程序方式进行规范化，施工程序文件是指导、监督和检测施工的最有效文件。在施工管理中，各单位都能学习程序文件，摒弃以往经验化施工管理的弊端。EPC 的程序管理贯穿于施工管理的各方面，从施工技术到施工质量，从施工安全到计划控制，从财务管理到材料发放，从设备要求到组织要求。

　　EPC 模式下的施工管理非常重视计划管理。一般 EPC 工程总承包单位都制定详细的一到四级施工计划，用于指导和监控施工情况，针对施工偏差寻找原因并补救，从而修正计划，确保整体计划的实现。

　　EPC 管理是交钥匙施工模式，要求总承包企业拥有雄厚实力，确保设计，采购，施工一次性达到验收标准，因此对于施工管理来说，质量管理尤其重要。

第二节　EPC 工程总承包管理职责

一、工程总承包项目施工部的岗位设置和职责范围

1. 岗位设置

项目施工部的岗位设置如图 5-2 所示。

2. 施工部的岗位职责范围

（1）项目施工经理。

项目施工经理负责组织管理总承包项目的施工任务，全面保证施工进度、费用、质量以及 HSE 目标的实现。当具体施工任务委托施工分包商后，项目施工经理应接受项目经理的领导。其主要职责和任务如下：

1）参加研究设计方案，从施工角度对设计提出意见和要求。

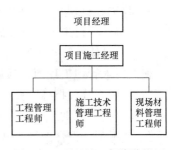

图 5-2　项目施工部岗位设置

2）按总承包合同条款，核实并接收业主提供的施工条件及资料，如坐标点、施工用地、施工用电交接点、临时设施用地、运输条件等。

3）编制项目施工计划，根据项目总进度计划，组织编制项目总体施工进度计划。

4）按照合同及总体施工进度计划进行施工准备工作，组织业主、施工分包商对现场施工的开工条件进行检查。条件成熟时提出"申请工程施工开工报告"，准时开工。

5）确定现场的施工组织系统和工作程序，商定现场各岗位负责人。

6）组织编制施工管理文件，包括施工协调程序，施工组织设计，施工方案，施工费用控制办法，施工质量和 HSE 管理以及现场库房管理等文件。

7）会同项目控制部制订施工工作执行效果测量基准，测定、检查施工进展赢得值和实耗值。

8）定期召开施工计划执行情况检查会，检查分析存在的问题，研究处理措施，按月编制施工情况报告。重大问题及时向项目经理、工程总承包企业和业主报告。

9）当委托施工分包商进行施工时，参与施工分包工作，负责对分包商的协调监督与管理。

10）施工任务完成后，组织编制竣工资料，提出"申请工程交工报告"，协助项目经理办理工程交工。

11）试运行考核阶段负责处理有关施工遗留问题，或根据合同要求进行技术服务。

12）组织对组织施工文件、资料的整理归档，组织编写项目施工完工报告。

（2）工程管理工程师。

工程管理工程师在项目施工经理领导下，负责项目施工分包商的管理与协调工作：

1）在施工分包合同签订之前，协助项目施工经理做好招标准备，参与招标文件与标底，对投标单位进行资格审查，招标、评标以及签订施工分包合同等。

2）施工开工日期确定之后，通知并催促施工分包商进入现场，落实施工开工各项准备工作。

3）负责现场的工程管理，根据需要召开各施工分包商工作调度会议，协调解决与施工分包商、业主之间出现的有关施工问题。

4）跟踪施工质量和施工进度，监督施工分包商按照合同有关规定和施工计划实施工程。

5）核实和处理有关变更问题及其对进度和费用的影响。

6）协助控制部进行现场索赔管理，包括索赔证据的收集和管理。

7）审查施工分包商的完工报告，检查完工程，联络业主组织竣工验收，办理竣工验收手续。

8）工程验收后，协助项目施工经理检查合同双方义务和责任的履行情况。

9）收集、整理施工工程管理的文件和资料，办理归档手续。

10）编制项目施工工程总结。

（3）施工技术管理工程师。

施工技术管理工程师在项目施工经理的领导下负责项目施工技术管理和指导工作：

1）在施工分包招标阶段，协助项目施工经理对投标文件进行技术评价，参与起草分包合同中有关技术条款。

2）熟悉项目设计图纸，从施工方面提出意见，并审查提供现场施工图纸资料的完整性。

3）协助设计部解释设计意图和处理设计上出现的一般问题，负责技术交底，对于较重大的技术问题应及时与设计经理联络，协助解决。

4）审查施工分包商提出的施工组织设计和重大施工方案，提出改进意见。

5）协助施工分包商研究和制订施工质量保证程序和措施，督促施工分包商按照施工质量保证程序、图纸、技术标准、规范和规程进行施工，以保证工程质量。

6）负责变更申请的技术评审，并签署评审意见，管理设计变更资料。

7）参加施工工序之间交接，工程中间交接、工程交接，讨论和解决有关技术问题。

8）收集、整理、管理施工技术管理文件和资料，办理归档手续。

9）编制项目施工技术管理总结。

（4）现场材料（库房）管理工程师。

现场材料（库房）管理工程师在项目施工经理领导下，负责施工期间设备、材料管理工作。

1）管理现场设备材料的入库、贮存、出库。检查落实材料贮存保管的环境条件，防止贮存期间变质、损坏或发生安全事故。

2）及时掌握现场设备材料动态（从项目中心调度室、采购部，以及施工分包商取得信息），发现问题及时提出预警，并督促采取措施尽早解决。

3）出现材料代用时，严格按照有关规定执行，材料代用单列入交工资料归档。材料代用应取得项目设计部的同意。

4）项目结束时，清理多余材料，并登记造册，报项目经理。

5）负责审查现场材料代用申请。

二、工程总承包项目施工协调管理

施工协调管理是一项需要多方参与、互相信任、相互尊重和相互合作的全方位，全过程的综合管理工作。工程总承包项目施工协调管理如图 5 - 3 所示。

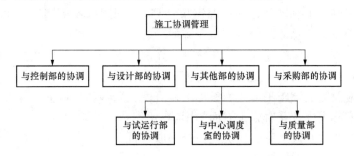

图 5 - 3　工程总承包项目施工协调管理

1. 施工部与控制部的协调

控制部在项目施工前应将施工费用控制和施工进度控制基准提交项目施工部。施工部按期向控制部提交费用和进度执行情况报告。

控制部将项目的总承包合同传达给项目施工部，项目施工部进行施工分包时，要符合总承包合同的要求。

当发生与施工工作有关的变更时，控制部应确定变更对施工进度的影响，以及所需的费用预算，施工部根据施工变更的范围和影响，提出变更的实施进程，并按时向控制部报告实施结果。

2. 施工部与设计部的协调

项目设计部是总承包项目设计管理的协调机构，负责编制"项目设计协调程序"，经项目经理批准，并上报业主。项目设计部要按照"项目设计协调程序"要求，对内与项目经理部的其他部门协调，对外与代表 EPC 总承包商项目经理部与业主、PMC/监理协调，有设计分包的，还要对设计分包商的设计工作进行管理。项目设计经理代表总承包项目经理部负责与业主、PMC/监理的全部技术和组织方面的接口，包括合同规定的由业主提供的设计基础资料，技术说明资料和整个设计期间的其他任何资料。

3. 施工部与采购部的协调

EPC 总承包商与业主、PMC/监理的有关采购方面的接口关系由项目采购部具体负责。项目采购部代表总承包项目经理部将按照程序文件执行采购活动，并定期向 PMC/监理及业主提交采购计划和采购状态报告。

4. 施工部与其他部门的协调

（1）施工部与试运行部的协调。

施工进度计划应按试运行顺序进行编制，以便按系统提前投入预试运行，缩短试运行周期。

项目施工经理按照试运行计划组织人力，配合试运行工作，及时对试运行中出现的施工问题进行处理，排除由于施工的质量问题而引起的对试运行不利的因素。

分项工程或系统单元达到机械竣工条件之后，可进行中间交接（部分机械竣工），把管理权移交给业主，提前局部投入预试运行。

试运行过程中发现或发生的工程缺陷，施工部有责任负责抢修，但应分析工程缺陷或损伤的原因。

（2）施工部与中心调度室的协调。

项目施工部编制施工总体部署和资源需求计划，上报中心调度室，并经项目经理批准。中心调度室负责项目施工总体部署和施工资源的动态管理。

材料的现场接收、台账的建立、汇总统计、库房的出入库管理以及材料代用等方面的工作、程序和办法，中心调度室专业人员应与施工部共同制订。

中心调度室应及时通知施工部代表参加工程进度、采购和材料情况等方面的会议，以便了解材料方面的实际进度及其对施工方面的影响。

项目施工部按照中心调度室的物资调拨令领取材料。

（3）施工部与质量部的协调。

项目施工部应在质量部的监督与控制之下，始终贯彻质量计划以满足项目的质量要求。

第三节　EPC工程总承包施工管理内容

一、施工进度管理

1. 进度控制的概念

进度控制是指在既定的工期内，由承包商编制合理的进度计划，经监理工程师审批后，承包商按照计划组织施工。在施工过程中，监理工程师要充分掌握进度计划的执行情况，若发现偏差，及时分析产生偏差的原因和对施工工期的影响，并基于分析结果，督促承包商加强进度管理或采取一定的措施，调整后续工程的进度计划。如此不断循环，以期在预定的工期内完成所有工程项目。

建设工程进度控制的最终目的是确保建设项目按预定的时间动用或提前交付使用，建设工程进度控制的总目标是建设工期。

进度控制必须遵循动态控制原理，在计划执行过程中不断检查，并将实际状况与计划安排进行对比，在分析偏差及其产生原因的基础上，通过采取纠偏措施，使之能正常实施。如果采取措施后不能维持原计划，则需要对原进度计划进行调整或修正，再按新的进度计划实施。

2. 施工进度控制的主要任务

进度控制的主要任务见表5-1。

表 5 - 1　　　　　　　　　　　　　　进度控制主要任务

1	设计准备阶段进度控制的任务	收集有关工程工期的信息，进行工期目标和进度控制决策
		编制工程项目建设总进度计划
		编制设计准备阶段详细工作计划，并控制其执行
		进行环境及施工现场条件的调查和分析

续表

2	设计阶段进度控制的任务	编制设计阶段工作计划，并控制其执行
		编制详细的出图计划，并控制其执行
3	施工阶段进度控制的任务	编制施工总进度计划，并控制其执行
		编制单位工程施工进度计划，并控制其执行
		编制工程年、季、月实施计划，并控制其执行

为了有效地控制建设工程进度，监理工程师要在设计准备阶段向建设单位提供有关工期的信息，协助建设单位确定工期总目标，并进行环境及施工现场条件的调查和分析。

在设计阶段和施工阶段，监理工程师不仅要审查设计单位和施工单位提交的进度计划，更要编制监理进度计划，以确保进度控制目标的实现。

3. 影响施工进度的因素分析

影响建设工程进度的不利因素有很多，常见的影响因素：

（1）建设单位建设资金不到位，施工相关许可手续不完善，导致施工条件不具备等，是影响项目进度的重要因素之一。

（2）设计单位没能及时完整提供施工图或相关资料，导致施工单位不能按时开工或中断施工。

（3）施工单位实际施工进度的施工计划脱节，错误估计住宅工程项目的特点和客观施工条件，缺乏对项目实施中困难的估计，以及管理单位审批手续的延误等，造成工程进度滞后。施工单位在实施施工过程中，由于人力、物力和技术力量上安排不当或工序安排不妥，采取的某些技术措施失误，或材料设备供应不及时，对市场变化趋势了解不够，都会造成施工单位的实际施工进度与计划进度发生偏差。

（4）专业配套单位没按计划及时进场，或按时进场后，由于土建施工单位没能按要求做好配合工作，未能为配套施工创造必要的条件，造成配套施工不能如期完成，以致影响整个住宅建设项目的总进度。

（5）施工配套工程质量问题，造成工程不同程度的返工、返修，或返工返修不及时，以致影响工程竣工验收，交付使用。

（6）监理单位没有按规定及时组织分部分项的验收和办理有关手续，以致影响下道工序的及时跟进。

（7）建设单位提出的随意性修改和管理失误，导致工程返工或供料不及时造成进度失控。

（8）发生不可预见的突发事件，如台风、洪水、海啸、地震等天灾，战争、企业倒闭、重大安全事故等人祸，致使工程停顿或停工等。

4. 施工阶段进度管理方法

进度管理主要是通过落实各层次的进度管理人员，有组织地采取技术措施、合同措施、经济措施和信息管理措施等对施工进度进行规划、控制和协调。其具体操作是各级项目管理人员编制施工总进度计划并控制其执行，按期完成整个施工项目任务，编制分部分项工程施工进度计划，并控制其执行，按期完成分部分项工程的施工任务，编制季度、月（旬）作业计划，并控制其执行，完成规定的目标等。

为了保证施工项目进度计划的实施、尽量按编制的计划时间逐步进行，保证进度目标实现，要做好如下几个工作：

（1）施工项目进度计划的贯彻。

检查各层次的计划，形成严密的计划保证系统；层层签订承包合同或下达施工任务书；计划全面交底，发动群众实施计划。

（2）施工项目进度计划的实施。

编制月（旬）作业计划；签发施工任务书；做好施工进度记录，填好施工进度统计表；做好施工中的调度工作。

（3）施工进度比较分析。

施工进度比较分析与计划调整是施工进度检查与控制的主要环节，其中施工项目进度比较是调整的基础。施工进度比较方法有匀速施工横道图比较法、双比例单侧横道图比较法、S 形曲线比较法、"香蕉"形曲线比较法、前锋线比较法、列表比较法。

1）匀速施工横道图比较法。匀速施工是施工项目中，每项工作的施工进展速度都是匀速的，在单位时间内完成的任务量都是相等的，累计完成的任务量与时间呈直线变化。

2）双比例单侧横道图比较法。适用于工作进度按变速进展的情况，是工作实际进度与计划进度进行比较的一种方法。它是在表示工作实际进度的涂黑粗线同时，在表上标出某对应时刻完成任务的累计百分比，将该百分比与其同时刻计划完成任务累计百分比相比较，判断工作的实际进度之间的关系的一种方法。

3）S 形曲线比较法。S 形曲线比较法与横道图比较法不同，它不是在编制的横道图进度计划上进行实际进度与计划进度比较。它是以横坐标表示进度时间，纵坐标表示累计完成任务量而绘制出一条按计划累计完成任务量的 S 形曲线，将施工项目的检查时间实际完成的任务量与 S 形曲线进行实际进度与计划进度相比较的一种方法。对项目全过程而言，一般是开始和结尾阶段，单位时间投入的资源量较少，中间阶段投入的资源量较多，与其相关，单位时间完成的任务量也是呈同样变化的，而随时间的进展累计完成的任务量，则应该呈 S 形变化。

4）"香蕉"形曲线比较法。是两条 S 形曲线组合成的闭合曲线。从 S 形曲线比较法中得知，按某一时间开始的施工项目的进度计划，其计划实施过程中进行时间与累计完成任务量的关系都可以用一条 S 形曲线表示。对于一个施工项目的网络计划，在理论上总是分为最早和最迟两种开始与完成时间的。一般情况下，任何一个施工项目的网络计划，都可以绘制出两条曲线。其一是计划以各项工作的最早开始时间安排进度而绘制的 S 形曲线，称为 ES 曲线。其二是计划以各项工作的最迟开始时间安排进度，而绘制的 S 形曲线，称为 LS 曲线。两条 S 形曲线都是从计划的开始时刻开始和完成时刻结束，因此两条曲线是闭合的。一般情况，ES 曲线上的各点均落在 LS 曲线相应点的左侧，形成一个形如"香蕉"的曲线，故此称为"香蕉"形曲线。

5）前锋线比较法。施工项目的进度计划用时标网络计划表达时，还可以采用实际进度前锋线进行实际进度与计划进度比较。前锋线比较法是从计划检查时间的坐标点出发，用点划线依次连接各项工作的实际进度点，最后到计划检查时的坐标点为止，形成前锋线。按前锋线与工作箭线交点之间的位置来判定施工实际进度与计划进度偏差。简单而言：前锋线法是通过施工项目实际进度前锋线，判定施工实际进度与计划进度偏差的方法。

6）列表比较法。当采用无时间坐标网络计划时也可以采用列表分析法。记录检查时正在进行的工作名称和已进行的天数，然后列表计算有关参数，根据原有总时差和尚有总时差判断实际进度与计划进度的比较方法。

5. 施工进度控制的措施

施工进度控制措施应包括的内容如图5-4所示。

（1）组织措施。

进度控制的组织措施主要包括：

1）建立进度控制目标体系，明确工程项目现场监理组织机构中进度控制人员及其职责分工；

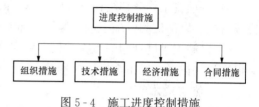

图5-4　施工进度控制措施

2）建立工程进度报告制度及进度信息沟通网络；

3）建立进度计划审核制度和进度计划实施中的检查分析制度；

4）建立进度协调会议制度，明确协调会议举行的时间、地点，协调会议的参加人员等；

5）建立图纸审查、工程变更和设计变更管理制度。

（2）技术措施。

进度控制的技术措施主要包括：

1）审查承包商的进度计划，使承包商能在合理的状态下施工；

2）编制进度控制监理工作细则，指导监理人员实施进度控制；

3）采用网络计划技术及其他科学方法，并结合电子计算机的应用，对建设工程进度实施动态控制。

（3）经济措施。

进度控制的经济措施主要包括：

1）按合同约定，及时办理工程预付款及工程进度款支付手续；

2）对应急赶工给予优厚的赶工费用；

3）对工期提前给予奖励；

4）按合同对工程延误单位进行处罚；

5）加强索赔管理，公正地处理索赔。

（4）合同措施。

进度控制的合同措施主要包括：

1）推行CM承发包模式，对建设工程实行分段设计、分段发包和分段施工。

2）加强合同管理，合同工期应满足进度计划之间的要求，保证合同中进度目标的实现。

3）严格控制合同变更，对参建单位提出的工程变更和设计变更，监理工程师应严格审查方可实施，并明确工期调整情况。

4）加强风险管理，在合同中应充分考虑风险因素及其对进度的影响，以及相应的处理方法。

5）项目施工部应依据项目总进度计划编制施工进度计划，经控制部确认后实施。施工部应对施工进度建立跟踪、监督、检查、报告的管理机制；当采用施工分包时，施工分包商严格执行分包合同规定的施工进度计划，并接受施工部的监督，做到不拖项目总进度计划的后腿。

6）根据现场施工的实际情况和最新数据，施工进度计划管理人员每月都要修订施工逻辑网络图，并且将根据此编制的三月滚动计划，下达给施工分包商。

7）施工分包商根据三月滚动计划编制三周滚动计划，报项目施工部，同时下达给施工作业组执行。

8）按项目工作分解结构（WBS，Work Breakdown Structures）进行现场统计施工进度完成情况，以保证测量施工进展赢得值和实际消耗值的准确性。

9）以施工进度计划的检查结果和原因分析为依据，按规定程序进行调整施工进度计划，并保留相关记录，以备今后工期索赔。

二、施工成本管理

1. EPC 工程总承包项目成本含义及分类

在完成一个工程项目过程中，必然要发生各种物化劳动和活劳动的耗费，他们的货币表现称为生产费用。生产费用日常是分散的，把这些分散的、个别反映的费用运用一定的方法，归集到工程项目中，就构成了工程项目成本。

根据工程项目成本的基本概念，EPC 工程总承包项目成本是指为实现 EPC 工程总承包项目预期目标而开展各项活动所消耗资源而形成费用的总和。结合 EPC 工程总承包项目自身的行业特征，具体地讲，EPC 工程总承包项目成本是指项目实施过程中所耗费的设计、采购、施工和试车费用，及项目管理部在项目管理过程中所耗费的全部费用，其中包括特定的研究开发费用。

EPC 工程总承包项目成本按项目实施周期可分为估算成本、计划成本和实际成本。

估算成本是以总承包合同为依据按扩大初步设计概算计算的成本。它反映了各地区工程建设行业的平均成本水平。估算成本是确定工程造价的基础，也是编制计划成本、评价实际成本的依据。

计划成本是指在 EPC 工程总承包项目实施过程中利用公司设计技术和总承包管理能力，对设计进行优化，科学合理地组织采购和施工，实现降低估算成本要求所确定的工程成本。计划成本是以施工图和工艺设备清单表为依据、厂家询价资料和施工定额为基础，并考虑降低成本的技术能力和采用技术组织措施效果后编制的根据施工预算确定的工程成本。计划成本反映的是企业的成本水平，是工程公司内部进行经济控制和考核工程活动经济效果的依据。

实际成本是项目在报告期内实际发生的各项费用的总和。把实际成本与计划成本相比较，可揭示成本的节约和超支、考核企业施工技术水平及技术组织措施的贯彻执行情况和企业的经营效果，反映工程盈亏情况。实际成本反映工程公司成本水平，它受企业本身的设计技术水平、总承包综合管理水平的制约。

2. EPC 工程总承包项目费用分解结构

为了从各个方面对项目成本进行全面的计划和有效的控制，必须多方位、多角度地划分成项目，形成一个多维的、严密的体系。

EPC 工程总承包项目费用结构分解见表 5-2。

表 5 - 2　　　　　　　　　　　EPC 工程总承包项目费用结构分解

编码	费用名称	金额	备注
0	合同价		
0.1	成本		
0.1.1	工程费用		
0.1.1.1	建安费用		
0.1.1.1.1	子项目 1 建安费用		
0.1.1.1.2	子项目 2 建安费用		
0.1.1.1.3	子项目…建安费用		
0.1.1.2	设备采购费用		
0.1.1.2.1	子项目 1 工程设备采购费用		
0.1.1.2.2	子项目 2 工程设备采购费用		
0.1.1.2.3	子项目…工程设备采购费用		
0.1.2	工程建设其他费用		
0.1.2.1	管理费		
0.1.2.2	试车费		
0.1.2.3	设计费		
0.1.3	预备费		
0.2	利润		
0.3	税金		

EPC 工程总承包项目费用结构分解是成本计划不可缺少的前提条件，EPC 工程总承包项目费用结构分解图中各层次的分项单元应清晰分明。通常将成本计划分解核算到工作包，对工作包以下的工程活动，成本的分解、计划、核算十分困难，通常采用资源消耗量（例如劳动力、材料、机械台班等）来进行控制。

项目费用成本分解结构：针对项目结构分解图，进行费用要素分解，产生了项目的费用成本结构，EPC 工程总承包项目费用结构组成一般有：设备采购费用；建安工程费用；其他费用等。详见费用结构分解表 5-2。

对于具体类型的工程项目还可以根据不同的特点细分，任何一个工程都可以依据费用结构图进行估算、核算，最终汇集成成本。

3.EPC 工程总承包项目成本管理含义及任务

根据项目成本管理要求，EPC 工程总承包项目成本管理，就是在完成工程项目过程中，对所发生的成本费用支出，有组织、有系统地进行预测、计划、控制、核算、分析、考核等一系列科学管理工作的总称。成本管理流程图如图 5-5 所示。

项目成本预测和计划为事前管理，即在成本发生之前，根据工程项目的类型、规模、顺序、工期及质量标准、资源准备等情况，运用一定的科学方法，进行成本指标的测算，并编

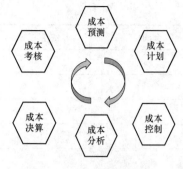

图 5-5 成本管理流程图

制工程项目成本计划，作为降低 EPC 工程总承包项目成本的行动纲领和日常控制成本开支的依据；项目成本控制和成本核算为事中管理，即对 EPC 工程总承包项目实施过程中所发生的各项开支，根据成本计划实行严格的控制和监督，并正确计算与归集工程项目的实际成本；项目成本分析与考核为事后管理，即通过实际成本与计划成本的比较，找出成本升降的主客观因素，从而制定进一步降低项目成本的具体安排措施，并为制订和调整下期项目成本计划提供依据。

由此可见，EPC 工程总承包项目成本管理是以正确反映 EPC 工程总承包项目实施的经济成果，不断降低 EPC 工程总承包项目成本为宗旨的一项综合性管理工作。

EPC 工程总承包项目成本管理的中心任务是在健全的成本管理经济责任制下，以目标工期、约定质量、最低的成本，建成工程项目，为了实现项目成本管理的中心任务，必须提高 EPC 工程总承包项目成本管理水平，改善经营管理，提高企业的管理水平，合理补偿活动耗费，保证企业再生产的顺利进行，同时加强经济核算，挖潜力，降成本，增效益。只有把 EPC 工程总承包项目各流程的事情办好，项目成本管理的基础工作有了保障，才会对 EPC 工程总承包项目成本目标的实现，企业效益最大化的实现，打下良好的基础。

4. EPC 工程总承包项目成本管理框架

EPC 工程总承包项目成本的管理框架可以按照整个 EPC 工程总承包项目实施流程来进行构建，具体内容可总结为以下几个方面：

（1）EPC 工程总承包项目的资源平衡计划。

在 EPC 工程总承包项目的成本管理过程中，编制 EPC 工程总承包项目资源平衡计划是 EPC 工程总承包项目成本管理的起点，这项管理工作要依据项目的进度计划和项目工作分解结构，最终生成 EPC 工程总承包项目的资源需求清单和资源投入计划文件。

资源作为 EPC 工程总承包项目预期目标实现的基本要素，是 EPC 工程总承包项目赖以生存的基础，一般而言，EPC 工程总承包项目的资源种类不外乎有人力资源、资金资源、构成开发项目实体的设备和材料资源、施工建设中使用的设备资源和 EPC 工程总承包项目最基本的工业工程设计方面专业技术资源要素等。

（2）EPC 工程总承包项目资源计划的重要性和复杂性。

资源是实现项目目标的前提条件，它们占据项目总费用的 90% 以上，因此有效的项目资源配置在实现项目预期目标中显得尤为重要。资源配置是根据项目有限的资源和项目实施计划而编制的可行的资源使用和供应计划，其目的是使开发项目所需资源能适量及时到位，降低资源成本消耗，使有限的资源达到最优的使用状态。但实际的 EPC 工程总承包项目，经常出现因资源计划编制失误而造成 EPC 工程总承包项目的巨大损失，如设计人员的缺失导致停工等待图纸、不经济地获取资源或资源使用成本增加等现象。为此我们就必须重视 EPC 工程总承包项目资源计划的编制工作，并将它纳入项目目标管理中，同时贯穿于整个项目的成本管理过程中。

EPC 工程总承包项目的资源计划因其自身的行业特点而显得更为复杂，主要表现在：EPC 工程总承包项目的各种资源供应和使用过程的复杂性、资源计划与整个项目计划控制的关联性、众多不确定因素对资源计划的影响、资源稀缺性等。

（3）编制 EPC 工程总承包项目资源计划的依据。

任何一个项目资源计划的编制，都离不开项目的工作分解结构（WBS，Work Breakdown Structures）、项目历史信息、项目范围说明、项目资源描述和项目进度计划这几个基本要素。EPC 工程总承包项目也不例外，但是结合 EPC 工程总承包项目的自身特点，要确定这些要素，其难易程度却有所不同，对于一个 EPC 工程总承包项目来说，一般情况下，其目标依据是相对明确的，换句话说其项目的范围和界限是可以清晰的，另外，项目管理部对项目需要哪些资源以及项目的进度安排也能做到心中有数。一个项目的工作分解结构不仅是资源计划管理中需要完成的首要任务，也是项目成本管理乃至整个项目管理中最重要的基础性工作，它直接决定了项目成本管理的成功与否，因此一个有效的资源计划，必须要有一个经济、有效、合理的工作分解结构。

（4）EPC 工程总承包项目资源计划的编制步骤。

1）人力资源计划编制如图 5-6 所示。

2）设备和材料需求和供应计划编制，资源供应计划管理如图 5-7 所示。

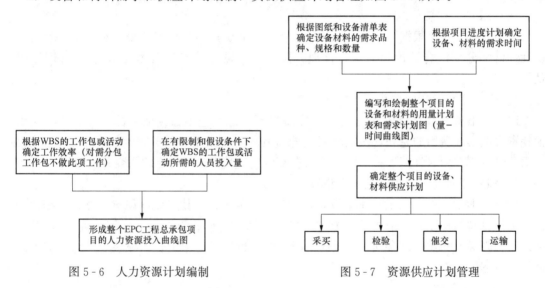

图 5-6　人力资源计划编制　　　　　　图 5-7　资源供应计划管理

3）资金资源计划编制，资金资源计划管理如图 5-8 所示。

（5）资源优化和平衡。

1）资源优化。

在 EPC 工程总承包项目中，不仅项目活动和其所需资源是既多又复杂，而且他们在不同的时间、地点和项目不同的阶段对项目的所起的作用是不同的，所以为了便于管理，在实际工作中人们通常采用优先定级定义法，来确定各项目活动和资源的优先次序，以解决项目过

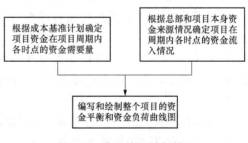

图 5-8　资金资源计划管理

程中资源供需矛盾。通常在具体的 EPC 工程总承包项目中，一般按以下标准来确定资源的优先级，即数量价值标准、可能性和复杂性标准、可替代性标准等。

2）资源平衡。

EPC 工程总承包项目实施过程中，对资源的种类和资源的用量需求是不平衡的，常常在项目的不同阶段，对资源的需求有不同的要求，因此，在实际资源规划中，应注意以下几点：其一是按预定工期，合理安排活动，保证资源连续、均匀的供求状态；其二是按有限的资源，合理调整资源的使用结构，保证资源的合理使用，保证项目进度和质量。

资源优化与平衡实质上是相辅相成的，即在预定的工期要求下，通过项目的活动及其资源的优化组合，削减资源使用峰值，使资源曲线趋于平缓。其具体方法很多，但每种方法的使用范围和结果不尽相同，在实际应用中，针对不同的总承包项目要权变考虑，通常应把握以下几点：一是，对一个确定工期的项目，最方便、经济和对项目影响最小的是在时差范围内，合理调整非关键线路上的活动的开始和结束时间，以达到资源合理的配置；二是，如果上述办法仍旧不能解决问题时，可考虑减少非关键线路活动的资源投入，延长该活动的持续时间（在松弛时间内）；三是，如果非关键活动的调整还是不能解决问题的话，可采取修改项目逻辑关系，重新安排工序将资源投入高峰错开，或改变方案，提高劳动效率，减少资源投入等。

（6）EPC 工程总承包项目成本的合理确定。

这项管理工作是根据整个开发项目的资源计划和资源市场价格信息，利用单件计价、多次性计价和分部组合计价等方法，合理、科学、客观地对 EPC 工程总承包项目进行成本估算。

1）EPC 工程总承包项目成本构成。

EPC 工程总承包项目成本是指为实现 EPC 工程总承包项目预期目标而开展各项活动所消耗资源而形成费用的总和，包括项目实施过程中所耗费的设计、采购、施工和试车费用，及项目管理部在项目管理过程中所耗费的全部费用，其中包括特定的研究开发费用。

2）EPC 工程总承包项目的成本估算。

EPC 工程总承包项目的成本估算是指随着项目的深入、技术设计和施工方案的细化，可按照工作分解结构图对各个成本对象进行成本估算（这个数值常常是比较精确的），并以此估计值与限额值相比，结合项目的具体情况，对项目进行优化组合，寻求项目计划成本的最低化的过程。

3）成本估算的方法。

根据项目工作分解结构合理确定 EPC 工程总承包项目的成本构成。

充分了解 EPC 工程总承包项目成本估算计价的特性，EPC 工程总承包项目有其自身的计价特性：

①单件性计价。每个 EPC 工程总承包项目有不同的工艺流程，不同地质环境，采用不同的材料和设备，设计的构筑物也不同，因此，EPC 工程总承包项目不可能统一定价，只能是单件计价。

②多次性计价。EPC 工程总承包项目实施过程的周期长，内容复杂，通常要分阶段进行。为了适应项目管理和成本管理的需要，一般按照项目设计、采购、施工分包等不同阶段多次进行计价。其项目成本控制的具体过程如图 5-9 所示。

EPC 工程总承包项目在不同阶段其成本估算具体应用的方法也不尽相同，例如：在项目施工图方案设计阶段的设计概算，则一般采用套用定额法、直接分部工程法或历史数据法等

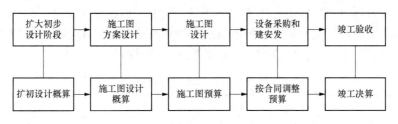

图5-9　项目成本控制具体过程

来进行估算。到建安施工分包阶段，则采用详细预算法。因此，不同的阶段所使用的估算方法是不同的。

按工程的分部组合计价我们一般可将工程项目逐步分解成单项工程、单位工程、分部工程和分项工程，按构成分部进行计价。

（7）制订EPC工程总承包项目的计划成本（预算成本或目标成本）。

制订EPC工程总承包项目的计划成本是进行项目成本管理的必要前提。计划成本的制订是依据EPC工程总承包项目的合同金额（造价）减去预期的计划期内执行组织（工程公司）对项目预期的利润和规定的税金而得到的，EPC工程总承包项目的计划成本是项目管理部对未来EPC工程总承包项目成本管理的奋斗目标。EPC工程总承包项目的计划成本确定以后，再根据工作分解结构将项目的总体目标分解到项目的各个阶段和各个部门，以落实计划成本责任。

（8）对开发项目全过程进行成本控制。

这项管理工作是指以计划成本为成本控制标准，对EPC工程总承包项目的全过程不断地进行项目实际成本度量，并适时与计划成本比较，发现偏差，分析原因，同时采取相应的纠偏措施的管理活动。

以上各项成本管理内容之间虽然有其内在的逻辑关系，但他们之间并没有清晰的界线，在实际EPC工程总承包项目成本管理工作中，他们往往相互重叠、相互交叉又相互影响。

5.项目成本管理的主要内容

项目成本是指为实现项目目标而展开的各项活动中所消耗资源而形成的各种费用的总和。具体来讲，项目成本包括项目启动成本、项目规划成本、项目实施成本和项目终结成本。

项目成本管理是指为保障项目实际发生的成本不超过项目的预算成本而开展的一系列的项目管理活动。按美国项目管理协会（PMI）出版的作为PMI标准出版的《项目管理知识体系指南（A Guide to the Project Management Body of Knowledge - PMBOK)》，项目成本管理内容划分为项目计划阶段的项目资源计划、项目成本估算、项目成本预算和项目控制阶段的项目成本控制。项目生命周期与成本管理活动对照见表5-3。

表5-3　　　　　　　　　　　　项目生命周期与成本管理活动对照

项目周期	启动	计划	执行	控制	收尾
成本管理		资源计划、成本估算、成本预算		成本控制	

国内项目管理专家将其划分为项目成本预测、项目成本计划、项目成本控制、项目成本

核算、项目成本分析、项目成本考核等六个环节，其中，项目成本核算是执行阶段的成本管理活动，而项目成本决算是收尾阶段的项目成本管理活动，这样弥补了 PMBOK 在这两个阶段的项目成本管理空白。项目生命周期与成本管理活动对照见表 5-4。

表 5-4　　　　　　　　　　　项目生命周期与成本管理活动对照

项目周期	启动	计划	执行	控制	收尾
成本管理		资源计划、成本估算、成本预算	成本核算	成本控制	成本决算

（1）资源计划。

项目资源计划是指通过分析进而识别和确定项目所需各种资源的种类（人力、设备、材料等）、资源数量和资源投入时间，并制订出项目资源计划安排的一种成本管理活动。

在资源计划工作中，最重要的是确定出能够充分保证项目实施所需各种资源的清单和资源投入的计划安排。

1）项目资源计划编制的依据。

项目资源计划编制的依据涉及项目的范围、项目时间、项目风险等各个方面的计划和要求。具体讲主要包括：项目工作分解结构、项目活动分解文件、各类资源定额标准和计算规则、资源供给情况信息、项目进度计划、项目风险应对所需的资源储备、项目组织方针政策等。

2）项目资源计划编制的方法。

项目资源计划编制的方法有许多种，其中最主要的是：专家判断法（通常有两种形式：专家小组法和特尔斐法）、统一定额法、资料统计法和项目管理软件法。

3）项目资源计划编制的最终成果。

项目资源计划编制工作的主要成果是生成一份项目资源计划书或是资源需求报告。这一计划书为实现项目目标对该项目的资源需求种类、数量和资源的投入时间做了明确的规定。

（2）成本估算。

项目成本估算是指根据资源计划以及各种资源的市场价格或预期价格信息，估算和确定项目各种活动的成本和整个项目的全部成本的这样一项项目成本管理工作。项目成本估算中最主要的任务是确定整个项目所需人、机、料、费等成本要素及其费用多少，对于一个项目来说，项目的成本估算，实际上是项目成本决策的过程。

1）成本估算内容。

一个完整的项目一般包括建设成本估算、资金占用成本估算和间接成本估算等。

2）成本估算种类。

一般我国建设项目成本估算根据不同时期将其分为三种：投资估算、初步设计概算和施工图预算，这是按三阶段划分。成本估算种类见表 5-5。

表 5-5　　　　　　　　　　　　　　　成本估算种类

估算类型	我国对应称法	估算时间段	作用	精度
量级估算	投资估算	可行性研究阶段	为项目决策提供成本估算	$-25\%\sim75\%$
预算估算	初步设计概算	初步设计阶段	为项目资金的拨入做预算计划	$-10\%+25\%$
最终估算	施工图概算	施工图设计阶段	确定建安工程费用	$-5\%+10\%$

3）成本估算方法。

①因素估算法。因素估算法是一种比较科学的方法。它是以过去的数据为依据，利用有关的数学知识来预测项目的成本。它的方法是利用规模和成本之间的基本关系，这种关系可能是直线，也可能是曲线。

②自下而上估算法。这种方法是根据工作分解结构体系、基本任务以及其日程和个体预算估算出来的。进行这种估算的人对任务的时间和预算要进行仔细的考察，以尽可能精确地确定整个项目的成本。

③参数模型估计法。参数模型估计是一种建模统计技术，利用项目的特性计算项目费用，模型可以简单（如商业住宅以每平方米单位造价来估算），也可复杂（如一个软件开发费用模型要用到十几个因素，而每个因素都有五六个方面）。

④WBS 详细估算。即利用 WBS 方法，先把项目任务进行合理的细分，分到可以确认的程度，如某种材料，某种设备，某一活动单元等，然后估算每个 WBS 要素的费用。采用这一方法的前提条件或先决步骤是：对项目需求做出一个完整的限定；制订完成任务所必需的逻辑步骤；编制 WBS 表。

（3）成本管理计划。

既然所有的项目，无论大小，都需要资源，合理的资源规划就显得非常重要，那么，制订科学合理的成本管理计划就成为确定项目各项工作需要哪些资源，需要多少资源的关键一步，合理、科学的成本管理计划将有助于项目活动的顺利展开。

（4）成本预算。

项目成本预算就是为了确定测量项目实际绩效的基准计划而把成本估算分配到各个工作项（或工作包）上和各个时间段上去的成本计划。这是一项编制项目成本控制基线或项目目标成本计划的管理工作。这项工作包括根据项目的成本估算为项目的各项活动和各个时间段分配预算，以及确定整个项目的总预算。项目成本预算的关键是合理、科学地确定出项目成本的控制基线。

1）成本预算中应注意的问题。

首先，成本预算必须将资源使用情况和组织目标的实现紧密联系起来，否则预算和预算控制过程的本身就失去其本来的意义。因此预算的编制必须以项目目标的实现为基础和前提。其次，成本预算必须将成本估算与项目进度计划有机地结合起来，从而使成本基准计划具有可操作性；再次，成本预算不只是从上向下的单向压制过程，它应涉及项目团队内部所有的部门和人员，需要团队上下各部门的双向沟通与协调，并在调整中达成一致的目标。最后，成本预算工作应贯穿项目始终，且不是一成不变的，成本控制主体应在项目的实施过程中适时监控、及时调整原来不适应环境变化的成本预算。

2）成本预算的原则。

准确的成本预算是每个项目成功的关键因素。制订准确的成本预算，必须遵循以下原则：项目费用与既定项目目标相联系；项目费用与项目进度有关；项目费用取决于项目团队成员对项目计划的理解和把握。

（5）成本控制。

20 世纪 30 年代，人们成功地将成本管理从被动式的事后核算推进到生产过程中的控制，使成本控制和成本核算结合起来，这种以标准成本制度为代表的过程成本控制，成为传统的成本控制方法；20 世纪 50 年代后期，在新技术革命的推动下，以"价值工程"理论和方法为代表，将成本控制过程扩展到事前成本控制上来，这是成本控制发展的历史性突破。

项目成本控制是指在项目的实施过程中，定期地、经常性地收集项目实际费用信息和数据，进行费用目标值（计划值）和实际值的动态比较分析，并进行费用预测，如果发现偏差，则应及时采取纠偏措施，以使成本计划目标尽可能好地实现的管理过程。简单地说，成本控制的主要任务就是依据项目成本预算，动态监控成本的正负偏差，分析产生差异的原因和及时采取纠偏措施或修订项目预算的方法以实现对项目成本的控制。它必须综合考虑其他控制过程，这包括范围控制、进度控制、质量控制等。

1）成本控制分类。

按照成本发生和形成时间的先后顺序可分为事前、事中和事后控制。

按成本性质分类可分为：直接成本和间接成本。

2）成本控制的原则。

成本控制应遵循的原则有以下几个方面：

①成本最低化原则；

②全面成本控制原则；

③动态成本控制原则；

④责、权、利相结合原则。

三、施工质量管理

质量管理是工程总承包项目管理工作的一项重要内容，总承包项目质量管理不能仅仅体现在项目施工阶段，还应体现在项目从设计到运营的整个过程中。集团公司的质量管理坚持"质量第一、用户至上、质量兴企、以质取胜"的方针，积极推行 ISO 9000 管理体系，努力提高项目质量。

1. 工程总承包项目质量管理概述

（1）质量管理的目的和主要任务。

质量管理的目的：满足合同要求；建设优质工程；降低项目的风险。

质量管理的主要任务：建立完善的质量管理体系，并保持其持续有效；按照质量管理体系要求对项目进行质量管理，并持续改进；对涉及质量管理的各种资源进行有效的管理。

（2）质量管理的职责分工。

EPC 总承包商对项目质量的管理主要由 EPC 总承包商项目经理部的质量部来实施，其他相关部门配合。质量部的岗位设置如图 5-10 所示。

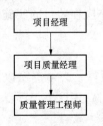

图 5-10　质量部岗位设置

1）EPC 总承包商项目经理。

①负责建立、实施、持续改进质量管理体系，并做出有效性承诺。

②负责制订 EPC 总承包商项目经理部质量方针和目标，并应确保在 EPC 总承包商项目经理部内相关职能和层次上建立质量目标。即在总质量目标确定后应能在部门的层次上展开，各分部质量目标应与总质量目标相一致，并可测量和考核。

③确保项目实施过程中各项质量活动获得必需的资源。

④批准发布质量计划。

⑤主持管理评审，对质量体系进行综合评价，发现体系的薄弱环节，不断改进质量管理体系，以保证体系持续运行的适宜性、充分性和有效性。

2）质量部。

①项目质量经理。职责分工是协助项目经理建立和完善质量管理体系，保证其有效运转；负责项目质量手册和项目质量计划的编制和维护工作，以保证按项目质量、计划和批准的程序实施并完成项目工作内容。

②质量管理工程师。职责分工是协助项目质量经理编制和维护项目质量手册和项目质量计划工作；协助编制、审查EPC总承包商项目经理部各部门和分包商的质量管理体系程序文件和详细的作业文件，以确保质量满足要求；负责管理质量文件、资料和各项标准、规范、检验报告、不合格报告、纠正措施报告及各部门提交的质量文件等；负责对项目的设计、采购、施工质量管理进行策划，并组织实施；制订质量控制程序，负责各项设备制造及现场安装期间的检验和试验，并负责签发检验报告；负责检查、监督、考核、评价项目质量计划的执行情况，验证实施效果；按照国家有关规定和合同约定，对设计、采购、施工质量进行检查，若有缺陷，督促有关部门改正；组织对质量事故进行调查、分析，并督促有关部门采取纠正措施，负责事故报告的编写；按照"质量报告编制规定"的要求编制质量报告。

3）其他部门。

①设计部按合同完成规定的设计内容，并达到规定的设计深度，对设计水平、设计质量和执行法规、标准全面负责，确保整个设计过程始终处于受控状态，对设计变更应严格控制并要记录存档。

②采购部对设备、材料的质量负责，对设备、材料供应商的评价和选择。有权拒绝不合格或质量证明文件不全的材料、设备与零配件，对甲方供材，严格按照合同规定进行查收、检验、运输、入库、保存、维护。

③施工部应实施所有防止不合格品发生的质量控制工作，制订有效的纠正和预防措施，验明并改正施工中的不足，不得擅自提高或降低质量标准的行为。

各部门应将分包工程纳入项目质量控制范围；维护质量管理体系运行；按质量管理体系文件要求填写、上报各种记录；开展质量管理活动，进行相关质量培训；在项目实施过程中互相协调，配合处理出现的质量问题。

2. 工程总承包项目质量管理体系

（1）质量管理体系的总体要求。

EPC总承包商应建立质量管理体系，并形成文件，在项目实施过程中必须遵照执行并保持其有效性。EPC总承包商负责其内部各个部门的协调，组织协调、督促、检查各分包商的质量管理工作。各分包商也应相应建立起质量管理体系，并接受EPC总承包商的审核，同时接受业主、PMC/监理的监督和审核。EPC总承包商进行质量审核，及时发现质量管理体系的运行问题，并进行纠正、跟踪，确保质量管理能力不断提高。

（2）质量管理体系的文件要求。

1）文件要求。

项目质量管理体系文件由以下三个层次的文件构成：质量手册；按项目管理需要建立的程序文件；为确保项目管理体系有效运行、项目质量的有效控制所编制的质量管理作业文

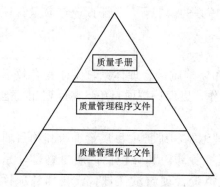

图 5-11　总承包项目质量体系文件框架

件，如：作业指导书、图纸、标准、技术规程等。工程总承包项目质量体系文件框架如图 5-11 所示。

2）文件控制。

质量部对所有与质量管理体系文件运行有关和与项目质量管理有关的文件都应予以控制。

工程总承包项目信息文控管理流程如图 5-12 所示。

①收集范围。凡是反映与项目有关的重要职能活动、具有利用价值的各种载体的信息，都应收集齐全，归入建设项目档案。

②收集时间。应按信息形成的先后顺序或项目完成情况及时收集。

③各方职责。项目准备阶段形成的前期信息应由业主各承办机构负责收集、积累并确保信息

| 收集范围 | → | 收集时间 | → | 各方职责 |

图 5-12　工程总承包项目信息文控管理流程

的及时性、准确性；EPC 总承包商负责项目建设过程中所需信息的收集、积累，确保信息的及时性、准确性，并按规定向业主档案部门提交有关信息；各分包商负责其分包项目全部信息的收集、积累、整理，并确保信息的及时性、准确性；项目 PMC/监理负责监督、检查项目建设中信息收集、积累和齐全、完整、准确情况；紧急（质量、健康、安全、环境）情况由发现单位迅速上报，具体按照 EPC 总承包商项目经理部质量管理体系文件和 HSE 管理体系文件中的相关程序执行。

3）记录控制。

为保证记录在标识、储存、保护、检索、保存和处理过程中得到控制，EPC 总承包商项目经理部信息文控中心编制并组织实施"记录控制程序"。

需要控制的质量记录有：各参与方、部门、岗位履行质量职能的记录；不合格处理报告记录；质量事故处理报告记录；质量管理体系运行、审核有关的记录；设计、采购、施工、试运行有关的记录。

记录要符合下列要求：所有记录都要求字迹工整、清晰、不易褪色；记录内容齐全、不漏项，数据真实、可靠，签证手续完备、符合要求；质量记录必须有专人记录、专人保管、定期存档，具有可追溯性；对于在计算机内存放的质量记录，要按照计算机管理的有关规定严格执行；记录应设保存期；记录的编号执行 EPC 总承包商项目经理部的"信息文控编码程序"。

3. 质量管理体系建立程序

（1）质量管理体系的建立过程。

确定项目的质量目标；识别质量管理体系所需的过程与活动；确定过程与活动的执行程序；明确职责分工和接口关系；监测、分析这些过程。

（2）质量管理体系编制顺序。

质量管理体系文件的编制顺序有三种：先编制质量手册，再编写程序文件及作业文件；先编写程序文件，再编写质量手册和作业文件；先编写作业文件，然后编程序文件，最后编写质量手册。

不同的编制方法，有不同的特点，应该根据总承包项目的特点和编写人员的能力等各方面的因素来决定选用哪种方式。

（3）质量管理体系文件的编制流程。

如图5-13所示，质量管理体系文件编制流程图，详细描述了如何进行质量管理体系文件的编制，直至正式运行。

4. 工程总承包项目质量控制

（1）质量计划。

1）编制质量计划的目的。确定项目应达到的质量标准以及为达到这些质量标准所必需的作业过程、工作计划和资源安排，使项目满足质量要求，并以此作为质量监督的依据。EPC总承包商项目质量经理应根据项目的特点，负责质量计划的编写、实施和维护。

2）质量计划编制依据。合同中规定的产品质量特性，产品应达到的各项指标及其验收标准；项目实施计划；相关的法律、法规及技术标准、规范；质量管理体系文件及其要求。

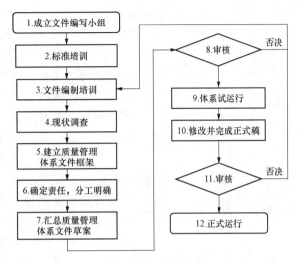

图5-13　质量管理体系文件的编制流程

3）质量计划编制原则。质量计划是针对项目特点及合同要求，对质量管理体系文件的必要补充，体系文件已有规定的尽量引用，要着重对具体项目及合同需要新增加的特殊质量措施，做出具体规定；质量计划应把质量目标和要求分派到有关人员，明确质量职责，做到全过程质量控制，确保项目质量；质量计划编制应简明，便于使用与控制。

4）质量计划的内容。其内容如下：项目概况；项目需达到的质量目标和质量要求；编制依据；项目的质量保证和协调程序；以质量目标为基础，根据项目的工作范围和质量要求，确定项目的组织结构以及在项目的不同阶段各部门的职责、权限、工作程序、规范标准和资源的具体分配；说明本质量计划以质量体系及相应文件为依据，并列出引用文件及作业指导书，重点说明项目特定重要活动（特殊的、新技术的管理）及控制规定等；为达到项目质量目标必须采取的其他措施，如人员的资格要求以及更新检验技术、研究新的工艺方法和设备等；有关阶段适用的试验、检查、检验、验证和评审大纲；符合要求的测量方法；随项目的进展而修改和完善质量计划的程序。

（2）过程质量控制。

总承包项目质量控制应贯穿项目实施的整个过程中，即包括设计质量控制、采购质量控制、施工质量控制、试运行质量控制等，只有采用全过程的质量管理，才能控制总承包项目的各个环节，取得良好的质量效果。

1）设计质量控制。

设计部是设计质量控制的主管部门，应对设计的各个阶段进行控制，包括设计策划、设计输入、设计输出、设计评审、设计验证、设计确认等，并编制各种程序文件来规范设计的整个过程。

①质量控制内容。项目质量部应根据项目经理部的质量管理体系和总承包项目的特点编

制项目质量计划，并负责该计划的正常运行；项目质量部应对项目设计部所有人员进行资质的审核，并对设计阶段的项目设计计划、设计输入文件进行审核，以保证项目执行过程能够满足业主的要求，适应所承包项目的实际情况，确保项目设计计划的可实施性；设计部在整个设计过程中应按照项目质量计划的要求，定期进行质量抽查，对设计过程和产品进行质量监督，及时发现并纠正不合格产品，以保证设计产品的合格率，保证设计质量。

②质量控制措施。设计部内部的质量控制措施如图 5-14 所示。

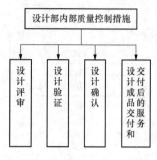

图 5-14 设计部内部的质量控制措施

③设计评审。设计评审是对项目设计阶段成果所作的综合的和系统的检查，以评价设计结果满足要求的能力，识别问题并提出必要的措施，设计经理在项目设计计划中应根据设计的成熟程度、技术复杂程度，确定设计评审的级别、方式和时机，并按程序组织设计评审。

④设计验证。设计文件在输出前需要进行设计验证，设计验证是确保设计输出满足设计输入要求的重要手段。设计评审是设计验证的主要方法，除此之外，设计验证还可采用校对、审核、审定及结合设计文件的质量检查/抽查方式完成。校对人、审核人应严格按照有关规定进行设计验证，认真填写设计文件校审记录。设计人员应按校审意见进行修改。完成修改并经检查确认的设计文件才能进入下一步工作。

⑤设计确认。设计文件输出后，为了确保项目满足规定要求，应进行设计确认，该项工作应在项目设计计划中做出明确安排。设计确认方式包括：可研报告评估，方案设计审查，初步设计审批，施工图设计会审、审查等。业主、PMC/监理和项目经理部三方都应参加设计确认活动。

⑥设计成品放行、交付和交付后的服务。设计部要按照合同和工程总承包企业的有关文件，对设计成品的放行和交付做出规定，包括：设计成品在设计部内部的交接过程；出图专用章及有关印章的使用；设计成品交付后的服务，如设计交底、施工现场服务、服务的验证和服务报告。

2）采购质量控制。

EPC 总承包商采购部是采购的管理和控制部门，应编制"物资采购控制程序"来确保采购的货物符合采购要求。

①采购前期。应根据不同的采购产品分析对 EPC 总承包商项目实现过程的影响，以及对最终产品的影响，将物资分类；应根据物资的重要性，采购部组织评价，拟定合格的供应商，然后根据合同约定，由业主或者自行确定供应商。对供应商的评价和选择应考察供应商单位资质、经验、履约能力、售后服务能力等，并应保持持续的跟踪评价，减少因采购导致的风险；EPC 总承包商采购部负责确定采购要求，在与供应商沟通之前，确保规定的采购要求是充分和适宜的。

②物资加工过程。要求供应商按照采购货物的特点建立并严格执行质量管理体系，采购部按照有关条款对各供应商的质量管理体系进行审核。对于供应商承担的质量职责，EPC 总承包商项目经理部要在与供应商达成的采购合同中给予明确。EPC 总承包商项目经理部委托驻厂监造，并授予监造人员一定的权利，以利于监督工作的正常开展，监造人员要针对加工

制造的物资或设备，制订监造计划、监造实施细则并编制相应的程序以规范工作。

③采购物资的验证。在采购合同中应明确物资验证方法，验证工作由采购部组织。根据国家、地方、行业对各种物资的规定、物资重要性的不同，确定对物资的抽样办法、检验方式、验证记录等。对验证中发现不合格品，应编制"不合格品控制规定"进行规定处理。

3）施工质量控制。

①施工前管理。建立完善的质量组织机构，规定有关人员的质量职责；对施工过程中可能影响质量的各因素包括各岗位人员能力、设备、仪表、材料、施工机械、施工方案、技术等因素进行管理；对施工工作环境、基础设施等进行质量控制。

②施工过程中管理。EPC总承包商项目经理部应编制"产品标识和可追溯性管理规定"，对进入现场的各种材料、成品、半成品及自制产品，应进行适当标识。进入施工现场的各种材料、成品、半成品必须经质量检验人员按物资检验规程进行检验合格后才可使用，EPC总承包商项目经理部应编制"产品的监视和测量控制程序"进行规定。在施工过程中发现的不合格品，其评审处置应按"不合格品控制规定"执行。编制"监视和测量装置控制程序"，对检验、测量和试验设备进行有效控制，确保其处于受控状态。对参与项目的人员进行考核、对施工机械、设备进行检查、维修，确保能够符合施工要求。在施工过程中，对施工过程及各环节质量进行监控，包括各个工序、工序之间交接、隐蔽工程，并对质量关键控制点进行严密的监控。对于施工过程中出现的变更应制订相关的处理程序。应编制"施工质量事故处理规定"对发生的质量事故进行处理。

4）分包质量控制。

分包质量控制，参见本章第五节相关内容。

5）试运行质量控制。

逐项审核试运行所需原材料、人员素质以及其他资源的质量和供应情况，确认其符合试运行的要求。

检查、确认试运行准备工作已经完成并达到规定标准。

在试运行过程中，前一工序试运行不合格，不得进行下一工序的试运行。

应当编制有关试运行过程中出现质量事故的处理程序文件。

应实施试运行全过程的质量控制，监督每项试运行工作按试运行方案实施并确认其试运行结果，凡影响质量的每个环节都必须处于受控状态。

对试运行质量记录应按"记录控制程序"的有关规定收集、整理、和组织归档，并提交试运行质量报告。

6）测量、分析和改进。

①总则。

EPC总承包商项目经理部、质量部负责策划并组织实施项目的测量、分析和改进过程，确保质量管理体系的符合性和有效性。

EPC总承包商项目经理部应充分收集体系审核中发现的问题，以及过程、产品测量和监控、不合格等各方面的信息和数据，并运用统计技术，分析原因，采取纠正和预防措施，以达到持续改进的目的。

②测量。

a. 顾客满意度调查。质量部负责对顾客满意度的信息进行监视和测量，确保质量管理体系的有效性及明确可以改进的方面。对顾客信息进行分类并收集与顾客有关的信息，包括对顾客的调查、顾客的反馈、顾客的要求、顾客的投诉等。EPC 总承包商项目经理部其他部门应及时将收集到的信息传递到质量部，由质量部负责对信息进行整理汇总，进行统计分析，得出定性或定量的结果。对于顾客不满意的问题，质量部应组织相关部门进行原因分析，组成有关部门采取纠正或预防措施，并跟踪实施效果。

b. 内部审核。质量部编制并组织实施"内部审核控制程序"，按照程序的规定进行内部审核，以确定质量管理体系是否满足标准的要求，能否有效地实施和保持。在内部审核前，应按照"内部审核控制程序"的要求组织内部审核小组，编制具体的内审计划，准备工作文件和记录表格，包括内部审核计划、检查表、不合格报告、内审报告、纠正/预防措施表、会议签到表等。在准备工作已经做好后，开始进行内部审核。审核员的选择和审核任务的安排应确保审核过程的客观性、公正性和独立性。审核员不能审核自己的工作；通过面谈、现场检查、查阅文件和记录、观看有关方面的工作环境和活动状况，收集证据，记录观察结果，评价与质量管理体系要求的符合程度，确定不合格项；汇总全部不符合项，进行评定，总结审核结果并编写审核报告，对质量管理体系运行的情况及实现质量目标的有效性提出审核结论，并提出纠正、改进建议。对于不合格项，分析不合格原因，制订纠正措施计划，经批准后实施。质量部对实施情况进行跟踪，发现问题时，及时协调解决。纠正措施完成后，对纠正措施的有效性进行验证。内部审核完成后，将审核的全部记录汇总整理后提交质量部，质量部按"记录控制程序"的有关规定收集和保存。

c. 产品的监视和测量。质量部编制并组织实施"产品的监视和测量控制程序"，按照程序的规定对项目全过程进行测量和监视，保证项目每一道工序使用合格产品，以确保使用的过程产品从原材料进货到项目竣工时的项目质量，达到设计和合同要求的质量标准。对进场的各种材料都必须按物资检验规定进行验证，内容包括：观察材料的外观质量、产品标牌、规格、型号及数量，审核产品质量证明文件，如合格证、出厂证明、试验报告等，并进行登记、保管。使用前对必须进行复检的材料要及时进行复检，未经复检或复检不合格的材料禁止投入使用。施工前，施工部门制订监视和测量计划，规定监视和测量方法、评定标准、使用的设备。施工过程中，必须按质量监视和测量计划的内容进行工序监视和测量。未经监视和测量的工序和过程产品，不得进入下一道工序，除非有可靠追回程序的，才可例外放行，但必须随后补做检验。

③数据分析。

质量部负责编制并组织实施"数据分析控制程序"，确定、收集和分析相关数据以证实项目质量管理体系的适应性和有效性。这些数据包括在测量过程中得到的数据，以及从其他渠道获得的数据。

质量部负责确定分析数据所使用的统计方法，对应用统计技术的人员，按有关要求进行培训，各部门根据使用要求，选用适当的统计方法，质量部负责指导。

对于收集的质量数据用适当的统计技术进行处理后，质量部根据分析提供信息，通过这些信息可以发现问题，进而确定问题产生的原因，并采用相应的纠正/预防措施。同时，利用这些信息确定质量管理体系的适宜性和有效性，并确定改进的方向。

④改进。

EPC 总承包商项目经理部应利用质量方针、质量目标、审核结果、数据分析、纠正和预防措施以及管理评审等选择改进机会，持续改进质量管理体系的有效性，以便向顾客提供稳定的满意的工程和服务。

质量部负责对日常改进活动的策划和管理，质量部负责组织各部门进行策划，编制质量改进计划，经审核批准后组织实施。

对质量管理体系运行和项目实施全过程中已发现的不合格的现象，EPC 总承包商项目经理部应采取纠正措施，并对纠正的有效性进行评定，直到有效解决问题。对此，质量部应制订并组织实施"纠正措施控制程序"。

为消除产生问题潜在原因，防止发生不合格，确保质量管理体系有效运行，质量部应制订并组织实施"预防措施控制程序"，质量部应按照规定组织其他部门分析产生潜在不合格原因，确定采取的预防措施，预防措施实施后，各部门对预防措施的实施情况及其有效性进行评价，并上报质量部，由质量部组织有关人员进行验证，做出验证结论，确认预防措施是否有效。

采取纠正措施和实施预防措施实施。记录由质量部负责按"记录控制程序"的规定收集、保存。

引起的质量管理体系文件的修改，具体按"质量文件控制规定"实施。

EPC 总承包商应建立并严格执行质量管理体系，加强过程控制，促进质量持续改进。根据体系文件的规定开展质量管理活动。

施工部应对施工技术管理工作向各施工分包商做统一要求。

施工部应监督材料质量的控制，包括供应商选择、验收标准、验证方式、复试检验、搬运储存等。

施工部应监督机械设备、施工机具和计量器具的配备检验和使用过程，确保其使用状态和性能满足施工质量的要求。

施工部应控制特殊过程和关键工序，按规定确认特殊工序，并对其连续监控情况进行监督。

施工部应进行变更时的质量管理，重大变更必须重新编制施工方案并按有关程序审批后实施。

必须按国家有关规定处理施工中发生的质量事故。

施工分包商应该在施工部组织监督下做好项目质量资料分阶段的收集、整理、归档工作。

施工部应经常对项目质量管理状况分析和评价，识别质量持续改进的机会，确定改进目标。

四、工程总承包项目资源管理

在工程总承包项目实施过程中，影响项目质量的因素主要包括：参与项目的人员、材料、施工方法以及机械等资源情况，以及项目的环境因素。

1. 人员的管理

（1）总则。

EPC 总承包商从事影响项目质量的人员必须具备相应的能力。根据各种不同的工作岗位，确定人员必须具备的能力，选择配备能胜任的人力资源。

（2）人员能力培训。

人员素质的高低是保证项目建设质量的重要条件，EPC 总承包商要建立培训管理程序，把项目参与人员的培训工作作为首要任务来完成。

EPC 总承包商结合项目的实际需要制订培训方式、方法和内容，通过培训使项目参与人员增强质量意识，提高质量的知识和技能。

EPC 总承包商制订切实可行的培训计划，对从事影响质量工作的管理人员进行培训，确保项目质量目标的实现和创国家优质工程目标的实现。

EPC 总承包商对从事特殊工作的人员要进行专业技术培训和资格考核认证，并保存记录。

EPC 总承包商要特别重视对专业岗位新补充的人员及转岗人员和对新设备操作及工作任务变化的培训，并保存培训记录。

2. 设备材料的管理

在设备材料用于项目前，必须经过各种检验，包括供应商的自检、驻厂监造单位在设备材料出厂前的控制，政府质量监督站、业主、PMC/监理、EPC 总承包商的进场检验等。不合格的设备材料不能进场，更不能在施工中使用。

3. 施工方法与施工工艺的管理

EPC 总承包商根据项目的特点，组织编写具体施工组织设计，选取适当的施工方法、工艺与方案等，并报 PMC/监理审查。

施工方法、工艺应符合国家的技术政策，充分考虑总承包合同规定的条件、现场条件及法规条件的要求，突出"质量第一、安全第一"的原则。

施工方法、工艺要有较强的针对性、可操作性。

施工方法、工艺应考虑技术方案的先进性，适用性以及是否成熟。

施工工艺应考虑现场安全、环保、消防和文明施工符合规定。

施工部门严格按照 PMC/监理审查通过的施工方法、方案、工艺等进行施工。如需变更，应对变更部分重新编写施工组织设计，选取施工方法、方案、工艺等，并报 PMC/监理审查。

4. 机械设备以及基础设施的管理

（1）机械设备管理。

机械设备的选择，应考虑机械设备的技术性能、工作效率、工作质量、可靠性和维修的难易、能源消耗，以及安全、灵活等方面对项目质量的影响与保证。

应保持机械设备的数量以保证项目质量。

要按照项目进度计划安排所需的机械设备。

（2）基础设施管理。

为了满足项目建设的需要，并符合国家法律、法规的要求，EPC 总承包商要对所需要的基础设施进行确定、提供和维护。基础设施包括所有工作场所、通信设备、运输设备、控制和检测设备及生产、管理所需的硬件和软件，以及其他支持性服务设施等。

5. 环境因素的管理

EPC 总承包商提供的工作环境要体现"以人为本"的原则，并且符合国家、行业有关规范要求等。

EPC 总承包商应严格按照实现工程所要求的条件提供项目工作环境。EPC 总承包商应要求各分包商识别和研究可能影响工作环境的因素，采取适当的措施，达到要求的水平。

五、施工HSE管理

HSE管理是对工程项目进行全面的健康安全与环境管理，这不仅关系到项目现场所有人员的安全健康，也关系到项目周围社区人群的安全健康；不仅影响到项目建设过程，也影响到项目建成后的长远发展。HSE管理的目的就是要最大限度地减少人员伤亡事故和最大程度地保障生命财产安全和保护环境。

1. HSE管理的目的和主要任务

（1）HSE管理的目的。

减少由项目建设引起的人员伤害、财产损失和环境污染。

降低项目的风险。

促进项目的可持续发展。

（2）HSE管理的主要任务。

建立完善HSE管理体系，并保持其持续有效。

按照HSE管理体系要求对项目进行持续的HSE管理。

加强对HSE管理必需的资源进行管理。

2. HSE管理职责分工

EPC总承包商对HSE的管理主要是由HSE部来负责，由其他相关部门协助来实施的。典型的HSE部岗位设置如图5-15所示。EPC总承包商应依据分包合同规定，要求各分包商对所承包项目进行HSE管理。

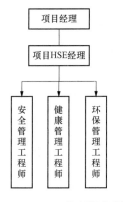

图5-15　HSE管理职责分工

（1）EPC总承包商项目经理。

贯彻执行国家HSE相关的法律、法规。

负责HSE方针和目标的全面建立和实施。

负责建立、完善、实施HSE管理体系，并组织评审体系的有效性，保证其得到持续改进。

建立完善的组织机构，对HSE进行有效的管理。

对HSE管理进行承诺，保证提供必要的资源。

（2）HSE部。

1）项目HSE经理。协助项目经理建立、完善、实施HSE管理体系；负责HSE管理体系文件的编制、修订、审核工作；组织其他相关部门对与项目相关的HSE因素进行评价；监督HSE文件的执行情况，并协调HSE工作；负责制订应急计划，审定应急预案，会同其他部门组织实施，并检查、监督应急措施的落实情况，确保在发生事故后能有效应对；负责处理健康、安全、环保事故，审查事故报告；负责HSE记录的规范化及统一协调工作。

2）安全管理工程师。协助项目HSE经理编制、修订、审核HSE管理体系文件并监督执行；负责对参与项目人员进行安全能力评价工作，并对相关人员进行安全知识的培训；定期对安全设施进行检查，保证安全设施的完整性、有效性并符合EPC总承包商项目经理部规定的标准以及集团公司的要求；协助各部门编制和完善所需的工作程序文件，考虑安全因素；负责项目所需的安全防护用品策划、检验工作；参与对各分包商HSE的评价与管理；协助信息文控中心对HSE文件、信息的整理和归档工作；协助项目HSE经理对安全事故进行调查，编写事故报告，提出纠正和预防的措施，督促有关部门执行，防止事故的再发生。

189

3）健康管理工程师。协助项目 HSE 经理编制、修订、审核 HSE 管理体系文件并监督执行；贯彻实施总承包项目所在地有关劳工保护的法律、政策与规定；建立项目参与人员的健康档案；对从事特殊工作人员定期组织体检，确保其在工作期间处于良好身体状态；按照总承包项目的需要，制订保护物品、保健用品的配备和使用方案；协助信息文控中心对 HSE 文件、信息的整理和归档工作；参与 HSE 部组织的检查活动以及对各种事件的调查、分析与评价。

4）环保管理工程师。协助项目 HSE 经理编制、修订、审核 HSE 管理体系文件并监督执行；贯彻实施项目所在地与环境有关的法律、法规和规定，组织对项目参与人员的各项培训活动，提高他们的环境意识；确保在环境影响评价报告中所提出的环保方案得到有效的实施；协助信息文控中心对 HSE 文件、信息的整理和归档工作；参与 HSE 部组织的检查活动以及对各种事件的调查、分析与评价等。

（3）行政办公室。

负责 HSE 各级组织机构的设置和职责的制订，并负责监督检查其执行情况。

负责监督实施和考核 HSE 方针和目标。

宣传项目的 HSE 方针和目标，建立和维护 HSE 团队文化。

做好各级 HSE 管理机构和 HSE 岗位人员的调配，明确各岗位的 HSE 职责。

为 EPC 总承包商项目经理部员工 HSE 能力的评价制定标准，并负责人员能力评价的管理工作，负责把 HSE 培训内容纳入员工培训计划中并组织实施，负责对各部门培训情况进行检查指导和考核。

参与 HSE 的事故调查和审核工作。

负责提出资源配置计划，并监督实施。

负责地方关系的协调。

（4）财务部。

审查项目健康、安全、环境保护项目资金落实情况。

负责 HSE 管理、培训、监测和有关项目的资金筹措和审批。

负责编制 HSE 有关的费用计划和资金预算计划。

参与工程招标，对各分包商的 HSE 审查、评价。

负责建立业务范围内的工作程序，并监督实施。

负责应急资金的落实。

按记录的规范化要求，对部门 HSE 记录的使用、收集、保管及 HSE 记录的准确性、真实性、连贯性、完整性负责。

参与事故的处理，负责与保险公司联系，并办理索赔事宜。

参与 HSE 管理体系的审核。

（5）信息文控中心。

负责 HSE 信息的收集、传递、整理、归档工作。

负责监督检查文件、记录的收发、登记、传递、利用情况。

负责部门人员的能力评价和培训工作。

负责 HSE 信息网络的软、硬件建设，提供网上技术服务与信息管理，促进 HSE 信息管理现代化。

负责HSE管理体系文件和资料的控制管理，并对执行情况进行监督检查。

（6）其他部门。

其他部门包括设计部、采购部、施工部、控制部、试运行部。

采购部负责HSE管理、监测等工作中所需要的设备、材料、仪器、药品等物资供应工作；保证供应商和相关部门有良好的HSE管理体系；负责应急状态下所需物资保障等。

施工部参与安全、环保"三同时"（同时设计、同时施工、同时投入使用）检查和安全、环保设施竣工验收；负责组织应急调度、应急通信演习；应急通信设备、器材的储备和维护；应急状态下完成通信设施故障的处理等。

控制部负责编制、评审各个分包合同，提出有关HSE要求；监督检查与各分包商合同中有关HSE条款的落实情况；负责对各分包商提供的资源进行审查验收。

各部门参与危险源辨识和环境因素的识别，编制管理方案，监督实施。

各部门严格按照项目HSE的要求编制工作方案，在工作中应尽量避免或减少对安全、健康和环境的影响。

各部门编制部门相关资源配置计划，分别报主管部门审批；部门人员进行技术指导、培训；负责建立部门的工作程序以满足HSE管理的要求，并监督实施；对于变更，进行专业的指导和监督；负责部门有关的HSE纠正与预防措施的制定与实施；按记录的规范化要求，对部门HSE记录的使用、收集、保管及HSE记录的准确性、真实性、连贯性、完整性负责；参与工程招标，对各分包商的HSE进行审查、评价；参与事故的调查和HSE管理体系的审核工作；负责应急的宣传教育，建立部门的应急管理措施。

3. 工程总承包项目HSE管理内容

（1）健康管理。

1）总则。

工程总承包项目应确立"以人为本，健康至上"的理念，本着"安全第一，预防为主"的原则，恪守"保护公众和员工安全和健康，坚持预防为主，追求无事故、无伤害、无损失的目标"的承诺，为员工提供必需和必要的劳动防护用品，保障员工在生产工作中的安全与健康，努力为全体员工营造一个健康、人性化的工作氛围及生活环境。

2）健康管理内容。

健康管理内容如图5-16所示。

①职业卫生管理。采取相应的措施，使工作场所职业危害因素降到最小；所有防护设施、设备应定期维修，保持运转性能良好；所有在危害场所作业的员工，佩戴相应的防护用品；要定期对职业病防治工作进行监督、检查、评价、考核。

②健康监测。所有参与项目人员都必须是体检合格人员，并定期对员工，特别是有毒有害工作环境中的人员进行健康检查，并记录；按照"HSE能力评价管理与培训"的规定，制订项目参与人员职业健康教育与培训计划并组织实施。

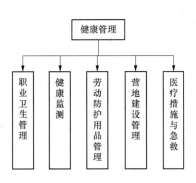

图5-16 健康管理内容

③劳动防护用品管理。制定劳动防护用品的管理制度，满足项目人员的使用；所有的劳

动防护用品必须符合国家及行业标准中的规定；根据安全生产和职业病危害的需要，按照不同工种、不同劳动环境配备不同防护作用、不同防护能力的劳动防护用品；须对劳动防护设备、设施、机具进行定期的检查和维护，不合格的禁止使用；对员工上岗使用劳动防护用品情况要经常检查，制定必要的管理制度。

④营地建设管理。营地规划时应充分考虑营地周围环境、自然条件、交通等具体情况统筹合理布置，营地的位置、布置、设施应合理；建立营地管理规定，并体现"以人为本"的方针，为员工提供安全、卫生的生活场所；营地内应配备良好的生活设施以及防护设施，包括洁净的宿舍、厨房、餐具、食堂、厕所，消防灭火设施等。

⑤医疗措施与急救。应为员工提供良好的医疗保障措施和医疗急救设备；必须设立一定装备、药品、有资质的医护人员的医疗站，方便员工就诊；应调查项目所在地周边的医疗卫生机构，了解其所在位置、医疗、救护设施、能力，交通、通信情况并登记建立档案；确定适合的、可提供良好医疗保障、医疗急救的医疗单位，与之取得联系，建立医疗保障、急救关系；现场配备相应的急救设施包括车辆，保证在出现意外时能够紧急救援。

（2）安全管理。

1）总则。

安全管理的目的是加强总承包项目的安全管理工作，最大限度地保障员工在生产作业过程中的人身安全、健康和企业财产不受损失。

2）安全管理内容。

①安全生产责任制。以制度的形式明确各个领导、各个部门、各类人员在项目中应负的责任。严格执行安全生产责任制，使所有项目参与人员负起责任，建立健全安全专职机构，加强安全部门的领导，严格执行安全检查制度。EPC 总承包商、各分包商要加强生产安全管理，贯彻"安全第一，预防为主"的方针，认真落实安全生产责任制。所有项目参与人员应自觉遵守安全生产规章制度、清楚和熟悉自己岗位的职责和安全程序，不违章作业、不违章指挥，遵守工作纪律和职业道德，主动做好事故预防工作。

②安全生产管理。对所有员工定期进行安全培训；各有关部门必须制定并严格执行安全检查制度；项目的劳动安全卫生设施必须与主体工程同时设计、同时施工、同时投入使用，即"三同时"；对危险性较大的作业，在作业前应编制和审批安全预案和安全应急计划，在作业过程中，应随情况变化及时对安全应急计划进行修改和补充；对关键生产设备、安全防护设施和装备应进行严格管理；对危害应进行识别并对事故隐患进行管理；加强对劳动保护用品的管理，保证其合格和适用；对重点要害部位进行安全管理；消防安全工作和交通安全工作应纳入整个安全生产的工作部署。

③安全生产奖惩。应设立项目安全生产奖励资金，在年度预算中应核定；运用行政、经济等措施对违反安全生产法规、制度的行为实行重罚；对认真履行安全生产责任，及时发现重大事故隐患，避免重、特大事故的员工要实行重奖；对各类事故要按照"四不放过"原则（事故原因没有查清不放过；事故责任者没有严肃处理不放过；广大员工没有受到教育不放过；防范措施没有落实不放过）严肃处理，追究有关责任人的行政和经济乃至法律责任。

（3）环境保护管理。

在总承包项目执行过程中，应采取措施合理利用自然，防止对自然资源、生态资源等造成污染，保护人类的生态环境，并促进项目可持续发展，创一流 HSE 业绩。

施工过程中会产生施工垃圾、污水、噪声等环境污染，所以施工阶段环境保护工作的主要内容应该涉及以下方面：废弃物、垃圾的处理；危险物溢出的预防与控制；粉尘、烟尘、污水、放射性物质和噪音的管理；文物、古迹的管理；人工林、天然林和自然保护区的管理；水源、湿地、河流保护的管理；河道、路面影响控制；水土保持的控制；地貌恢复。

4. HSE 管理体系要素

（1）领导和承诺。

总承包项目经理应根据项目的特点提出项目的 HSE 承诺。

1）职责。项目经理和各分包商的最高领导者应对 HSE 管理提出明确的承诺，为 HSE 管理体系的建立、实施和维持提供强有力的领导，努力创造和培育良好的团队文化；HSE 部负责 HSE 承诺的征集与推荐工作；HSE 部组织 EPC 总承包商项目经理部各部门对承诺是否符合法律、法规、规范、资源、保证条件等进行评价、审核，并提出意见，上报 EPC 总承包商项目经理；EPC 总承包商项目经理部各部门及分包商负责对 HSE 承诺的具体贯彻实施。

2）承诺的原则。EPC 总承包商项目经理部向社会及员工做出承诺。承诺应依据项目所在国家的法律、法规、标准及项目的特点和资源条件，按照科学、合法和可行的原则就健康、安全与环保向社会和员工提供公开的、明确的承诺。

3）承诺的内容。承诺遵守法律法规；承诺污染和事故的预防；承诺为 HSE 管理提供必要的资源；承诺持续改进。

（2）资源和文件。

为了对 HSE 进行有效的管理，必须提供有效的资金、物质资源、人力资源和技术资源等，以不断提高 HSE 表现水平，更加有效地保护员工生命和财产安全，保护生态环境，总承包项目应保证提供并优化配置用于 HSE 管理体系实施的各类资源。

1）资源配置的依据：国家政策、法律法规、标准及业主有关规定；总承包项目的建设规划和发展战略；总承包项目的 HSE 管理体系方针、目标；总承包项目建设活动中风险削减及应急需要等。

2）资源配置的原则：最大限度地满足项目建设质量及健康、安全与环境目标的实现；依靠技术，人尽其才，物尽其用，最大限度地挖掘各种资源的潜力；合理开发，优化组合，最大限度地发挥各种资源的综合效益；节约资源。

3）资源配置的程序：资源配置计划的编制和审批；资源配置计划的实施与监督；根据具体情况对资源配置计划进行变更。

为了对 HSE 管理体系运行有关的文件和资料实施有效的控制，确保在总承包项目 HSE 体系运行的所有场合得到适用的有效文件和资料，应该加强对 HSE 有关的文件进行管理。

1）HSE 文件管理的对象包括：HSE 管理手册；技术性文件，包括内部文件（与 HSE 相关技术文件）和外部文件（国家颁发的有关的技术文件和标准）；管理性文件，包括内部文件（HSE 计划、与管理手册等文件相关的管理制度）和外部文件（国家、地方、行业、上级主管部门、业主、PMC/监理有关 HSE 管理方面的文件）。

2）HSE 文件管理的内容包括：各种文件和资料的编制（包括管理手册、各种程序文件、作业手册等相关文件）；文件和资料的编号；文件和资料的批准和发布；文件和资料的发放和保管；文件和资料的更改与换版；文件和资料的归档。

（3）评价和风险管理。

为了对 HSE 进行有效、有针对性的管理，必须对项目运行过程中可能存在的风险进行识别、评价、监控，并采取有效的预防措施。

（4）规划。

为了保证 HSE 管理的顺利进行，必须要对 HSE 管理进行规划，这包括 HSE 设施完整性管理、程序和工作指南管理、变更管理和应急管理等。

1）HSE 设施完整性管理。目的是保证 HSE 管理的设施、设备符合规定要求，并得到维护，使之处于完好状态，从而使 HSE 管理体系有效。

HSE 设施包括：特种设备，报警装置，防护装置，控制装置，环保设施，健康设施，应急救生设施，各种劳保用品，消防设施，各种用于 HSE 的检验、监测和实验设施等。

HSE 设施管理的主要内容：加强设计控制，使 HSE 设施的设计符合有关规定；加强采购质量控制，使所有的 HSE 设备性能符合规定标准；加强检验、检测控制，对设施设备进行能力评价，使设施、设备保持规定的技术指标和性能，及时了解其偏差并进行纠正；施工过程中应首先考虑设施完整性方案的要求；施工现场应按标准配备各种 HSE 警示、标志，并保证警示、标志齐全完好；特种设备（设施）按国家有关规定期限，送交指定部门检验；HSE 设施的建造和购置应符合国家、地方、行业相关标准规定。

2）程序和工作指南管理。目的是避免由于缺乏工作程序而导致违反 HSE 方针或法规要求活动的出现，对所有活动应制定程序和准则，指导所有参与项目人员开展 HSE 活动。程序和工作指南的描述应简单、明确、易于理解。

需要建立操作程序或工作指南的活动包括：各种控制危害和消减风险的措施；特殊、危险作业操作程序。

3）变更管理。目的是控制和减少由于人员、机构、设备、项目设计、工艺流程、施工方案、操作规程等的变更对 HSE 的有害影响。

4）应急管理。目的是提高对自然灾害和突发事件的整体应急能力，确保紧急情况下能够及时有序地采取应急措施，有效保护人员生命和财产安全，把事故损失降低到最低程度。项目应建立书面形式的应急反应计划，这些计划是可操作的和经过测试的，所有项目参与人员均应熟悉它们并参与其演练。

应急管理包括：建立应急指挥系统；收集与传递应急信息；编制应急反应计划；建立应急保障系统；应急培训与演练；应急善后处理。

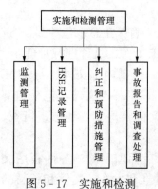

图 5-17　实施和检测管理的内容

（5）实施和检测。

在总承包项目运行的过程中，应该对 HSE 运行状况进行时刻监测，以利于 HSE 运行状况的评审。

实施和检测管理的内容如图 5-17 所示。

1）监测管理。监测管理的程序包括监测计划的编制与审批、监测工作的组织和实施、编写监测报告。监测管理的内容包括环境监测、技术安全监测、健康监测、安全检查、体系运行监测。

2）HSE 记录管理。通过对 HSE 记录的有效控制，做到规范化管理，保证 HSE 管理体系的有效性并实现可追溯性，为制订纠正和预防措施提供依据。HSE 记录管理的范围包括 HSE 记录、HSE 报告、HSE 报表，以及与 HSE 体系运行有关的各种受控记录和资料。HSE 记录管理的内容包括记录的收集、记录的编制、HSE 记录的查阅、记录的归档、HSE 记录的贮存与保管。

3）纠正和预防措施管理。对事故的不符合进行管理，采取纠正与预防措施，以纠正 HSE 管理体系运行中出现的偏差，包括体系文件与法律、标准、其他要求的不符合、项目运行与体系文件的不符合等。

纠正和预防措施管理的程序：不符合信息的收集；不符合的确认；不符合的分级与确认；不符合项的处置及纠正、预防措施。

4）事故报告和调查管理。应编制相应的事故处理程序和应急程序，规范事故管理，及时准确地报告、统计、调查、处理事故，对事故进行有效监控、分析和预测，吸取教训和预防类似事故发生。

事故报告和调查管理程序：事故的分类和分级；事故报告编制和报送管理；事故的调查；事故的处理；事故的建档。

（6）评审。

通过评审，验证体系是否符合 HSE 工作的计划安排和标准要求，发现 HSE 管理体系中需要改进的领域，以便对 HSE 管理体系各要素进行有效控制，并确定体系的有效运行和持续改进。

评审的程序：编制评审计划；评审前准备，包括受评审方的准备；评审具体实施；对不符合进行纠正；纠正措施的跟踪和验证；编写评审报告体系的总体分析和报告。

5. 加强 HSE 管理 EPC 总承包商应采取的重要措施

要稳步实施 HSE 管理，提高 HSE 管理水平，EPC 总承包商要重点做好以下几件事：

（1）建立一个完善的 HSE 管理体系和 HSE 管理组织机构。建立一个完善 HSE 管理体系和切实有力的 HSE 管理组织机构是搞好项目 HSE 管理的基本保障，体系运行的好坏和是否建立高效运作的管理机构直接影响到项目管理最终的成败。

（2）落实各级人员的 HSE 责任制并加强考核。有了 HSE 管理体系文件，建立了组织机构，未必能够运转通畅。要加强组织领导，明确各级人员在实施 HSE 管理中的责任，切实提供人力、物力、财力保障，同时认真组织进行严格细致的考核，并根据考核的结果，该奖的奖、该罚的罚，才能使 HSE 管理体系各环节运转畅通无阻。

（3）加强 HSE 教育和培训。实施 HSE 管理体系是一项复杂的系统工程，涉及方方面面，需要全体项目人员的共同参与、齐心协力来完成。因此，要高度重视人员培训，抓好 HSE 技能培训和行为训练。通过层层的 HSE 教育、培训，广泛宣讲实施 HSE 管理体系的目的、意义和要求，大力普及有关常识，使 HSE 管理深入人心，使全体人员都能掌握有关的 HSE 知识，提高对 HSE 的认识，并能积极参与自觉遵循 HSE 管理程序。

（4）做好项目实施中的风险识别、评价和制订风险削减措施。由项目经理组织技术、安全管理及经验丰富的施工人员，识别和确定在项目实施的全过程中，不同时期和状态下对项目健康、安全和环境可能造成的危害和影响，在对这些危害进行归纳和整理之后，进行科学的风险动态评价和分析，并根据评价和分析结果，选择适当的风险控制和削减措施。

（5）做好事故及未遂事故的调查报告工作。成功地防止事故的出现，在于了解事故或未遂事故是如何和怎样发生的。因此，当现场发生事故或未遂事故时，必须进行全面的调查，以确定它们发生的原因，并采取必要的行动以防止事故的再次发生。

（6）定期进行各层次的内部审核和管理评审。持续改进是每个体系的共同要求，承包商定期或在新的情况发生时严格进行 HSE 管理体系内部审核和必要的管理评审，完善体系、找出体系运行中存在的问题，积极采取纠正和预防措施，才能不断提高抵御风险和防止事故的能力。

6. 工程总承包项目 HSE 管理与可持续发展

可持续发展要求项目既满足当前的需要又满足未来需要。项目可持续性是指项目既能满足现在需要、亦能适应未来发展的能力，是与当前的可持续发展主题相一致的。

（1）项目可持续发展的影响因素。

项目可持续发展的影响因素如图 5 - 18 所示。

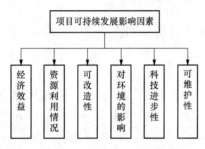

图 5 - 18 项目可持续发展的影响因素

1）项目的经济效益。在进行可持续性评价时，项目的经济效益评价是指项目生命周期的经济效益和项目的间接经济效益评价。项目全生命周期的经济效益是指整个生命周期内项目的投入与产出状况。项目可持续发展追求达到最佳的全生命周期经济效益。总承包项目不可避免地对周边经济产生影响，产生间接的经济效益。间接经济效益的好坏关系到外界对项目的支持力度，影响到项目以后运营、发展的外界环境条件，这些都直接影响项目的发展前景。

2）项目资源利用情况。资源的持续性和资源利用的合理性直接关系到项目能否持续发展。建设期资源利用主要是对建筑材料的选择、评价、选用，并通过它来评价项目的可持续性，运营期所需资源供应的连续性和项目运营产生的废弃物处理的合理性直接影响项目的持续发展能力，项目报废后资源的回收再利用，可以减少其对环境的影响并节约社会资源。

3）项目的可改造性。项目的改造再应用可以延长项目生命周期、提高项目资源利用率、降低项目生命周期成本，但是进行项目的改造要考虑改造的经济可能性和改造的技术可能性，即在项目建设时应考虑到降低改造成本和项目采用的技术要适合以后的改造。

4）项目环境影响。任何项目都处于一定的自然环境和社会环境中，对环境不可避免地产生影响，对环境的影响是决定项目能否持续发展乃至能否存在的主要因素之一。项目对环境的影响主要包括以下几个方面，见表 5 - 6。

表 5 - 6　　　　　　　　　　　项目对环境的影响

1	对自然环境的影响	对自然环境影响是指项目是否造成环境污染如光污染、噪声污染、废气、污水污染等，表明项目与周围自然环境是否具有相容性、协调性，即项目是否破坏了周围自然环境，是否与周围自然景观相协调
2	对社会环境的影响	对社会环境的影响包括对周围居民生活的影响，对社会文化的影响，对社会经济环境的影响等，表明了项目是否与社会文化相容，是否与人们的生活习惯相协调
3	对生态环境的影响	项目处在一定的环境中，都或多或少地对生态环境产生影响，对生态环境影响的评价主要通过比较项目存在前后生态环境的变化。必须考虑其对生态环境的影响，将对生态环境影响的评价作为可持续评价的一个主要方面

5) 项目科技进步性。项目只有具有先进的技术才能避免被淘汰的命运或延长其淘汰时限，从而延长生命周期。项目的设计要具有科学性、超前性，并有发展余地。项目的实施技术和运营技术也要具有先进性，并具有可持续发展的前景。

6) 项目的可维护性。项目的可维护性是指项目运营期间维修、维护的难易程度。只有项目维护简单、费用低，项目才具有生命力，才有发展前景。项目的可维护性是项目可持续发展的前提，并为可持续发展提供保障。

（2）项目可持续发展的内容。

在总承包项目设计、采购、施工过程中，应该采取一定的措施，来满足可持续发展的要求。实现可持续发展的活动包括以下内容：

1) 有效地利用自然资源。项目应考虑以下事项来减少自然资源和不可再生资源的消耗：彻底评价消耗燃料、水、能源的工作程序的效率及减少使用的可能性；循环使用建筑材料，诸如木材、土等。替换、不使用或减少使用给料，或者使用环境成本少的给料。

2) 给社区带来效益。EPC总承包商应考虑以下事项从而采取可以最大化当地社区效益的措施：建造那些完工后可以供当地社区利用的设施工程，以提高或增加社区使用的可能性；实施可以增加当地居民利益和机会的培训计划和采购政策；最大限度地增加当地劳动力的雇佣比率；购买当地物资；循环使用材料并购买可再利用的材料。

3) 尊重和保护当地居民。应考虑当地居民和员工文化方面、社会方面、健康方面的需求。要采取以下措施：采取措施保障所有员工的社会、文化、健康需求；尽可能少地打扰当地居民；为驾驶员提供培训计划保证他们遵守当地驾驶规章；将当地居民的文化融入到所有的培训计划中，使项目参与人员能够融入当地生活，建立良好的项目文化。

4) 减少环境影响。应考虑可以减少对自然环境和生态环境破坏的措施，包括以下事项：在项目运行中有效地管理废物和污染物；实施污染控制和废物监督计划，减少对项目周边环境的影响；保证在项目完成时没有垃圾或污染物遗留现场。

六、施工现场材料管理

现场材料管理工程师全面负责施工现场设备材料的交接。

施工部制定施工现场设备和散装材料的库房管理规定，内容包括设备材料的检验、存放要求、建立设备材料管理台账、入出库手续等。施工库房管理人员依据上述规定分类分级保管设备材料。

施工部现场材料管理工程师按月向项目施工经理提交设备、材料情况报告，说明设备材料到货、质量检验等情况，并说明存在问题及解决问题的办法。

七、施工变更管理

EPC总承包商的项目经理部应根据总承包合同变更规定的原则，建立施工变更管理程序和规定，管理施工变更。

项目施工部对业主或施工分包商提出的施工变更，应按合同约定，对费用和工期影响进行评估，上报EPC总承包商的项目经理部，以及PMC/监理，经确认后才能实施。

施工部应加强施工变更的文档管理。所有的施工变更都必须有书面文件和记录，并有相关方代表签字。

第四节　EPC 工程总承包施工管理要点

在 EPC 工程总承包项目管理模式下，施工过程是受控于设计和采购过程的，因为设计没有进行到一定阶段或者设备、主材料没有采购到位，是不可能进行施工的。但对于施工过程本身，它又是完全独立的，因为施工方要根据设计方制订的设计方案来进行加工设计，具体施工要以加工设计为蓝本。

对于 EPC 工程总承包项目，工程总承包商通常把施工任务分包给施工分包商承担。因此，施工过程总承包商的主要任务是对施工分包商的管理。这就要求对施工过程的关键环节进行有效的管理。

1. 施工分包策划

整个 EPC 工程需要分几个包，按装置分包还是按专业分包，是否需要施工总承包商等都要事先考虑清楚。

2. 施工分包招标

包括对各个分包的工程进行标底编制、招标文件编制、招标，最后完成分包合同的签订。

3. 施工分包合同管理

在与分包商签定分包合同后，要派专人对合同的实施情况以及合同的变更进行实时监控和管理。

4. 施工进度控制

EPC 工程总承包模式对项目进度要求很高，因为只有缩短工期才能最大限度地获得利润。施工进度控制是保证施工项目按期完成，合理安排资源供应、节约工程成本的重要措施。施工进度控制是指在既定的工期内，编制出最优的施工进度计划，在执行计划的施工过程中，经常检查施工实际进度情况，并将其与计划进度相比较，若出现偏差，分析产生的原因和对工期的影响程度，找出必要的调整措施，修改原计划，不断地如此循环，直至工程竣工验收。施工进度管理的目标是在保证施工质量和不增加施工实际成本的条件下，适当缩短施工工期。

5. 施工成本控制

施工成本预算是施工成本控制的基础，经验证明，施工预算质量的优劣大多数情况直接导致施工成本控制的优劣。保证施工预算的有效措施是基于实物量的施工成本预算，从这一原理出发，项目施工成本预算要始终坚持以实物量为基础的原则。尽量不用或少用基于某一基数的比例法去估算某种类型的施工成本。

总承包商对施工成本的控制主要包括审查工程预算、对工程进展进行测量、各个分包商工程款的结算控制等。

6. 施工质量控制

质量是衡量项目产品是否合格的标准，它关系到工程公司的信誉，目前各个单位对质量尤其重视。具体实施办法主要包括对项目的各道工序进行质量检查，然后对其进行质量确认，对发生的质量事故要记录在案，分析其产生的原因，吸取教训防止以后类似事件再次发生。

7. 施工安全管理

EPC模式对安全管理相当重视，将HSE的理念引入到工程项目管理中，如制订安全管理计划、进行现场安全监督、实行危险区域动火许可证制度、对安全事故进行通报等措施。

第五节　EPC工程总承包分包商管理

一、工程总承包项目分包管理概述

1. 分包含义

分包是指从事工程总承包的单位将所承包的建设工程的一部分依法发包给具有相应资质的承包单位的行为，该总承包人并不退出承包关系，其与第三人就第三人完成的工作成果向发包人承担连带责任。

工程分包一般由总包或者业主负责，总包负责一般分包，业主负责指定分包。分包管理归总包负责，并对其进行全方位监督管理。分包与总包有直接的合同约束，具有相应的责任连带关系，而业主则不牵扯其中，现在很多业主运用手持式视频通信对各个分包进行协调管理，改变传统管理模式，使远程管理更为直观高效。分包对一些指定的施工任务更为专业，总包主要的任务是针对项目对各方进行协调管理。

（1）一般分包。

建筑工程总承包单位可以将承包工程中的专业工程或者劳务作业发包给具有相应资质条件的分包单位。但是，除总承包合同中已约定的分包外，必须经建设单位认可。施工总承包的，建筑工程主体结构的施工必须由总承包单位自行完成。

（2）专业分包。

专业分包是指EPC项目总承包商根据合同约定或经业主同意后，将非主体结构工程的专业工程通过招标等方式交给具有法定相应资质的专业分包商建设的行为。

（3）劳务分包。

劳务分包，是指施工劳务作业发包人（总承包企业或专业承包企业）将其承包工程的劳务作业发包给劳务作业承包人（劳务承包企业）完成的活动。工程的劳务作业分包，无需经过发包人或总承包人的同意。业主不得指定劳务作业承包人，劳务分包人也不得将该合同项下的劳务作业转包或再分包给他人。

（4）指定分包。

指定分包是由业主或工程师指定、选定分包商，完成某项特定工作内容并与承包商签订分包合同的特殊分包商。合同条款规定，业主有权将部分工程项目的施工任务或涉及提供材料、设备、服务等工作内容的项目发包给指定分包商完成。

2. 工程分包的范围

工程分包的范围如图5-19所示。

（1）设计分包。

设计分包主要指EPC总承包商在与业主签订总承包合同之后，再由EPC总承包商将部分设计工作分包给一个或多个设计单位来进行。EPC总承包商根据项目的特点和自身能力的限制可以将工艺设计（如果在总承包范围之内）、基础工程设计、详细工程

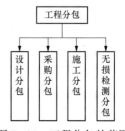

图5-19　工程分包的范围

设计分包出去。

（2）采购分包。

采购分包主要是指 EPC 总承包商在与业主签订总承包合同之后，EPC 总承包商将设备、散装材料及有关劳务服务再分包给有经验的专业供货服务商并与其签订采购分包合同。采购分包通常用于服务中专业性、技术性强或需要特殊技术工种作业的工作。

（3）施工分包。

施工分包主要指 EPC 总承包商在与业主签订总承包合同之后，再由 EPC 总承包商将土建、安装工程通过招投标等方式分包给一个或几个施工单位来进行。

（4）无损检测分包。

EPC 总承包商选择无损检测单位并与其签订合同。无损检测单位履行第三方检测的职责，承担总承包项目的无损检测任务，其工作联系必须通过 PMC/监理的指令得到实现。PMC/监理对于无损检测单位的工作负主要管理职责，EPC 总承包商对于无损检测单位的管理主要体现在合同管理方面。

3. 分包工作中的各方职责

（1）EPC 总承包商。

EPC 总承包商与分包商之间是合同关系，对于分包商的工作负有直接的责任。从最初的分包工作策划、选定分包商、对分包工作的组织协调管理到最后分包工作的移交，EPC 总承包商都应有具体的管理部门，及时提醒和纠正分包工作出现的问题，使分包工作按时、保质地进行，从而为 EPC 总承包商顺利完成整个项目提供可靠的保证。

EPC 总承包商的设计部为设计分包商的主管部门。

EPC 总承包商的采购部为采购分包商的主管部门。

EPC 总承包商的施工部为施工分包商的主管部门。

EPC 总承包商的控制部为分包合同管理的主管部门。

EPC 总承包商的中心调度室为对各分包商协调管理的主管部门。

对于业主提供潜在分包商名单的分包项目，EPC 总承包商应对分包商的资质及能力进行预审（必要时考查落实）和确认，如果认为不符合要求时，应尽快报告业主并提出建议。否则，不应免除 EPC 总承包商应承担的责任。

（2）分包商。

分包商在 EPC 总承包商的领导下开展工作，应遵循分包合同的要求按时、保质地完成分包任务。分包商一般只接受 EPC 总承包商的指令，不能擅自接受业主及 PMC/监理的指令（协调程序规定的情况除外），由此造成相关后果应由分包商负责。PMC/监理对于分包商的工作负有监督管理的职责。PMC/监理一般不宜对分包商直接下指令，而应通过总承包对分包商进行管理，但为了工作的便利，在执行项目过程中可以制定相关协调程序，规定在何种情况下 PMC/监理可以向分包商发布指令。PMC/监理通过发布指令的形式对无损检测分包商直接进行管理。

二、总承包商与分包商关系分析

弄清总分包之间的关系对于总包商挑选满意的分包商是非常关键的。总承包商既是买方又是卖方，既要对业主负全部法律和经济责任，又要根据分包合同对分包商进行管理并履行相关义务。

　　我国的总承包、分包商关系基本参照 FIDIC 合同条件，结合国内建筑市场实际情况做了适当的调整与修改。总承包商与分包商的工作关系广泛存在于分包工程的质量、安全、进度、保险、竣工验收、质量保修等多个方面。从整个工程的顺序看，总承包商先为分包商分包的工程提供条件；分包商则按照分包合同中的相关规定，负责在指定日期内交付质量合格的工程；竣工验收之后，总承包商应该遵照合同约定按时支付工程价款，并且就分包工程的质量对发包人负责。

三、总承包商的权利与义务

　　(1) 分包的权利。总承包商的分包权利是建立在事先征得业主同意或总承包合同中有相关约定的基础上的。在此前提下，总承包单位可以将承包工程中的部分工程发包给具有相应资质条件的分包企业。

　　(2) 自主管理分包商的权利。如果分包商拒不执行由总承包商发出的指令和决定，总承包商有权雇用其他分包商完成其发出指令的工作，发生的费用从应付给原分包商的款项中扣除。

　　(3) 自行完成主体结构的义务。工程的主体结构对可靠度、使用性能都有较高要求，对整个工程的影响重大，事关全局的成败，无疑需要实力最强者完成，以确保工程质量。因此，总承包商自主完成主体工程施工是责无旁贷的，也是必须的。

　　(4) 为分包工程提供施工条件的义务。法律规定，总承包商有义务向分包商提供总包合同约定由总承包商办理的分包工程的相关证件、批件、其他相关资料，以及向分包商提供分包工程所要求的、具备施工条件的施工场地和通道。

　　(5) 及时组织分包商参加技术交底和图纸会审等交流会议的义务。通过此类技术讨论与交流，与分包商一起认真研讨并解决工程进行中存在的问题，确保工程活动的顺利开展。

　　(6) 遵照分包合同约定按时支付分包商工程价款，遇到总承包商不按合同的规定支付工程款，导致分包工程施工无法正常进行的，分包商可以停止施工，由此所造成的损失由总承包商承担。

四、分包商的权利与义务

　　(1) 执行总承包商确认和转发的涉及分包工程的指令及决定的义务。分包商不得直接接受发包人发出的任何指令或决定，而是必须根据分包合同的约定，先经总承包商确认后，由总承包商转发给分包商执行。

　　(2) 分包商应按照分包合同约定，完成合同内规定的相关工作。如：分包商必须依据分包合同的约定，负责完成分包工程的设计、施工、竣工及保修工作。在分包工程的施工准备和施工过程中，一旦发现设计或技术存在问题，应及时告知总承包商，与之一起协商解决；分包商应积极配合业主、总承包商和工程师对分包工程的质量、安全等工作进行的各项检查。

　　(3) 分包商应该按照分包合同的约定按时开工、及时竣工。出于某些原因比如天气、地质条件、或分包商自身原因等，使得分包工程不能按时开工、及时竣工的，分包商应当以书面形式告知总承包商，在征求总承包商同意后，工期才可按协商约定获得相应的顺延。如果分包工程不能按时开工是由于总承包商的原因造成的，总承包商也要以书面形式告知分包商，并承担由此给分包商带来的损失，并准许延期开工。

　　(4) 确保分包工程质量，就分包工程质量向总承包商负责。意思是，分包商应该对分包工程向总承包商承担合同规定的分包单位应承担的分包工程质量义务，总承包商则应承担分包工程质量管理的责任。

（5）安全文明施工。分包商应遵守与工程建设安全生产有关的规定、安全生产的法律、法规和建筑行业安全规范、规程。严格按安全生产标准组织施工，并承担由于自身原因造成安全事故的责任和相关费用。在施工场地涉及危险地区或需要安全防护措施及保护施工人员健康的防护用品施工时，分包商应当先向承包商提出安全防护措施，经总承包商批准后方可实施，因为此项发生的相应费用由总承包商承担。

（6）向总承包商及时完整地提供与分包工程相关资料的义务。比如工程前期，分包商应根据总包工程的进度计划，向承包人提供分包工程相应的工程进度，及分包工程进度统计资料，并包括遇到总包工程或分包工程的进度时，修订进度计划，确保分包工程对总包工程施工的积极配合及分包工程的顺利施工。工程竣工后，分包商应当向总承包商及时提供完整的竣工验收报告和竣工资料，总承包商则根据分包商提供的资料通知发包人进行验收。

（7）承担合同范围内规定的分包工程质量保修责任。总承包商与分包商在工程竣工验收之前签订质量保修书，当整体工程竣工交付并使用后，分包商按照国家的有关规定，在保修期内就其分包的工程承担保修责任。

五、总分包关系对工程项目的影响

总分包关系对工程项目的影响如图 5-20 所示。

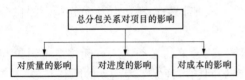

图 5-20　总分包关系对工程项目的影响

1. 总分包关系对质量的影响

总分包的关系势必在一定程度上影响分包工程的质量。一方面，总承包商与业主签订的是针对整个工程项目的合同，并非其中某些子项。因此，其他子项再优，只要某子项未能达标，就会全面否定整个工程项目的质量。另一方面，现代建筑功能越来越复杂化，设备、管线一般都附着于主体之上，比如埋设在柱、梁、墙内，而为了美观，这些主体外面又要做装修，这样一来就会出现各工种、工序之间的交叉与配合。如果前一道工序尚未完成就做下道工序或是下一道工序施工时不注意，破坏了已完成的工作，都会出现质量隐患。因此，总包商对分包商的管理及各方配合的好坏将直接对施工质量造成影响。

2. 总分包关系对进度的影响

总分包商之间是否有和谐的关系，将直接影响工程的顺利展开。首先，总承包商应当对所有工作的计划统筹安排，而不能只根据各分包上报的计划简单加总作为总计划，总包商需要懂得各个分包工程的施工，结合总体计划与分包的计划，找出关键工作，制定合理有效的关键线路。其次，总包商要科学合理地约束各分包在每个工作面上的作业时间，协调好各分包商的工作面使用及作业时间。再次，进度计划的制定必须考虑成品保护问题，比如，某些设备安装早了会不利于成品保护，那么就要合理地推迟这些设备的安装。最后，总分包双方都应该注重计划及要求的合理性、可实施性，分包应当提出自己合理的作业时间，总包商对分包提出的要求应当尽量合理，考虑分包商实际情况下的可行性。如果盲目地追求进度，对分包方提出过分要求，留给分包单位的作业时间太短，只会适得其反，导致工程施工不协调，配合混乱，导致计划实施不下去。

3. 总分包关系对成本的影响

总承包商对分包商有好的管理，能节约各项施工项目成本，而差的管理与不管理，将大大增加项目成本，甚至由于分包商未能履行其分包合同与规定的义务，使承包商和业主蒙受损失。比如，一些分包商的违约会影响到工程有关部分的衔接，导致整个工程进度拖延及其他分包商的索赔；施工脚手架等的搭拆时间是否合理决定了脚手架的搭拆次数，不同的脚手架搭拆费对施工总承包产生不同的影响；施工顺序的不同关系到模板等周转材料的使用，决定了模板材料的用量大小，从而对工程成本产生影响。

六、EPC 模式下分包商的选择流程分析

1. EPC 项目分包策划

工程分包是充分利用社会资源的重要手段之一，而工程分包策划是合理进行工程分包的首要前提，EPC 模式下详细合理的分包策划是必不可少的，唯有如此，总承包商才能达成通过最充分地利用资源提高项目获利性价比与时效比目的。EPC 工程的分包策划要对需要或计划分包的工程，按照策划的依据、遵循一定的策划原则、采用合适的方法、按照一定的程序进行分析，寻求最优的工程分包方案。策划过程中，主要解决分包工程标段的划分、分包模式的选取及选择分包商的时间和手段等相关问题。

（1）分包策划意义。

1）有利于选到合适的分包商，切实保障全面履行承包合同。通过进行工程分包策划，明确分包工程的特点及分包对象的目标要求，可以按图索骥，使分包工程找到较理想的分包商，从而确保使分包合同能顺利履行，分包工程能顺利完成，以保障承包人全面履行承包合同，切实维护企业的声誉。

2）有利于指导项目部有序开展工程分包工作。策划就是计划的意思，做任何事情，计划是行动指南，是确保活动顺利有序开展的基本手段。目前大部分的大型建筑施工企业都制定了工程分包管理办法，为分包工程管理制定了一系列的管理规章和制度，但很多的项目部由于缺少具体的事前规划，工程分包管理仍比较混乱。因此，可以从企业的工程分包策划做起，指导和带动项目部对于分包工程的规划与管理。

3）有利于降低工程的施工成本，提高项目的营利能力。分包策划对分工的专业化进行划分，能大大提升了生产效率，有效降低工程施工成本。另外，将部分工程进行分包有利于发挥总承包商与分包商各自的长处，达到互利共赢，提高企业的经济效益的目的。进行分包项目策划时，应制定项目分包策划具体方案，明确分包项目内容、分包方式、分包商的选择方式，最好能确定候选分包商的名单。候选分包商应当从与总承包企业合作中拥有良好信誉的合格分包商名单中选择，原则上不少于 3 家，当合格名单中没有合适的候选者或者业主有要求时，可以在资质审查合格后将新的分包商纳入候选名单。

4）有利于防范法律风险。部分项目经理或经营管理人员法律意识不强，对法律理解不到位，策划了不合法的合同，表现为选取了不恰当的分包方式、竞标方式、标段划分及分包范围不合理等，使企业处于不利的境地，损害企业的形象和利益。进行分包策划，将明确确定以下内容，可以有效地规避以上法律风险。

（2）分包策划的依据。

工程分包策划的依据主要包括：工程分包策划的主要依据是工程施工总承包合同；《中华人民共和国合同法》及与工程分包有关的法律法规、部门及地方的规章制度，此类依据具有强制性，必须遵照执行；公司制定的《工程分包管理相关办法》《工程管理实施细则》《工程合同管理办法》等相关制度；工程项目的特点、具体施工方案，包括拟投入的人力、机械设备水平，项目本身的技术水平、施工能力及特点；当前分包市场的行情：市场上分包商的能力、数量等状况。

（3）分包策划的原则。

工程分包策划的基本原则有：

1）合法性原则。法律规范的制度本是出于规范市场行为活动及安全的考虑，因此，工程分包策划应该遵守法律规定，不能随意乱来，注意防范或规避法律方面的风险。分包策划人员及各级领导应进一步提高法律法规意识，及时掌握法律法规的动向与旨意。

2）整体策划原则。对项目有整体的规划，有全局观，要处理好整体利益与局部利益、近期利益与长远利益的关系。

3）利益主导原则。就是以利益为主导因子，在合理和谐的情况下优先考虑利益。同时要注意整体利益与各方利益协调兼顾，实现互利共赢，才能真正实现利益最大化。

4）因地制宜原则。方案的制订应符合项目的特点并充分结合项目所在地的资源情况，做到因地制宜。在执行过程，应根据实际情况适当调整或修改方案。

5）客观可行原则。分包方案策划必须尊重客观事实，基于项目内外部环境资源要素，从实际出发，不能脱离客观条件的允许，无限理想化，方案要切实可行，便于操作。

（4）分包策划的程序和步骤。

策划是一个系统性、预见性的工作，科学、合理地进行策划是策划成功的必要条件。分包策划流程如图 5-21 所示。

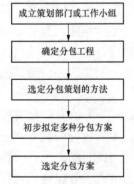

图 5-21　分包策划流程

2. EPC 项目分包商审核

EPC 项目总承包商对分包商的审核应根据不同的招标方式采用不同的方式进行，对于采用公开招标的项目，对所有投标人采取严格的资格预审方式进行审核；对于采用邀请招标项目的，总承包商对分包商资质已有较全面的了解，那么，资质审查主要采取核查的方式，可以适当简化工作、节约时间，但是在发出投标邀请函之前，总承包商应对该企业进行考察和评估，经评估合格，该企业方可应邀参加投标。

（1）资质审查的内容与范围。

资质审查的内容主要包括：年检企业营业执照原件、资质证书原件，法人代表资格证书；组织机构的合理性，专职安全管理机构、专职安全员、班组专职或兼职安全员配备情况；企业工程项目建设的安全健康与环境管理制度和体系；施工简历和近五年的安全施工记录，注意审查施工工程的中标通知书、合同、验收单等复印件，施工负责人、工程技术人员和工人的技术是否符合工程要求；施工人员数量，特种作业证书持有情况及与工程相关的专业人员是否配备齐全等；企业自有的主要机械设备、工器具、车辆、仪器仪表及安全防护设施、安全用具是否满足安全施工需要；其他必要资料。

（2）做好 EPC 项目分包商资质审查的要点。

做好 EPC 项目分包商资质审查工作，需要注意以下要点：

1）严格遵守国家的招投标法、建筑法及工程建设的相关法律法规制度，建立健全完善

EPC 项目的招投标机制，将资质审查工作制度化，程序化，并进行程序化管理。

2）坚持公正、公开、公平竞争的原则，强化监督问责机制。当前资格预审环节暴露出来的各种扰乱招标活动的问题行为，如围标、串标现象，利用资格预审排斥投标申请人等情况都是市场机制自身在短期内无法解决的问题，所以要不断完善现有法律法规和行政监管的方式、方法。可以通过技术认证等手段，建设建筑市场诚信体系，逐步规范建筑市场各主体的行为，依法保障招投标双方的合法权益；借助电子手段，用电子招标的方式推行全过程网上招标；健全完善领导干部问责机制，建立廉政档案，对投标单位审查实行责任到人，分级负责制，杜绝领导干部对招标项目的不正当干预；加强对建设单位、主管单位和监管部门执行招标投标法规的监督检查，严格查处违纪违法行为。

3）资质审查应注重审查的时效性，坚持不降低标准、不简化手续。审查采取事先告知、事后通报的办法，增加资格审查的透明度。在规定的审查期限内，不能及时到达指定的地点提供证件，接受审查的，责任由投标单位自行负责。

4）对施工单位资质实行严格的市场准入制度。不符合招标工程条件的施工单位坚决不允许进入招标；对于施工管理经验丰富和信誉良好的施工单位要建立长期的合作关系。

5）注重审查内容的完整性。

6）制订有效措施，加大投标人违规成本。加大投标人的违法成本，不仅要采取中标无效、罚款等经济制裁，还要采取降低资质等措施，让其尝到预期风险大于预期效益的滋味，从而不敢轻易尝试。建立招投标信用档案和公示制度，对不良行为予以公示。

3. EPC 分包项目招标

和常规招标一样，EPC 项目分包由招标人发出招标公告或投标邀请书，说明招标的工程服务、货物的范围、数量、标段划分、投标人的资格要求等，邀请特定或不特定的投标人在规定的时间、地点按照一定的程序进行投标。

（1）招标的方式及特点分析。

1）议标。议标亦称为指定性招标或称非竞争性招标。采用议标方式时，招标人直接与投标人进行谈判，达成协议即签订合同。要特别说明的是，在议标过程中，招标人可以同时与一两家目标单位进行谈判，择优选择，也可以先与一家目标单位进行谈判，若协商不成功，再邀请另一家目标单位，直至协议达成。

议标实际上是一种合同谈判的形式。这种方式适用于工程造价较低，工期较紧，专业性强，有保密要求的工程。采用议标招标的优点是可以节省时间，节省招标费用，容易达成协议，迅速展开工作。缺点是由于这种招标方式只是通过直接谈判就产生中标者，投标人之间缺乏有效的竞争，从而招标人一般无法获得有竞争力的报价；另外议标不便于公众监督，容易产生非法交易。

2）公开招标。公开招标，又称竞争性招标，是指招标人以招标公告的方式邀请不特定的法人或者其他组织投标，从中优选中标人的招标方式。即由招标人通过报刊、网络、电视等媒体上刊登招标公告，吸引众多企业单位参加投标竞争，从中择优选择中标单位的招标方式。公开招标是一种无限竞争性招标，给一切合格的投标者的竞争机会是平等的。通过公开招标，总承包商可能取得报价低的中标单位，但很可能与中标施工单位相互之间不熟悉，这样增加了项目执行过程中的不确定因素及风险。

公开招标方式的优点是，可以使更多的承包商参与竞争，获得对招标人最有利的工程采购价格。其缺点也很明显，鉴于其复杂的招标流程，文件的准备量大，耗时长，工作量大，人力物力耗费较大，从而造成招标人招标费用的增加、工程投产日期的延迟。

3）邀请招标。邀请招标，也叫有限竞争招标，是指招标人以投标邀请的方式邀请特定的法人或其他组织投标，是一种由招标人挑选若干供应商或承包商，向他们发出投标邀请，然后由被邀请的供应商、承包商投标竞争，招标人从中选定中标者的招标方式。

邀请招标一般不使用公开公告方式，接受邀请的单位才是合格的投标人，投标人的数量有限，介于议标和公开招标之间。此种招标方式在一定程度上限制了参与竞争的投标人的数量和范围，但是同时也可以节省招标的时间和招标费用，而且相比议标方式，各投标者之间的竞争增加，更有利于选择相对较低合理的中标价，相对于公开招标来说，可以提高每个投标者中标的机会，招标效率更高。

（2）各招标方式的流程。

总的来说，招标的基本流程如图 5 - 22 所示。

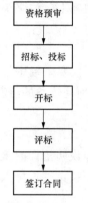

图 5 - 22　招标基本流程

不同的招标方式因各自的特点不同，在招标流程上存在一定的区别，一般是省去图 5 - 22 中的某些环节。首先，对于采用议标方式的招标，招标程序比较精简，直接进入和投标人谈判的阶段，谈判成功则签订合同；其次，如果采用邀请招标方式，在总承包商对于投标人的技术能力和资质非常了解的情况下，才可以考虑省去资格预审的环节，但是还必须开标前对投标企业进行考察，确认其是否合格、能否入选，再进入投标的阶段，再开标、评标、签订合同；最后，对于公开招标而言，则采用了图 5 - 22 的完整流程，公开招标因其特点，推荐进行资格预审，以确保实际参加投标的企业具有足够的财力、技术能力和设计、采购、施工服务经验，以便减少招标人和投标人双方可能产生的不必要开支，避免签约后发生无理索赔，防止项目额外费用的增加。通过资格预审，淘汰那些不合格的投标人，筛选出有实力、有信誉、有经验的投标人投标，从而降低 EPC 工程失败的风险，同时还可以在一定程度上减轻招标人的评标工作量，缩短工作周期，节省评审费用。从 FIDIC 合同在《土木工程合同招标评标程序》中的规定："对于大型的和涉及国际招标的项目，必须进行资格预审"，我们可见资格预审的重要性。

4. EPC 分包项目评标

评标是招投标过程中至关重要的一步，投标文件评审的程序分为初步评审和详细评审两个阶段，在这两个阶段要分别进行技术评审和商务评审。详细评审完成后，招标人要将投标文件中的内容向授标意向人进行问题澄清，而且在定标之前要进行议标谈判，最后颁发中标意向书。

初步评审投标文件是针对投标文件的完整性和符合程度进行审查。主要内容有：投标人是否在规定时间内递交投标文件；投标人的法人、资格条件和注册地是否与资格预审文件相符；投标文件是否有法人代表的签字、盖章；投标文件、投标保函等格式和内容是否符合招标文件的规定；设计深度是否满足招标文件中的相关要求以及递交的投标文件是否完整等。

投标文件通过初步评审后将进入详细评审，此阶段也包括技术标评审和商务标评审两个板块。技术标评审主要考察评价投标人是否拥有完成具体工程项目的技术能力和施工方案可行性，主要评审投标文件中有关项目的实施方案、设计方案、实施方案与计划。

技术标评审的主要内容包括：设计方案的可行性、结构可靠性；设计施工进度的合理性、可行性；采购实施方案的合理性、可靠性；施工方案是否可行分包商的技术能力和施工经验是否满足项目要求；材料及机械设备供应的技术性能是否满足设计的要求；HSE体系；质量保障体系；投标文件中对一些技术有什么可保留性的意见按照招标文件规定对投标文件中提交建议性的方案做出技术评审。

商务标评审的主要内容有：审查所用报价计算的准确性，报价的范围和内容的完整性，各单价的合理性；分析合同付款计划，是否存在严重的不平衡报价；看投标人报价是否存在严重的前重后轻现象，分析付款计划是否与招标人的融资计划协调；分析报价构成的合理性，评价投标人是否存在脱离实际的不平衡报价；对投标人的资信、财务能力和借款能力可靠度做进一步审查并审查保函的有效性，可接受与否；分析资金流量表的合理性；投标人对支付条件的要求，对招标人提供的优惠条件，如支付货币的种类和比例，汇率，延期付款的要求等。

5. 选择分包商需考虑的因素

选择分包商需考虑的因素如图5-23所示。

（1）技术与经济资源互补。总分包合作的基本前提必须是风险共担、专业互补。一般来说，总承包商以丰富的管理协调能力、强大的资金实力、强劲的市场开发能力见长。那么对分包商的挑选就应该结合企业自有实力与资源状况以及分包工程的实际情况选择专业技术与经济资源互补的分包商。这样组合才可以提高生产效率、降低成本，为双方合作创造经济效益。对分包商来说，与竞争实力强的总包商合作，是其工程来源的稳定保证；而总包商可以通过分包商的低报价，获得一定的管理费和利润保证，降低风险压力。

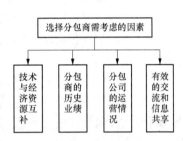

图5-23　选择分包商需考虑的因素

（2）分包商的历史业绩。总包商考虑是否选择某个分包企业作为长期合作伙伴的重点因素就是该分包企业过去的经营业绩。在与某分包企业交易过程中，该分包企业提出的报价、质量、工程进度以及合作态度决定其在分包市场上的信誉和声望。总包商应该认真审查分包商承担过的类似工程的业绩及合同履行情况，优先考虑以往业绩良好的分包商。

（3）分包公司的运营情况。企业的运营情况是选择合作伙伴时务必重点考虑的因素，对于预备长期合作的分包商和总包商来说，双方在战略经营、组织及企业文化上应保持和谐。要注意核查分包商财务运转状况，在财务上主要认真核查分包商提供的近几年的财务报表，研究其资金来源、筹资能力、负债情况和经营能力。经营状况还包括施工设备以及技术力量等，通过这些间接考察分包商的施工能力。

（4）有效的交流和信息共享。选择高效的合作伙伴要靠所有参与者的共同积极参与，双方有效的交流和信息共享是实现高效合作最基本也是最佳手段之一。有过业务来往的合作伙伴无疑在信息的交流方面要比没有业务往来的企业更方便、快捷、高效。合作伙伴在被选择的过程中，只有更好地与选择方加强交流，才能提供更多的战略信息，获得选择方更多的信任；选择方则要主动与分包方联系寻求广泛的信息来源，使得评价过程和结果更具可信度和参考价值。如果分包商和总包商之间不能进行有效的信息交流，则会造成信息不对称，容易形成误解，对提高项目管理效率不利。

七、工程总承包项目分包合同管理

1. 分包合同类型

（1）总价分包合同。

在总价分包合同中，EPC 总承包商支付给分包商的价款是固定的，未经双方同意，任何一方不得改变分包价款。总价合同通常用于采购分包、小型的施工分包、无损检测分包。

（2）单价分包合同。

在单价分包合同中，EPC 总承包商按分包商实际完成的工作量和分包合同规定的单价进行结算支付。单价合同通常用于施工分包。

（3）成本加酬金合同。

在成本加酬金合同中，对于分包商在分包范围内的实际支出费用采用实报实销的方式进行支付，分包商还可以获得一定额度的酬金。成本加酬金合同通常用于设计分包以及时间紧迫的施工分包。采用此种方式时，须在合同中规定方便判断的执行标准。

2. 分包合同管理要点

（1）了解法律对雇用分包商的规定。

对于涉外项目，EPC 总承包商应该了解当地法律对雇用分包商的规定，EPC 总承包商是否有义务代扣分包商应缴纳的各类税费，是否对分包商在从事分包工作中发生的债务承担连带责任。

（2）分包项目范围和内容。

EPC 总承包商应对分包合同的工作内容和范围进行精确地描述和定义，防止不必要的争执和纠纷。分包合同内容不能与主合同相矛盾，主合同的某些内容必须写入分包合同。EPC 总承包商应提供主合同（工程量表或费用价格表中所列的总承包商的价格细节除外，视情况而定）供分包商查阅，并且当分包商要求时，总承包商应向分包商提供一份主合同（上述总承包商的价格细节除外）的真实副本，其费用由分包商承担。在任何情况下，总承包商应向分包商提供一份主合同的投标书附录和主合同条件第二部分的副本，以及适用于主合同但不同于主合同条件第一部分的任何其他合同条件的细节，应认为分包商已经全面了解主合同的各项规定（上述总承包商价格细节除外）。

（3）分包项目的工程变更。

EPC 总承包商项目经理部根据项目情况和需要，向分包商发出书面指令或通知，要求对项目范围和内容进行变更，经双方评审并确认后则构成分包工程变更，应按变更程序处理；项目经理部接受分包商书面的"合理化建议"，对其在各方面的作用及产生的影响进行澄清和评审，确认后，则构成变更，应按变更程序处理。由分包商实施分包合同约定范围内的变化和更改均不构成分包工程变更。

（4）工期延误的违约赔偿。

EPC 总承包商应制订合理的、责任明确的条款，防止分包商工期的延误。一般应规定 EPC 总承包商有权督促分包商的进度。

（5）分包合同争端处理。

分包合同争端处理最主要的原则是按照程序和法律规定办理并优先采用"和解"或"调解"的方式求得解决。

争议解决原则：以事实为基础；以法律为准绳；以合同为依据；以项目顺利实施为目标；以友好协商为途径。

争议解决程序：准备并提供合同争议事件的证据和详细报告；邀请中间人，通过"和解"或"调解"达成协议；当"和解"或"调解"无效时，可按合同约定提交仲裁或诉讼处理；接受并执行最终裁定或判决的结果。

（6）分包合同的索赔处理。

分包合同的索赔处理应纳入总承包合同管理系统。索赔是在合同实施过程中，双方当事人根据合同及法律规定，对非己方的过错引起的，并且应由对方承担责任的损失，按照一定的程序，向对方提出请求给予补偿的要求。

1）索赔原则。

公平性原则：必须根据法律赋予当事人的正当权利进行索赔，索赔应是补偿性的，而不是惩罚性的。

以合同为依据原则：合同是双方当事人合意的表示，索赔必须依据合同的规定。

实事求是原则：识别索赔的发生和确定索赔的数量必须以事实为基础，以施工文件和有关资料的记录为准。

2）索赔理由划分。

对于变更出现的原因，可以将索赔理由划分为业主导致的变更和非业主导致的但由业主承担责任的变更。对于业主导致的变更，EPC总承包商不仅可以依据合同规定要求工期或费用的补偿，还可以要求合理利润的补偿。对于非业主导致的但由业主承担责任的变更，EPC总承包商只可以依据合同规定要求工期或费用的补偿。常见的索赔理由如下所述：

①业主导致的变更包括工程范围变更，如：工作量的增加或减少，额外工程；业主未按规定提供施工现场、施工道路或工程设备；业主提前占用已完工的部分建筑物；业主干涉施工进度或工序；招标文件中提供的现场数据与实际情况的差异很大；业主延误支付工程款。

②客观因素引起的索赔包括不利的人为障碍；不可抗力，如战争、政局动乱、核污染等；法律法规的变化；物价上涨或汇率变动。

3）索赔程序。

在项目控制部设立索赔管理小组，由具备专业知识的人员组成，且人员组成不宜经常调动，以便系统地进行索赔工作并积累经验。如果索赔数额较大，而双方对问题的认识进入僵持状态时，应考虑聘请高水平的索赔专家，协助进行索赔。

索赔小组应依据合同进行管理，学习合同文件，培养索赔意识，履行合同约定的索赔程序和规定。

在规定时限内向对方发出索赔通知，并提出书面索赔报告和索赔证据。编写索赔报告应注意事实的准确性、论述的逻辑性、善于利用案例、文字的简洁性和层次的分明性。

对索赔费用和时间的真实性、合理性和正确性进行核定。

会议协商解决，注意索赔谈判的策略和技巧，准备充分、客观冷静、以理服人、适当让步。

按最终商定或裁定的索赔结果进行处理，索赔金额可作为合同总价的增补款或扣减款。

（7）分包合同文件管理。

分包合同文件管理应纳入总承包合同文件管理系统。

（8）分包合同收尾管理。

应对分包合同约定目标进行核查和验证，当确认已完成缺陷修补并达标时，及时进行分包合同的最终结算和结束分包合同的工作。当分包合同结束后应进行总结评价工作，包括对分包合同订立、履行及其相关效果评价。

八、工程总承包项目分包组织与实施管理

1. 调度管理

EPC 总承包商对于分包商的管理主要体现在协调监督方面，对各分包商工作的协调管理主要通过 EPC 总承包商的中心调度室实现。一般应要求各分包商设置专门的调度机构和专职的调度人员，服从 EPC 总承包商中心调度室的领导。

2. 设计分包过程管理

设计部在设计分包工作的实施过程中，其主要管理工作如下：做好开工前的准备工作；组织设计分包商按项目设计统一规定进行设计；组织各设计分包商编制采购设备、材料的技术文件，及时组织处理采购过程中出现的设计方面技术问题；协调各专业、各设计分包商之间的衔接，解决各设计专业和设计分包商之间的技术问题；收集、记录、保存对合同条款的修订信息、重大设计变更的文字资料，并负责落实新条款和变更的实施情况，为后续的合同结算工作准备可靠依据；审核设计分包商交付的设计文件与规定要求的符合性，并做好设计分包的支付结算工作；项目结束时，组织设计分包商整理项目设计阶段的所有资料，并完成立卷、归档工作。

3. 设计分包现场服务管理

督促落实设计分包商以保证其有一套能够开展现场服务的班子。

组织设计分包商做好现场设计交底工作，并协助供应商做出技术方案。

配合施工，解决与设计有关的技术问题，其中包括：提供图纸、说明书、技术规格书以及其他设计文件的解释。

协调、处理现场设计变更。

4. 采购分包组织与实施管理

（1）调度管理。

1）中心调度室的职责。根据对项目建设的全面信息汇总，对采购分包商的工作分析、总结，对下一步的工作提出建议，下达工程调度指令，并敦促执行；向采购部下达物资调拨令，总体上负责项目物资的调度；了解和掌握物资的需求情况。

2）采购分包商调度机构职责。定期向中心调度室上报物资生产情况、运输情况、中转站物资到货、发货、物资调拨令执行情况和需协调的问题；接受中心调度室下达各项指令、通知、函件等，并督促检查执行。

（2）采购分包过程管理。

采购部在采购分包工作的实施过程中其主要管理工作有：协调各分包商之间的进度搭接工作，协调采购分包商与供应商、施工部的工作搭接；做好采购分包的支付结算工作；依据合同要求各分包商对自购物资的质量负责；PMC/监理对各分包商的物资采购计划进行审查，对各分包商采购的物资进行查验；督促采购分包商严格按照采购程序中规定的原则选择合格的供应商，并着重在物资质量的保证方面进行选择；负责物资采购、生产现场质量监造管理，协助驻厂监造分包商进行质量监督和验收等监造工作；向业主及时汇报驻厂监造的实施

情况；分包工作结束后，组织分包商整理相关技术资料并完成立卷、归档工作。

5. 施工分包组织与实施管理

（1）调度管理。

1）中心调度室的职责。根据对项目建设的全面信息汇总，对施工分包商的工作分析、总结，对下一步的工作提出建议，下达工程调度指令，并敦促执行；接收施工分包商等的有关报表、申请、文件等，按相关工作程序做出处理、并敦促执行。

2）施工分包商调度机构职责。全面掌握施工和物资供应的进展情况，并进行分析、汇总，将需要协调解决的问题上报 EPC 总承包商中心调度室；了解和掌握月度施工计划和周进度计划，并进行分析、控制，分析未完成计划的原因，提出改进措施，做到月计划、周控制、日落实，确保进度计划的实施。

接收 EPC 总承包商中心调度室的有关指令、通知、函件等，并敦促执行。

（2）施工分包过程管理。

1）施工准备。

施工部对施工分包商管理体系的建立、质量管理体系的运行情况、HSE 管理体系的运行情况、施工资源的配备情况进行一次全面的审查，并将结论意见报 PMC/监理核准后，合格的分包商由 PMC/监理签发开工令、不合格的分包商签发整改通知单。

施工经理主持召开施工前会议，与施工分包商商讨工作计划，明确工作区域，工作协调配合及合同管理规程等事宜。

2）施工过程中。

施工部会同 PMC/监理对施工分包商进行报验的工作组织验收，对施工分包商的工作质量进行监控。

施工部监督施工分包商做好物资的库房管理，及时掌握施工分包商的物资需求情况，安排好物资调拨工作。

施工部审查施工分包商提交的各类进度报表，掌握项目的综合进度。确保信息的准确性、及时性，并以此作为对分包商结算的依据。

施工部建立定期和不定期的会议制度，检查施工分包商各种计划的落实程度、各施工分包商之间的工作接口处理情况、合同的履约状况，解决目前已经发生的各种问题，对后期工作做出安排。

施工部应随时注意设计变更或工程量增减等情况引起的工程变更，并采取相应的措施妥善处理变更。

3）完工阶段。

审核施工分包商完成的施工和安装工作与规定要求的符合性。

审核施工分包商在所承包工程完工后提交的工程验收申请报告单。

审核各施工分包商编制的所承包工程的竣工资料，并完成立卷、归档工作。

九、工程总承包项目分包管理业主职责范围

业主与分包商之间没有合同关系，原则上对分包商不能直接进行管理，需要将管理意见通过 EPC 总承包商反映给分包商，但为了工作的便利，在执行项目过程中可以制订相关协调程序，规定在何种情况下业主可以通过 PMC/监理向分包商发布指令，以便提高工作效率。

　　业主对分包工作的职责主要体现在对 EPC 总承包商分包方案的审批以及对分包商的最终确定。对于无损检测以及某类专业性的物资监造工作，业主一般会提供潜在分包商的名单，让 EPC 总承包商从名单中进行选择。

第六章
EPC 工程总承包试运行及竣工验收管理

一、工程竣工验收的一般规定

（1）竣工验收内容详见表 6-1。

表 6-1   竣 工 验 收 内 容

序号	内　　　　　容
1	建设工程总承包合同
2	设计文件，包括施工图、文字说明、设计变更及材料代用单等；现行施工及验收规范
3	现行工程质量检验与评定标准；引进项目原则上执行与外商签订的合同条款，未明确部分按有关的施工标准、规范执行
4	竣工资料的编制应依据档案管理的有关规定

（2）工程竣工验收的标准。

已完成设计和合同规定的各项内容；单位工程所含分部（子分部）工程均验收合格，符合法律、法规、工程建设强制标准、设计文件规定及合同要求；工程资料符合要求；单位工程所含分部工程有关安全和功能的检测资料完整；主要功能项目的抽查结果符合相关专业质量验收规范的规定；单位工程观感质量符合要求；各专项验收及有关专业系统验收全部通过。

由建设单位负责向有关政府行政主管部门或授权检测机构申请各项专业、系统验收（验收文件主要包括消防验收合格文件；规划验收认可文件；环保验收认可文件；电梯验收合格文件；智能建筑的有关验收合格文件；建设工程竣工档案预验收意见；建筑工程室内环境检测报告）。

（3）工程竣工验收的条件。

工程设计和合同约定的各项内容均完成；专业承包方对工程质量进行自检，确认工程质量符合有关法律、法规和工程建设强制性标准，符合设计文件及合同要求，并向 EPC 项目部提出单位竣工验收。

单位工程竣工报告应经分包方项目经理审核签字。EPC 项目部签署的整体工程各项资料，移交手续齐全；施工技术、施工管理资料完整；工程使用的主要建筑材料、建筑构配件和设备的进场试验报告完整；建设单位已按合同约定支付工程款；EPC 项目部与建设单位签署完成工程质量保修书；有消防、环保等部门出具的认可文件或者准许使用文件；勘察、设计文件及施工过程中设计单位签署的设计变更通知书完整；工程（单位）内的资料已按国家有关现行的标准要求整理完毕；工程质量监督机构等有关部门责令整改的问题全部整改完毕。

（4）工程竣工验收资料要求。

专业承包方需编制、提交的主要竣工资料包括：单位工程概况；工程材料、设备试验报告汇总表；单位工程竣工验收记录；安全管理台账；电子档案（光盘、磁盘）；工程照片、录音、录像资料。

EPC 项目部需整理完成的竣工资料包括：工程概况表；工程竣工总结；竣工验收意见书；工程决算书；工程竣工验收方案；建设工程竣工验收报告；建设工程竣工验收备案表；建筑工程质量保修书；消防验收合格意见书（认可文件）；环保验收意见书（认可文件）；人防验收意见书（有人防工程时）；物业管理验收意见书（有物业时）；河道水利验收意见书（必要时）；管道燃气工程验收意见书（有燃气时）；住宅质量保证书（商品住房）；工程竣工验收整改措施报告（有整改项目时）；电（扶）梯验收检测报告、准用证（有电梯时）；竣工资料移交签证。

（5）验收准备工作。

接受监理公司移交的签认和有关验收移交手续。

交钥匙工程在办理相关手续后，将工程交付业主。验收合格后，项目经理部将项目正式移交给顾客并办理移交手续。并在工程竣工验收合格之日起 15 日内，向当地建设主管部门备案。

办理工程竣工验收备案应提交下列文件：工程竣工验收备案表；工程竣工验收报告；法律、行政法规规定应当由规划、公安、消防、环保等部门出具认可档案或者准许使用档案；分包商与承包商之间签署的工程质量保修书。根据合同的规定，做好售后服务。验收证书由工程管理部存档。

（6）验收准备工作流程

验收准备工作流程如图 6-1 所示。

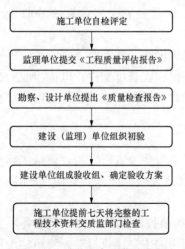

图 6-1　验收准备工作流程图

（7）工程竣工验收备案。

建设单位应当自工程竣工验收且经工程质量监督机构监督检查符合规定后 15 个工作日内到备案机关办理工程竣工验收备案，建设单位办理竣工工程备案手续应提供下列文件：竣工验收备案表；工程竣工验收报告；施工许可证；施工图设计文件审查意见；施工单位提交的工程竣工报告；监理单位提交的工程质量评估报告；勘察、设计单位提交的质量检查报告；由规划、公安消防、环保等部门出具的认可文件或准许使用文件；验收组人员签署的工程竣工验收意见；施工单位签署的工程质量保修书；单位工程质量验收汇总表；商品住宅还应当提交《住宅质量保证书》和《住宅使用说明书》。法律、法规、规章规定必须提供的其他文件。

（8）工程竣工验收程序。

工程竣工验收程序如图 6-2 所示。

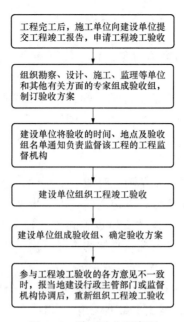

图 6-2　竣工验收程序图

（9）竣工验收注意事项。

单体工程综合验收的注意事项见表 6-2。

表 6-2　　　　　　　　　　　　　**单体工程综合验收注意事项**

分类	事　项
工程综合验收的前置条件	人防验收、节能验收、防雷验收、消防验收、室内环境空气质量检测，上报给质监站的完整工程技术资料
应具备的资料	施工许可证、施工合同、图审意见、甲乙两方的无拖欠证明、市场无违纪行为证明、劳保基金交纳证明、工程款结算证明、建筑工业产品备案证书审核表、节能认定证书。施工过程中的质量控制资料收集应齐全，所有试验资料要进行汇总，主要材料试验取样次数满足规范要求
几个必须要做的试验项目	基础回填部分承压、桩基础动力静力试验、基础与主体结构检测、外墙保温材料燃烧性能试验、节能检测、外门窗三项性能试验、电线电缆及开关插座配电箱、水暖安装主材试验、电缆桥架试验、综合布线系统检测、防雷接地测试、自动消防设施检验、电气系统防火检测

总体建筑工程综合规划验收的注意事项见表 6-3。

表 6-3　　　　　　　　　　　　**总体建筑工程综合规划验收注意事项**

分类	事　项
前置条件	消防意见书、规划竣工测量竣工图、工程验收备案证书、规划审批表、绿化规划备案表、档案验收合格证书
规划验收注意的问题	一是停车位，二是各建筑物红线要符合要求，不要随便变更规划，特别是绿化规划基本上不要变动
档案验收注意的问题	一定要在整个开发过程中随时整理相关的资料，特别是工程技术资料，要专人做好，在施工过程中就事先按城建档案馆的要求编目，随时整理归档

二、工程竣工验收类型

（1）单位工程验收。

以单位工程或某专业工程内容为对象，独立签订建设工程施工合同的，达到竣工条件后，承包人可单独进行交工，发包人根据竣工验收的依据和标准，按施工合同约定的工程内容组织竣工验收，比较灵活地适应了工程承包的普遍性。按照现行建设工程项目划分标准，单位工程是单项工程的组成部分，有独立的施工图纸，承包人施工完毕，征得发包人同意，或原施工合同已有约定的，可进行分阶段验收。

（2）单项工程竣工验收。

指在一个总体建设项目中，一个单项工程或一个车间，已按设计图纸规定的工程内容完成，能满足生产要求或具备使用条件，承包人向监理人提交"工程竣工报告"和"工程竣工报验单"经签认后，应向发包人发出"交付竣工验收通知书"，说明工程完工情况，竣工验收准备情况，设备无负荷单机试车情况，具体约定交付竣工验收的有关事宜。

（3）全部工程的竣工验收。

全部工程的竣工验收，指整个建设项目已按设计要求全部建设完成，并已符合竣工验收标准，应由发包人组织设计、施工、监理等单位和档案部门进行全部工程的竣工验收。全部工程的竣工验收，一般是在单位工程、单项工程竣工验收的基础上进行。对已经交付竣工验收的单位工程（中间交工）或单项工程并已办理了移交手续的，原则上不再重复办理验收手续，但应将单位工程或单项工程竣工验收报告作为全部工程竣工验收的附件加以说明。

对一个建设项目的全部工程竣工验收而言，大量的竣工验收基础工作已在单位工程和单项工程竣工验收中进行。实际上，全部工程竣工验收的组织工作，大多由发包人负责，承包人主要是为竣工验收创造必要的条件。

全部工程竣工验收的主要任务是：负责审查建设工程的各个环节验收情况；听取各有关单位（设计、施工、监理等）的工作报告；审阅工程竣工档案资料的情况；实地察验工程并对设计、施工、监理等方面工作和工程质量、试车情况等做综合全面评价。承包人作为建设工程的承包（施工）主体，应全过程参加有关的工程竣工验收。

（4）专项验收。

房屋建设工程中专项验收包括电梯验收、消防验收、人防验收（大多为异地人防）、室内环境验收、规划验收、建筑节能验收、无障碍设施验收、供电验收、燃气验收、供水验收、防雷验收、工程档案预验收等。

1）电梯验收条件：电梯安装、改造、重大维修完毕并经施工单位自检合格。

验收程序：电梯使用单位持核准的开工报告和有关资料向检验机构提出验收申请检验。电梯检验检测机构应当自接到检验申请之日起 10 个工作日内安排检验；电梯安装、改造完毕并经检验合格后，由安全监察机构办理注册登记手续，发给电梯安全检验合格标志。

2）消防验收条件：室内防火分区（含封堵）、防火（卷帘）门、消火栓、喷淋（气体）灭火、消防指示灯、消防报警、电气等系统完成联动调试，室外幕墙防火构造、庭院环形路、室外接合器等完成，并自检合格。建设单位委托有资质消防检测机构检测，并出具消防检测报告书。

验收程序：建设单位申请消防验收应当提供下列材料：建设工程消防验收申报表；工程

竣工验收报告；消防产品质量合格证明文件；有防火性能要求的建筑构件、建筑材料、室内装修装饰材料符合国家标准或者行业标准的证明文件、出厂合格证；消防设施、电气防火技术检测合格证明文件；施工、工程监理、检测单位的合法身份证明和资质等级证明文件；其他依法需要提供的材料。

3）人防验收条件：地下人防工程已完成通风、灯具、人防门安装，并自检合格，如：人防工程室外口及"三防设备"不具备条件，可出具缓建证明及暂不安装证明。

验收程序：建设单位组织竣工验收，提前 7 天书面通知当地人防工程质量监督机构或人民防空主管部门参与监督，验收合格后 15 天内向工程所在地的县级以上人民防空主管部门备案。

4）室内环境验收条件：室内装饰完成设计内容，建设单位委托有资质环境检测机构，并签订合同；民用建筑工程室内环境中游离甲醛、苯、氨、总挥发性有机化合物（TVOC）浓度检测时，对采用集中空调的民用建筑工程，应在空调正常运转的条件下进行；对采用自然通风的民用建筑工程，检测应在对外门窗关闭 1h 后进行；民用建筑工程室内环境中氡浓度检测时，对采用集中空调的民用建筑工程，应在空调正常运转的条件下进行；对采用自然通风的民用建筑工程，检测应在对外门窗关 24h 后进行。验收程序：建设单位委托有资质环境检测机构现场检测，并出具《室内环境污染物浓度检测报告》。

5）规划验收条件：工程所在场地达到"三通一平"条件，建设单位委托有资质测绘机构放线，并出具《建设工程测量成果报告书》。验收程序：建设单位在施工前向规划行政主管部门提交填写完整的《建设工程验线申请表》（附《建设工程测量成果报告书》），规划监督检查人员在施工现场进行查验，获得许可后，方能进行后续施工。

6）建筑节能验收条件：承包单位已完成施工合同内容，且各分部工程验收合格；外窗气密性现场实体检测应在监理（建设）人员见证下取样，委托有资质的检测机构实施；采暖、通风与空调、配电与照明工程安装完成后，应进行系统节能性能的检测，且应由建设单位委托具有相应检测资质的检测机构检测并出具检测报告。

验收程序：民用建筑工程竣工验收前，建设单位应组织设计、施工、监理单位对节能工程进行专项验收，并对验收结果负责，提前 3 天通知有关部门到场监督；验收合格后 10 个工作日内办理备案，备案时建设单位需提交下列材料：《民用建筑节能备案表》；民用建筑节能专项验收报告；新型墙体材料专项基金缴纳凭证；新型墙体材料认定证书复印件。

7）无障碍设施验收条件：完成设计图纸无障碍设施内容，并自检合格。

验收程序：新建、扩建和改建建设项目的建设单位在组织建设工程竣工验收时，应当同时对无障碍设施进行验收。未按规定进行验收或者验收不合格的，建设行政主管部门不得办理竣工验收备案手续。

8）供电验收条件：施工、供货单位按照供电企业审核受送电装置设计图纸内容完成，并自检合格；签订《供电用电合同》。

9）燃气验收条件：施工、供货单位按照供燃气设计图纸内容完成，并自检合格；签订《供气用气合同》。

10）供水验收条件：经批准的中水设施已联合调试、运转正常，生产给水系统管道已安装完成，并已冲洗和消毒；建设单位委托有资质水样检测部门取样检验，并出具《水质检测报告》；签订《供水用水合同》。

11）防雷验收条件：接地、屋面、幕墙、金属门窗避雷系统完成设计内容，并自检合格；建设单位委托相应资质的防雷检测单位出具的检测报告。

验收程序：防雷装置竣工验收应当提交以下材料：《防雷装置竣工验收申请书》；《防雷装置设计核准书》；防雷工程专业施工单位和人员的资质证和资格证书；由省、自治区、直辖市气象主管机构认定防雷装置检测资质的检测机构出具的《防雷装置检测报告》；防雷装置竣工图等技术资料；防雷产品出厂合格证、安装记录和由国家认可防雷产品测试机构出具的测试报告。

许可机构办结有关验收手续，防雷装置经验收合格的，颁发《防雷装置验收合格证》。

12）工程档案预验收条件：承包单位已完成图纸和施工合同内容，且各分部工程验收合格，按照暂行办法要求工程资料（含竣工图）准确、完整。

验收程序：建设单位、监理单位、总包单位按照归档分工分别编制《基建文件卷》、《监理文件卷》及《施工文件卷》，各分包单位编制各自合同范围内工程内容的《施工文件卷》，提交总包单位汇总。工程档案中，竣工图由总包单位绘制，或建设单位另行委托其他单位完成；建设单位汇总各单位资料，形成初步《建设工程竣工档案》，在组织工程竣工验收前，提请城建档案馆对工程档案进行预验收，并出具《建设工程竣工档案预验收意见》。

三、检查制度

1. 自检自查制度

EPC 项目部对各部门竣工档案根据进展情况进行不定期检查，检查出的问题限期整改。施工承包商及物资中转站竣工档案主管部门对的竣工档案实行周检制度，每周末检查一次，检查出的问题要及时整改。

2. EPC 项目部检查制度

项目竣工档案编制工作全过程实行周检制度，每周检查一次，确保竣工档案的及时性、真实性、准确性、完整性、规范性，并在周例会上通报检查结果。

EPC 项目部竣工档案管理归口部门会同 EPC 项目部下属的有关部门并邀请监理参加，对施工承包商及物资中转站竣工档案进行检查。

3. 检查标准

按照《国家重大建设项目文件归档要求与档案整理规范》和业主编制的《建设项目竣工档案编制管理办法》检查各单位竣工档案编制的进度和质量情况。

4. 检查措施

为了便于检查各单位电子版竣工档案的编制进度和质量情况，结合竣工档案编制工作月检制度，实行电子版竣工档案月上报制度，EPC 项目部各有关部门、施工承包商在每月初（月检整改后资料），按照竣工档案电子版文件编制的要求，把电子版竣工档案上报到 EPC 文控部竣工档案负责人。

在月检过程中，对于第一次检查竣工档案编制不合格的单位，在 EPC 项目部会议上给予口头批评并限期整改；对于第二次检查竣工档案编制不合格的单位，以 EPC 项目部的名义给予书面通报批评并限期整改；对于第三次检查竣工档案编制仍然不合格的单位，EPC 项目部竣工档案管理职能部门以 EPC 项目部的名义要求该单位撤换竣工档案编制负责人并对该单位进行罚款处理，罚款金额根据实际情况确定。

5. 竣工档案整理

施工过程中每周对竣工档案的收集、整理进行检查，确保竣工档案的及时性、真实性、准确性、完整性、规范性，在例会上通报检查结果。

工程变更完成后 1 周内，完成施工图的修改；在工程交工验收结束后 1 个月内，完成所有竣工图的修改、绘制出版；在工程交工验收 3 个月内，进行自检，自检合格的竣工档案通过监理和业主项目部审查合格后提交给项目经理部审核验收。

竣工档案是基本建设项目的主要技术档案，工程建设的重要技术成果，是工程建设项目进行竣工验收的重要内容，是工程建成投产后生产运营、维护、检修及改造、扩建的主要依据。全面、系统、完整、准确地编制、收集、整理工程建设竣工档案，是 EPC 项目部项目管理的一项重要任务。

（1）管理内容。

EPC 项目部要把竣工档案管理工作纳入项目管理程序及工程建设计划，纳入各级领导及工作人员岗位职责。EPC 项目部设立竣工档案归档管理部门（文控部）并配备专职人员，负责对项目建设竣工档案的收集、整理、指导、监督、检查等工作，建立各参建单位竣工档案编制工作人员网络，加强工作协调与沟通。

按照业主对竣工档案的编制要求，统一规范、统一标准，制订竣工档案编制管理程序，建立完善的工程竣工档案管理岗位责任制，组织 EPC 各参建单位进行竣工档案编制培训工作，根据工程进度计划编制竣工档案工作实施计划，规范工程竣工档案的管理。

（2）竣工档案验收。

档案验收的一般规定：

列入城建档案管理部门档案接收范围的工程，建设单位在组织工程竣工验收前，应提请城建档案管理部门对工程档案进行预验收。建设单位未取得城建档案管理部门出具的认可文件，不得组织工程竣工验收。

城建档案管理部门在进行工程档案预验收时，应重点验收内容：工程档案分类齐全、系统完整；工程档案的内容真实、准确地反映工程建设活动和工程实际状况；工程档案已整理立卷，立卷符合现行《建设工程文件归档整理规范》的规定；竣工图绘制方法、图式及规格等符合专业技术要求，图面整洁，盖有竣工图章；文件的形成、来源符合实际，要求单位或个人签章的文件，其签章手续完备；文件材质、幅面、书写、绘图、用墨、托裱等符合要求。

工程档案由建设单位进行验收，属于向地方城建档案管理部门报送工程档案的工程项目还应会同地方城建档案管理部门共同验收。

国家、省市重点工程项目或一些特大型、大型的工程项目的预验收和验收，必须有地方城建档案管理部门参加。

为确保工程档案的质量，各编制单位、地方城建档案管理部门、建设行政管理部门等要对工程档案进行严格检查、验收。编制单位、制图人、审核人、技术负责人必须进行签字或盖章。对不符合技术要求的，一律退回编制单位进行改正、补齐，问题严重者可令其重做。不符合要求者，不能交工验收。

凡报送的工程档案，如验收不合格将其退回建设单位，由建设单位责成责任者重新进行编制，待达到要求后重新报送。检查验收人员应对接收的档案负责。

地方城建档案管理部门负责工程档案的最后验收，并对编制报送工程档案进行业务指导、督促和检查。

EPC 竣工档案审核、验收、交接程序和期限应符合相关规定。竣工档案编制完成后，向监理单位提出竣工档案验收申请，由监理负责组织对其竣工档案的真实性、完整性、准确性进行专业内容的审查；将监理审查后的竣工档案报至项目部，由项目部对竣工档案的真实性、完整性、准确性进行确认合格后，提交项目经理部审核验收并进行档案交接；交工验收后，将经监理和项目部审查合格的竣工档案提交项目经理部进行审核验收。有尾工的应在尾工完成后及时归档，提交的竣工档案应符合相关规定。

竣工档案的整理归档应执行国家、行业现行标准、规范和集团公司、业主的规定办法。

竣工档案装订要求：按照业主有关建设项目竣工档案编制管理的相关要求执行。

提交竣工档案套数要求：按合同约定中执行。全部竣工图应该是工程完成后根据现场实际情况重新绘制出图。

负责竣工档案编制人员为不可替换人员，不得少于 2 人，要求人员素质必须是大专以上学历，有类似的工作经历，为保证竣工档案编制工作连续性，该人员在工程开工前必须向监理和业主申报审查确认，工程未竣工该人员不得调换。

全程参与竣工验收前的竣工档案专项验收，对提出的问题进行整改，以确保通过国家和股份公司级竣工档案专项验收。

6. 提交竣工档案的套数要求

竣工档案套数：根据业主要求。

竣工图套数：根据业主要求。

7. 竣工档案的归档、移交

竣工档案全部编制完成后，按照业主的组卷方案要求编制案卷封面、卷内目录及卷内备考表，由归档部门审核合格后提交监理、业主核查，对于核查出的问题进行整改直至达到业主的要求，最后按照业主的要求进行装订，装订完成后按照业主规定的交接程序提交竣工档案移交总目录向业主档案部门进行最终移交，各单位竣工档案编制负责人参加竣工档案验收移交。

列入城建档案管理部门接收范围的工程，建设单位在工程竣工验收后 3 个月内向城建档案管理部门移交一套符合规定的工程档案。

停建、缓建工程的工程档案，暂由建设单位保管。

对改建、扩建和维修工程，建设单位应当组织设计单位、监理单位、施工单位据实修改、补充和完善工程档案。对改变的部位，应当重新编写工程档案，并在工程竣工验收后 3 个月内向城建档案管理部门移交。

建设单位向城建档案管理部门移交工程档案时，应办理移交手续，填写移交目录，双方签字、盖章后交接。

施工单位、监理单位等有关单位应在工程竣工验收前将工程档案按合同或协议规定的时间、套数移交给建设单位，办理移交手续。

8. 竣工验收

竣工验收是工程建设的最后一道程序，该项工作在工程投产运行一年后，由工程竣工验收委员会，对合同规定的工程进行验收，验收合格后颁发竣工验收合格证书。

EPC项目部主管领导负责，由各部门成立竣工验收检查与监督小组，严格按照与业主约定的时间和竣工验收程序，进行工程竣工验收。

EPC项目部要求各分包单位安排专人负责竣工验收工作，具体工作人员和负责人员不经过批准不得随意更换，在监理、业主与分包等单位中建立竣工验收工作人员信息库，以便协调与沟通，确保竣工验收工作进度。

EPC项目部承担协调地方政府、质量监督、业主、监理与各分包商等单位在工程实体质量监督检查、竣工档案验收等竣工验收相关的工作关系，承担信息交流和沟通的平台与组织作用。

EPC项目部制定详细的竣工验收制度和相关管理程序，及时宣传、下发和传达到相关部门与单位，对工程施工内容和竣工验收资料进行日常检查和随机抽查，检查工程实施内容、规模是否符合项目承包合同约定的工程质量验收评定标准及初步设计审定的范围、标准和内容（包括变更设计），是否按施工技术规范要求建成。

施工过程中，主动邀请运行单位派驻现场人员对施工过程进行检查和监督，运行单位从生产运行角度征求的建议，给予积极响应和采纳。

对施工、设计、采办等部门和单位的竣工档案编制的准确性、及时性进行例行检查、巡回检查和突击检查，以保证竣工验收的顺利进行。

EPC项目部邀请质量监督机构、监理单位、设计单位及运行单位分成两个检查小组分别对施工分包单位的工程实体和竣工档案，进行预验收。运行单位作为最终的使用者，在满足生产需求方面最具发言权，预验收阶段邀请运行单位可及时发现问题，为问题的整改争取时间，保证如期进行竣工验收。

EPC项目部制定竣工验收奖惩制度，在检查和预验收过程中发现的工程质量和竣工档案的缺陷和问题时，通报全线，及时下发整改清单和整改通知单，限期整改。

EPC承包商负责督促和落实施工分包商的整改措施和消项情况，对限期不整改或整改不彻底的单位，采取相应的惩罚措施。

EPC项目部预验收完成后，按照竣工验收有关规定，编制和整理好设计、采办、施工情况报告及技术资料等相关竣工档案，经监理审查后向业主提交竣工验收申请。

EPC项目部配合业主进行竣工验收工作，确认竣工预验收或检查中发现的在工程质量、竣工档案移交及竣工决算等方面的不符合项均已整改，并经过监理确认，按照业主的要求和程序统一安排各分包商的竣工验收工作。

工程的竣工验收分为初步验收、全面竣工验收两个阶段，EPC承包商负责工程初步验收中提出问题的整改，编制整改方案和整改时间表。

（1）初步验收。

在项目具备竣工验收条件后，由业主在正式竣工验收前组织调控中心、运行单位、EPC承包商以及监理等单位开展项目初步验收。初步验收的主要任务是检查和评价工程的设计和施工质量，检查竣工档案和竣工验收文件准备情况，为竣工验收做好准备。

初步验收程序：召开预备会，协商成立初步验收委员会或验收组，确定初步验收工作日程；现场查验工程建设情况；检查专项验收完成情况；审议、审查竣工验收报告书和各专项总结；审议、审查竣工档案；审议、审查建设单位验收工作报告；对审议、审查和察验中发现的问题提出要求，明确分工，落实整改措施并限定完成时间；听取工程质量监督机构对工程质量及验收程序的监督报告；编写初步验收报告。

业主根据初步验收检查情况及调控中心和运行单位检查意见组织 EPC 承包商及其他工程服务商进行整改，EPC 承包商及其他工程服务商将逐条整改情况以正式文件形式反馈给业主、调控中心和运行单位。

业主在初步验收整改完成后向专业公司上报竣工验收申请文件，申请文件的附件包括：竣工决算审计报告；用户评价；项目安全、环保、水土保持等专项验收文件清单；初步验收及整改报告，调控中心和运行单位对初步验收的检查意见，建设单位的反馈意见，调控中心、运行单位对初步验收中存在问题整改情况的书面确认；建设项目竣工验收方案条件落实单。

（2）全面竣工验收。

竣工验收是指 EPC 承包商通过了单项工程验收后，并经过了规定期限的试运投产，完成了全部资产移交和竣工档案移交，由工程竣工验收委员会，对合同规定的工程进行验收，验收合格后颁发竣工验收合格证书。

如果竣工验收表明工程还没有满足竣工条件，则可以拒绝签发该竣工证书，同时指出 EPC 承包商获得竣工证书之前仍需要完成的工作，在 EPC 承包商完成相关工作并复检合格后，再向 EPC 承包商签发竣工证书，并在该证书上书明工程竣工的日期。

竣工验收必须执行国家、集团公司和业主有关建设项目竣工验收管理的相关规定。

业主的职责和工作内容如下：

1）项目前期阶段的工作内容。负责收集（预）可行性研究报告及批准文件、核准申请文件及批复文件、初步设计及批准文件等项目前期工作文件；项目开工报告、勘察设计有关批准文件、招投标文件、合同文件等；负责组织项目划分，统一工程编号，作为建设项目进行计划统计、工程管理、采办管理、工程结算、竣工决算以及竣工档案、竣工验收文件编制的基础；明确各单位承担的竣工档案编制任务、责任以及完成的时间等，并对完成情况进行检查。

2）项目建设过程中的工作内容。负责指导、监督和检查 EPC 承包商及时做好竣工档案的收集、整理、编制工作；负责做好项目试运投产及考核期间相关资料的收集、整理和存档工作；负责对各单位提供竣工档案的审核、签收工作。

3）项目竣工验收前的工作内容。组织监理、EPC 承包商、无损检测、监造等单位完成竣工档案的编制工作，查验合格后组卷存档，完成档案验收工作；通过国家及地方相关行政主管部门完成竣工环境保护验收、建设项目安全设施竣工验收、开发建设项目水土保持设施验收、土地利用、建设项目职业病防护设施竣工验收、消防设施验收等验收工作，并完成验收手续办理工作；完成竣工决算并通过竣工决算审计；完成竣工验收报告书编制工作，会同运行单位完成生产准备和试运考核总结工作，组织监理、EPC 承包商、无损检测、监造等单位完成各专项总结编制工作；组织完成初步验收及整改工作；清理未完工程和遗留问题，会同有关单位落实资金、实施方案及完成时间等；承担竣工验收的组织工作及竣工验收费用；做好与竣工验收相关的其他工作。

监理单位的职责和工作内容见表 6-4。

表 6 - 4　　　　　　　　　　　　　监理职责表

序号	内　　　容
1	负责完成监理竣工档案编制、整理、汇总和组卷工作；负责编制监理工作总结
2	清理未完工程和遗留问题，督促有关单位制定实施方案，落实施工安排
3	负责指导、监督和检查 EPC 承包商、施工、无损检测等单位竣工档案的编制
4	整理、汇总和组卷工作；参加初步验收、竣工验收

EPC 承包商的职责和工作内容见表 6 - 5。

表 6 - 5　　　　　　　　　　　　　承包商职责表

序号	内　　　容
1	负责完成 EPC 承包商竣工档案编制、整理、汇总和组卷工作，负责组织所辖
2	承包商竣工档案编制、整理、汇总和组卷工作；负责编制 EPC 项目管理工作总结
3	清理未完工程和遗留问题，组织有关单位制定实施方案，落实施工安排和资源
4	参加业主组织的初步验收，负责组织有关单位对初步验收问题进行整改
5	参加竣工验收

四、竣工验收的计划、措施及承诺

1. 相关人员的培训

在工程竣工后投入使用前，组织专业人员和有关设备设施的厂家技术人员对发包人的物业管理人员进行操作和维护的培训，以确保物业管理人员在工程投入使用后能立即独立进行必要的操作、维护和故障排除。

2. 工程使用说明书的准备

准备好相应的《工程使用说明书》，包括维修手册和操作说明等；维修手册和操作说明作为竣工培训的主要参考文件。按照本招标文件要求编写《工程使用说明书》，编写的《工程使用说明书》真实、完整、详尽地反映工程实际情况。在竣工验收前将编写的《工程使用说明书》初稿报给发包人和总监理工程师审核，发包人和总监理工程师审核后，认真修改、整理《工程使用说明书》，并将修改后的《工程使用说明书》报发包人和总监理工程师审核。《工程使用说明书》的最终稿经发包人、总监理工程师和承包人三方共同签字确认，承包人必须在三方签字确认后一周内将正式的《工程使用说明书》（包括电子版）移交给发包人。

3. 竣工验收的规章承诺

应在整个过程中严格依照政府相关法规、规章和合同文件要求，认真做好质量保证、材料的进货检验、分部分项工程的隐预检等与质量记录和竣工资料的收集整理相关的工作。

五、竣工验收时 EPC 项目部及各部门职责

1. EPC 项目部职责

EPC 项目部负责组织竣工验收，督促分包方对现场存在问题消缺等工作。

EPC 项目部在正式验收前负责督促分包单位的资料提交，并审查资料完整性、正确性。

EPC 项目负责编制工程总结、填写工程竣工申请和竣工报告。组织工程竣工资料的移交。

EPC 项目部督促、检查专业承包方资料：单位工程竣工申请报告；单位工程竣工报告；

单位工程总结；综合卷及单位工程竣工资料组卷。

2. 信息文控部分工及职责

信息文控部是 EPC 项目部竣工档案管理的职能部门，分工及职责如下：

负责制订竣工档案编制的统一细则和要求。

负责 EPC 项目部工程管理文件（不包括征地文件）的收集、整理、编辑、组卷、装订。

负责 EPC 项目部工程管理方面声像档案资料的拍摄、录制及其数码照片目录的编制。

负责对 EPC 项目部各部门、设计单位及施工承包商竣工档案的编制工作进行指导、监督、检查、验收。负责 EPC 项目部 HSE 竣工档案、EPC 项目管理竣工档案、物资（设备）调拨竣工档案、施工竣工档案子的接收、移交。

负责 EPC 项目部竣工验收文件、EPC 工程总结的收集、组卷、装订、移交。

3. 设计部分工及职责

负责组织设计单位对勘察、测量、设计竣工档案进行整理、编辑、组卷、装订、移交。

负责组织设计单位进行竣工图的编制、完善、组卷、出版、装订、移交工作。

负责勘察设计方面声像档案资料的拍摄、录制及其数码照片目录的编制。

4. 采办部分工及职责

负责 EPC 项目部物资、设备档案的收集、整理、编辑、组卷、装订。

负责 EPC 项目部物资（设备）采购方面声像档案资料的拍摄、录制及其数码照片目录的编制。

负责对物资中转站物资（设备）调拨竣工档案的编制工作进行全面管理、监督、检查、审核。

5. 对外协调部分工及职责

负责对 EPC 项目部征用土地过程中产生的征地文件进行收集、整理、移交。

负责 EPC 项目部对外协调方面声像档案资料的拍摄、录制及其数码照片目录的编制。

6. HSE 部分工及职责

负责对 EPC 项目部 HSE 竣工档案进行编制、收集、整理、编辑、组卷、装订。

负责 HSE 管理方面声像档案资料的拍摄、录制及其数码照片目录的编制。

负责对物资中转站及施工承包商 HSE 竣工档案的编制工作进行管理、监督、检查、审核。

7. 施工部分工及职责

负责对施工承包商施工竣工档案的编制工作进行过程管理，负责对施工承包商编制的竣工档案进行指导、监督、检查、审核。

负责组织施工承包商复核设计单位绘制的竣工图。

负责组织施工承包商加盖竣工图专用章、签署竣工图专用章。

负责 EPC 项目部施工管理及试运投产方面声像档案资料的拍摄、录制及其数码照片目录的编制。

配合文控部进行竣工档案的编制、审核、移交工作。

EPC 项目部各部门录制的录像资料最后由 EPC 项目部组织完成后期制作。

8. 质量部分工及职责

负责对施工承包商工程质量检验评定资料的编制工作进行全过程管理，负责对施工承包商编制的分项工程、分部工程、单位工程质量检验评定资料进行检查、审核、报质量监督站评定。

负责 EPC 项目部工程质量管理方面声像档案资料的拍摄、录制及其数码照片目录的编制。

9. 勘察设计单位分工及职责

勘察设计单位负责对勘察、测量、设计方面的竣工档案进行编制、组卷、装订、移交（包括电子版文件）。

负责对竣工图进行重新编制、签署、出版、装订、移交（包括电子版竣工图）。

10. 施工各分部分工及职责

负责 HSE 管理文件的编制、整理、组卷。

负责所承担施工标段内施工竣工档案的编制、整理、编辑、组卷、装订。

负责给设计单位提供竣工图绘制资料并对竣工图进行复核、加盖竣工图专用章、签署竣工图专用章。

负责完成所承担施工标段内分项工程、分部工程、单位工程质量检验评定资料的编制、汇总、上报评定。

负责施工管理、施工过程、HSE 管理等声像档案资料的拍摄、录制、编辑、制作。

以上各单位编制的竣工档案均包括与纸质竣工档案一致的电子版文件。

六、竣工资料管理办法

1. 总则

编制目的：竣工资料是基本建设项目的重要技术档案，是工程建设的重要技术成果，是建设项目进行竣工验收的重要内容，是工程建成投产后生产运营、维护、检修及改造、扩建的主要依据。为规范工程竣工资料的编制工作，特制定本管理办法。

2. 竣工文件和资料编制内容

（1）建设单位批准的单项工程（或单位工程）开工报告，工程技术要求、技术交底、图纸会审纪要、施工图会审记录。

（2）施工组织设计、施工方案、施工计划、施工技术及安全措施、质量计划、施工工艺和重大技术措施及其报审表。

（3）采办和送验的材料的质量证明、出厂合格证、材质证明、化验检验、复验、实验报告等资料（成批材料可用复印件，但发出单位必须在复印件上盖上红色印油确认章，并注明原件在什么地方和用于工程的部位）。

（4）设计和施工变更资料：包括设计变更通知单、工程更改洽商、施工联络单。

（5）施工定位（水准点、导线点、基准点、控制点）测量、复核记录及验收资料；隐蔽工程验收记录及验收资料。

（6）施工安装记录、日志、大事记，质量检查评定记录，中间交工验收记录、交接证书和工程交接证书，单位工程质量评定资料，重大质量、安全事故鉴定记录及处理报告。

（7）施工总结、技术总结，竣工报告、竣工验收报告、施工预、决算；竣工图。

（8）HSE 竣工资料单独组卷。HSE 类文件共分为三类，相应分为三册：体系管理类文件；信息管理类文件；HSE 作业类文件。

3. 项目竣工文件整理、归档的责任

（1）项目准备阶段。

项目前期文件以及设备、工艺和涉外文件由可研单位、初步设计承包商和 EPC 项目部负责收集、积累和整理，设计监理、勘察和设计承包商负责收集积累勘察、设计文件，监理单位进行督促审查。监理部审核，按规定交业主审定后向业主档案室提交有关设计基础资料和设计文件。

项目工程管理文件和各种资料由相关各部门负责收集、积累、整理；业主相关部门负责监督、检查项目建设中文件收集、积累和完整、准确。

（2）项目施工阶段。

项目竣工和施工文件由 EPC 项目部负责组织编制，监理部组织审查、验收和核定，经业主同意后向业主档案室移交。

施工资料按单项、单位工程由 EPC 负责进行编制与组卷，监理部组织审查、验收、核定，经业主同意后向业主组档案室移交。

物资采办部门资料要求由 EPC 项目部单独立卷，监理部组织审查、验收、核定，经业主同意后向业主档案室移交。

HSE 管理资料，由各单位按照业主要求单独编制组卷，监理部组织审查、验收、核定，经业主同意后向业主档案室移交。

4. 施工文件的编制

（1）施工资料。

按照合同规定的内容全部建成并经检验合格后的，整个过程中形成的，反映施工实际状况的各项重要技术数据的原始记录，除竣工图外还应包括施工组织设计、主要施工技术方案、施工技术资料和工程质量评定资料。

（2）编制原则。

施工组织设计和主要施工技术方案应单独组卷，按照施工组织设计大纲、施工组织设计、主要施工技术方案的顺序排列。工程质量评定资料、质量保证资料核查表、分部工程质量检验评定表、分部工程质量等级汇总表和单位工程质量综合评定表，按单位工程分装在施工技术资料内；分项工程质量评定表按单位工程收集汇总成册，经竣工验收审查后由项目部保存备查，不进入竣工资料。

（3）编制方法。

工程施工技术资料均以项目划分及编号为顺序，按单位工程进行组卷，组卷顺序遵循通用表格在前、各专业施工技术资料在后的原则进行组卷。

（4）施工总结。

单独组卷一册，要求文字简明扼要叙述工程的重要意义依据，内容从简，一目了然，具体内容：建设概况；施工特点；施工组织分工；施工形象进度（图表）；主要实物工程量；主要材料消耗与节超情况；主要技术经济指标；竣工资料编制情况；全面质量管理情况；供货方式；未完工程及遗留问题限时整改；经验教训及改进意见。

5. 竣工图的编制

竣工图是工程建设最终情况的真实反映，是项目工程建成后投产运行、维护、保养必不可少的凭证和依据，为竣工资料的重要组成部分。竣工图记录整个工程施工过程实际情况，必须齐全、准确，做到竣工图与设计变更资料、隐蔽工程记录"三对口"，竣工图应包括所有的施工图。标准图不编入竣工图中，但必须在图纸目录中注明。

（1）竣工图的来源。

凡施工中没有变更的施工图，在施工图空白处加盖并签署竣工图章；凡有一般性图纸更改及符合杠改或划改要求的变更，可在原图上修改，修改的部分加盖"竣工图核定章"，全图修改后加盖并签署"竣工图章"；改动大不宜在原施工图上修改的，应重新绘制竣工图，按原图编号加盖"竣工图章"。

（2）竣工图编制更改办法。

编制竣工图中，对施工图的变异执行原则。凡隐蔽工程，施工与原施工图的差异超过规范许可限度的，必须一律改在竣工图上。

为减少竣工图的工作量，凡易于辨认的非原则性的变异，一律不在原施工图上修改。

利用施工图更改，必须注明更改依据，如设计变更通知单、洽商记录等的文件编号。

更改一般是杠改或划改，局部可以圈出更改部位，在原图空白处重新绘制。

凡一般性图纸变更符合杠改或划改要求的必须在新图上更改，并加盖签署竣工图章。

当无法在图纸上表达清楚时，应在标题栏上方或左边用文字说明。

图纸上各种引出说明应与图框平行，引出线不交叉，不遮盖其他线条。

对新增加的文字说明，应在其涉及的竣工图上做相应的添加和变更。

凡涉及结构形式重大改变的应重新绘制竣工图，重新绘制的竣工图按原图编号末尾加注"竣"字，或在新图标题栏内注明"竣工阶段"并签署竣工图章。

更改的施工图不得随意徒手更改，必须用绘图工具碳素墨水笔更改。

6.竣工验收附录表形式

竣工验收包含以下附录表（参见附录）：

（1）工程项目概况表。

（2）工程材料、设备试验报告汇总表。

（3）单位工程竣工验收记录。

（4）建筑工程质量验收报告：

1）工程概况。

2）工程竣工验收组织：

①验收组。

②专业组。

3）工程质量评定。

4）工程验收结论。

5）验收人员签名。

（5）建筑、设备安装工程质量评估报告：

1）工程概况。

2）建筑及结构工程质量情况。

3）安装工程质量情况。

4）工程质量评估意见。

（6）房屋建筑工程设计质量检查报告：

1）工程设计情况。

2）设计单位质量责任主要内容评估。

（7）房屋建筑工程勘察质量检查报告：

1）工程勘察情况。

2）勘察单位质量主要评估内容评估。

（8）房屋建筑工程质量保修书。

（9）住宅质量保修书。

（10）住宅使用说明书。

（11）工程资料移交书。

附录 竣工验收附录表

表一

工 程 项 目 概 况 表

工程名称					
工程地址					
规划用地许可证号			规划许可证号		
施工许可证号			工程预（决）算		
开工日期			竣工日期		
建设单位	单位名称		单位代码		
	单位地址		邮政编码		
	联系人		电话		
	建设单位上级主管				
有关单位	单位名称		联系人		联系电话
产权单位					
规划批准单位					
设计单位					
施工单位					
监理单位					
勘察单位					
物业管理单位					
使用单位					
总建筑面积（m²）		总占地面积（m²）		主要建筑物最高高度（m）	
填表单位			填表人		
审核人			填表日期		

本表由建设（总包）单位填写并保存。

表二

工程试验、材料试验报告汇总表

序号	材料设备名称	检验报告编号	代表材料、设备数量	主要用途	备注

填表人：　　　　　年　月　日

本表由施工单位填写，建设单位、监理单位、施工单位各保存一份。

表三

单位（子单位）工程质量竣工验收记录

工程名称		结构类型		层数/建筑面积	
施工单位		技术负责人		开工日期	
项目经理		项目技术负责人		竣工日期	

序号	项目	验收记录	验收结论
1	分部工程	共　分部，经查　分部符合　标准及设计要求　分部	
2	质量控制资料核查	共　项，经审查符合要求　项，经鉴定符合规范要求　项	
3	安全和主要使用功能核查及抽查结果	共核查　项，符合要求　项，共抽查　项，经返工处理符合要求　项	
4	感官质量验收	共抽查　项，符合要求　项，不符合要求　项	
5	综合验收结论		

参加验收单位	建设单位	监理单位	施工单位	设计单位	勘察单位
	（公章） 单位项目负责人 年　月　日	（公章） 单位项目负责人 年　月　日	（公章） 单位项目负责人 年　月　日	（公章） 单位项目负责人 年　月　日	（公章） 单位项目负责人 年　月　日

　　本表由施工单位填写，竣工验收组通过验收，由责任主体分别确认，并加盖公章并作为竣工备案的主要材料。本表由建设单位保存。

表四

工 程 概 况

工程名称		工程地点	
建筑面积		工程造价	
结构类型		设备安装规模	
施工许可证号		监理许可证号	
开工日期		验收日期	
监督单位		监督编号	
建设单位		资质证号	
勘察单位			
设计单位			
总包单位			
承建单位（土建）			
承建单位（设备安装）			
承建单位（装修）			
监理单位			
施工图审查单位			

表五

验 收 组

组长	
副组长	
组员	

表六

专 业 组

专业组	组长	组员
建筑工程		
建筑设备安装工程		
工业设备安装		
工程质保资料		

表七

工 程 质 量 评 定

分部工程名称	验收意见	质量控制资料核查	安全和主要功能核查及抽查结果	观感质量验收
地基与基础工程				
主体结构工程				
建筑装饰装修工程				
建筑屋面工程		共　项 经审查 符合要求　项 经核定符合 规范要求　项	共核查　项 符合要求　项 共抽查　项 符合要求　项 经返工处理 符合要求　项	共抽查　项 符合要求　项 不符合要求　项
建筑给水、排水及采暖工程				
建筑电气工程				
智能建筑工程				
通风与空调工程				
电梯工程				

表八

工 程 验 收 结 论

竣工验收结论： 建筑土建： 设备安装：				
建设单位： （公章） 单位项目负责人： 年 月 日	监理单位： （公章） 单位项目负责人： 年 月 日	施工单位： （公章） 单位项目负责人： 年 月 日	勘察单位： （公章） 单位项目负责人： 年 月 日	设计单位： （公章） 单位项目负责人： 年 月 日

表九

验 收 人 员 签 名

姓名	工作单位	职称	职务

表十

工 程 概 况

工程名称		开工日期	
监理单位全称		进场日期	

工程规模（建筑面积、层数、设备安装等）					

	姓名	专业	职务	职称	执业资格证号
项目监理机构组成（姓名、职务、执业情况）					

工程监理范围	

表十一

建筑及结构工程质量情况

原材料、构配件及设备	质量控制情况：
	存在问题：
工程技术资料	审查情况：
	存在问题：
分部分项工程和实物	质量控制情况：
	存在问题：

表十二

安 装 工 程 质 量 情 况

原材料、构配件及设备	质量控制情况：
	存在问题：
工程技术资料	审查情况：
	存在问题：
分部分项工程和实物	质量控制情况：
	存在问题：
整改意见	

表十三

工 程 质 量 评 估 意 见

质量综合评估意见	
有关补充说明	

编制人姓名（打印）：_____ 签名：_____

项目总监理工程师（盖注册章）：_____ 签名：_____

单位法定人（打印）：_____ 签名：_____

签发日期： 年 月 日

表十四

工 程 设 计 情 况

工程项目名称		工程合理使用年限	
设计单位全称		资质等级	
		资质编号	
工程规模 （建筑面积、层数）			
施工图审查机构		施工图审查批复文件号	

	姓名	专业	执业资格证号	职称
各专业主要设计人员名单 （姓名、专业、执业资格证 号、职称）				

结构设计的特点	

表十五

设计单位质量责任主要内容评估

序号	检查内容	检查情况
1	编制设计文件依据	
2	设计文件是否满足工程规划、招标、材料设备采购、非标准设备制作和施工的需要	
3	设计文件是否已注明工程合理使用年限	
4	设计文件选用的材料、配件、设备是否已注明规格、型号、性能等技术指标	
5	采用没有国家技术标准的新技术、新设备、新材料是否已经通过国家或省有关部门的审定	
6	设计文件是否符合工程建设强制性标准、合同约定的质量要求	
7	设计文件是否已向施工、监理单位进行技术交底	
8	设计文件签名、签章是否齐全	
9	工程是否满足设计文件要求，设计变更内容是否已在工程项目上得以实现	

检查评估结论：

项目负责人（打印）：_____　　（签名）：_____

单位技术负责人（打印）：_____　　（签名）：_____

设计单位（公章）：_____

签发日期：　年　月　日

表十六

工 程 勘 察 情 况

工程项目名称		勘察报告编号	
勘察单位全称		资质等级	
		资质编号	
工程规模 （建筑面积、层数等）			
工程主要勘察范围及内容			

表十七

勘察单位质量主要评估内容评估

序号	检查内容	检查情况
1	编制勘察文件依据	
2	勘察文件是否满足工程规划、选址、设计、岩土治理和施工的需要	
3	勘察文件是否和工程建设强制性标准、合同约定的质量要求	
4	勘察文件是否已向施工、监理单位进行解释	
5	勘察文件签名、签章是否齐全	
6	工程项目是否满足勘察文件的要求	

检查结论：

项目负责人（打印）：_____　　（签名）：_____

单位技术负责人（打印）：_____（签名）：_____

勘察单位（公章）：_____

签发日期：　年　月　日

表十八

房屋建筑工程质量保修书

发包人（全称）：＿＿＿＿＿＿＿＿＿＿＿＿＿＿＿＿＿＿

承包人（全称）：＿＿＿＿＿＿＿＿＿＿＿＿＿＿＿＿＿＿

发包人、承包人根据《中华人民共和国建筑法》《建设工程质量管理条例》和《房屋建筑工程质量保修办法》，经协调一致对＿＿＿＿＿＿＿＿＿＿（工程全称）签定工程质量保修书。

一、工程质量保修范围和内容

承包人在质量保修期内，按照有关法律、法规、规章的管理规定和双方约定，承担工程质量保修责任。

质量保修范围包括地基基础工程、主体结构工程，屋面防水工程、有防水要求的卫生间、房间和外墙面的防渗漏，供热与供冷系统，电气管线、给排水管道、设备安装和装修工程，以及双方约定的其他项目。具体保修的内容，双方约定如下：＿＿＿＿＿＿＿＿＿＿

＿＿＿＿＿＿＿＿＿＿＿＿＿＿＿＿＿＿＿＿＿＿＿＿＿＿＿＿＿＿＿＿＿＿

二、质量保修期

双方根据《建设工程质量管理条例》及有关规定，约定工程的质量保修期如下：

1. 地基基础工程和主体结构工程为设计文件规定的该工程合理使用年限；

2. 屋面防水工程、有防水要求的卫生间、房间和外墙面的防渗漏为＿＿＿年；

3. 装修工程为＿＿＿年；

4. 电气管线、给排水管道、设备安装工程为＿＿＿年；

5. 供热与供冷系统为＿＿＿个采暖期、供冷期；

6. 住宅小区的给排水设施、道路等配套工程为＿＿＿年；

7. 其他项目保修期限约定如下：

＿＿＿＿＿＿＿＿＿＿＿＿＿＿＿＿＿＿＿＿＿＿＿＿＿＿＿＿＿＿＿＿＿＿

＿＿＿＿＿＿＿＿＿＿＿＿＿＿＿＿＿＿＿＿＿＿＿＿＿＿＿＿＿＿＿＿＿＿

质量保修期自工程竣工验收合格之日起计算。

三、质量保修责任

1. 属于保修范围内容的项目，承包人应当在接到保修通知之日起 7 天内派人保修。承包人不在约定期限内派人保修的，发包人可以委托他人修理。

2. 发生紧急抢修事故的，承包人在接到事故通知后，应当立即到达事故现场抢修。

3. 对于涉及结构安全的质量问题，应当按照《房屋建筑工程质量保修办法》的规定，立即向当地建设行政主管部门报告，采取安全防范措施；由原设计单位或者具有相应资质等级的设计单位提出保修方案，承包人实施保修。

4. 质量保修完成后，由发包人组织验收。

四、保修费用

保修费用由造成质量缺陷的责任方承担。

五、其他

双方约定的其他工程质量保修事项：_____

工程质量保修书，由施工合同法人、承包人双方在竣工验收前共同签署，作为施工合同附件，其有效期限至保修期满。

发包人（公章）：　　　　　　　　承包人（公章）：
法定代表人（签字）：　　　　　　法定代表人（签字）：
　年　月　日　　　　　　　　　　　年　月　日

表十九

住 宅 质 量 保 证 书

公司名称（公章）		电话	
地址		邮编	
商品房项目名称		工程质量自评等级	
竣工验收时间		交付使用时间	
分户质量验收情况			
负责质量保修部门			
联系电话		答复时限	
保修项目	保修期限	保修责任	
地基和主体结构	合理使用寿命年限内		
屋面防水	3年		
墙面、顶棚抹灰层脱落	1年		
墙面空鼓开裂、大面积起砂	1年		
门窗翘裂、五金件损坏	1年		
卫生洁具	1年		
灯具、电器开关	6个月		
供冷系统和设备	1个采暖，供冷期		
管道堵塞	2个月		
房地产开发公司承诺的其他保修项目			

表二十

住宅使用说明书

开发单位（公章）	名称			
	地址			
	电话		邮编	
设计单位	名称			
	地址			
	电话		电话	
施工单位	名称			
	地址			
	电话		电话	
监理单位	名称			
	地址			
	电话		电话	
住宅部位	使用说明和注意事项			
结构和装修装饰				
上水、下水				
供电设施、配电负荷				
通信				
燃气				
消防				
门、门窗				
承重墙				
防水层				
阳台				
其他				

表二十一

工程资料移交书

我单位按有关规定向_____办理_____工程资料移交手续。共计_____册。其中图样材料_____册，文字材料_____册，其他材料_____张。

附：工程资料移交目录

移交单位（公章）：　　　　　　接收单位（公章）：

单位负责人：　　　　　　　　　单位负责人：

技术负责人：　　　　　　　　　技术负责人：

移交人：　　　　　　　　　　　接收人：

移交日期：　　　年　月　日

参 考 文 献

[1] 李永福，史伟利. 建设法规 [M]. 北京：中国电力出版社，2016.
[2] 李永福. 建筑项目策划 [M]. 北京：中国电力出版社，2012.
[3] 陈远志. S公司 EPC 总包工程采购管理改善研究 [D]. 华东理工大学，2016.
[4] 石林林，丰景春. DB 模式与 EPC 模式的对比研究 [J]. 工程管理学报，2014，28（06）：81 - 85.
[5] 罗振中. EPC 总承包项目风险管理研究 [D]. 山东建筑大学，2015.
[6] 张飞龙，罗浩君，唐文宣. 浅谈 EPC 总承包管理模式下的成本管理 [J]. 居舍，2018（33）：142.
[7] 李云飞. 国际 EPC 总承包项目投标阶段风险管理研究 [D]. 对外经济贸易大学，2016.
[8] 吴义应. EPC 总承包项目全过程风险管理研究 [D]. 华北电力大学，2014.
[9] 施炯. 建设工程项目管理 [M]. 杭州：浙江工商大学出版社，2015.
[10] 张江波. EPC 项目造价管理 [M]. 西安：西安交通大学出版社，2018.
[11] 杨文源. EPC 总承包投标报价决策研究 [D]. 中南大学，2012.
[12] 郭亮亮. EPC 总承包模式下的项目风险管理研究 [D]. 沈阳建筑大学，2011.
[13] 于佳. KB公司总承包项目成本管理研究 [D]. 华东理工大学，2014.